本书列入中国科学技术信息研究所学术著作出版计划

2022年度

中国科技论文统计与分析

年度研究报告

中国科学技术信息研究所

·北京·

图书在版编目（CIP）数据

2022年度中国科技论文统计与分析：年度研究报告 / 中国科学技术信息研究所著. —北京：科学技术文献出版社，2024.12

ISBN 978-7-5235-1101-5

Ⅰ. ①2… Ⅱ. ①中… Ⅲ. ①科学技术—论文—统计分析—研究报告—中国—2022 Ⅳ. ①N53

中国国家版本馆CIP数据核字（2023）第238243号

2022年度中国科技论文统计与分析（年度研究报告）

策划编辑：张　丹　责任编辑：李　鑫　邱晓春　责任校对：宋红梅　责任出版：张志平

出 版 者　科学技术文献出版社
地　　址　北京市复兴路15号　邮编　100038
编 务 部　(010) 58882938，58882087（传真）
发 行 部　(010) 58882868，58882870（传真）
邮 购 部　(010) 58882873
官方网址　www.stdp.com.cn
发 行 者　科学技术文献出版社发行　全国各地新华书店经销
印 刷 者　北京地大彩印有限公司
版　　次　2024年12月第1版　2024年12月第1次印刷
开　　本　787×1092　1/16
字　　数　448千
印　　张　19.75
书　　号　ISBN 978-7-5235-1101-5
定　　价　150.00元

编委会

主　　编：

杨代庆　高继平

编写人员：

田瑞强　王海燕　俞征鹿　翟丽华　郑雯雯

刘亚丽　张贵兰　杨　帅　盖双双　潘　尧

焦一丹　冯家琪　许晓阳

目　录

1 绪论

“2022 年度中国科技论文统计与分析”项目现已完成，统计结果和简要分析分列于后。为使广大读者能更好地了解我们的工作，本章将对中国科技论文与引文数据库（CSTPCD）的统计来源期刊（中国科技核心期刊）的选取原则、标准及调整做一简要介绍；对国际论文统计选用的国际检索系统（包括 SCI、EI、CPCI-S、SSCI、MEDLINE 数据库等）的统计标准和口径、论文的归属统计方式和学科的设定等方面做出必要的说明。自 1987 年以来连续出版的《中国科技论文统计与分析（年度研究报告）》和《中国科技期刊引证报告（核心版）》，是中国科技论文统计分析工作的主要成果，受到广大科研人员、科研管理人员和期刊编辑人员的关注和欢迎。我们热切希望大家对论文统计分析工作继续给予支持和帮助。

1.1 关于统计源

1.1.1 国内科技论文统计源

国内科技论文的统计分析是使用中国科学技术信息研究所自行研制的中国科技论文与引文数据库（CSTPCD），该数据库选用中国各领域能反映学科发展的重要期刊和高影响期刊作为“中国科技核心期刊”（中国科技论文统计源期刊）。来源期刊的语种分布包括中文和英文，学科分布范围覆盖全部自然科学领域和社会科学领域，少量交叉学科领域的期刊同时列入自然科学领域和社会科学领域。中国科技核心期刊遴选过程和遴选程序在中国科学技术信息研究所网站进行公布。每年公开出版的《中国科技期刊引证报告（核心板）》和《中国科技论文统计与分析（年度研究报告）》公布期刊的各项指标和相关统计分析数据结果。此项工作不向期刊编辑部收取任何费用。

中国科技核心期刊的遴选原则和遴选程序如下。

一、遴选原则

按照公开、公平、公正的原则，采取以定量评估数据为主、专家定性评估为辅的方法，开展中国科技核心期刊的遴选工作。遴选结果通过网上发布和正式出版《中国科技期刊引证报告（核心版）》两种方式向社会公布。

参加中国科技核心期刊遴选的期刊须具备下述条件。

① 有国内统一刊号（CN ××-××××/×××），且已经完整出版 2 卷（年）。

② 属于学术和技术类科技期刊。科普、编译、检索和指导等类期刊不列入核心期刊遴选范围。

③ 报道内容以科学发现和技术创新成果为主，刊载文献类型主要为原创性科技论文。

二、遴选程序

中国科技核心期刊每年评估一次。评估工作在每年的3—9月进行。

1. 样刊报送

期刊编辑部在正式参加评估的前一年，须在每期期刊出刊后，将样刊寄到中国科学技术信息研究所科技论文统计组。这项工作用来测度期刊出版是否按照出版计划定期定时完成，是否有延期出版的情况。

2. 申请

一般情况下，期刊编辑出版单位须在每年3月1日前通过中国科技核心期刊网上申报系统（https://cjcr-review.istic.ac.cn/）在线完成提交申请，并下载申请书的电子版。申请书打印盖章后，附上一年度出版的样刊，寄送到中国科学技术信息研究所。申报项目主要包括如下几项。

（1）总体情况

包括期刊的办刊宗旨、目标、主管单位、主办单位、期刊沿革、期刊定位、所属学科、期刊在学科中的作用、期刊特色、同类期刊的比较、办刊单位背景、单位支持情况、主编及主创人员情况。

（2）审稿情况

包括期刊的投稿和编辑审稿流程，是否有严谨的同行评议制度。编辑部需提供审稿单的复印件，举例说明本期刊的审稿流程，并提供主要审稿人的名单。

（3）编委会情况

包括编委会的人员名单、组成，编委情况，编委职责。

（4）其他材料

包括体现期刊质量和影响的各种补充材料，如期刊获奖情况、各级主管部门（学会）的评审或推荐材料、被各重要数据库收录情况。

3. 定量数据采集与评估

① 中国科学技术信息研究所制定中国科技期刊综合评价指标体系，用于中国科技核心期刊遴选评估。中国科技期刊综合评价指标体系对外公布。

② 中国科学技术信息研究所科技论文统计组按照中国科技期刊综合评价指标体系，采集当年申报的期刊各项指标数据，进行数据统计和各项指标计算，并在期刊所属的学科内进行比较，确定各学科均线和入选标准。

4. 专家评审

① 定性评价分为专家函审和终审两种形式。

② 对于所选指标加权评分数排在本学科前1/3的期刊，免于专家函审，直接进入年度入选候选期刊名单；定量指标在均线以上的或新创刊五年以内的新办期刊，需要通

过专家函审才能进入年度入选候选期刊名单。

③ 对于需函审的期刊，邀请多位学科专家对期刊进行函审。其中有 2/3 以上函审专家同意的，则视为该期刊通过专家函审。

④ 由中国科学技术信息研究所成立的专家评审委员会对年度入选候选期刊名单进行审查，采用票决制确定年度入选中国科技核心期刊名单。

三、退出机制

中国科技核心期刊制定了退出机制。指标表现反映出严重问题或质量和影响力持续下降的期刊将退出中国科技核心期刊。存在违反出版管理各项规定、存在学术诚信和出版道德问题的期刊也将退出中国科技核心期刊。对指标表现反映出存在问题趋向的期刊采取两步处理：首先采用预警信方式向期刊编辑出版单位通报情况，进行提示和沟通；若预警后仍没有明显改进，则预警期刊将退出中国科技核心期刊。

1.1.2 国际科技论文统计源

考虑到论文统计的连续性，国际论文数据仍采集自 SCI、EI、CPCI-S、MEDLINE 和 SSCI 数据库等。

SCI 是 Science Citation Index 的缩写，由美国科学情报所（ISI，现并入科睿唯安公司）创制。SCI 不仅是功能较为齐全的检索系统，而且是文献计量学研究和应用的科学评估工具。

要说明的是，本报告所列出的“中国论文数”同时存在 2 个统计口径：在比较各国论文数的排名时，统计中国论文数包括中国作者作为第一作者和非第一作者参与发表的论文，这与其他各个国家论文数的统计口径是一致的；在涉及中国具体学科、地区等统计结果时，统计范围只是中国内地作者为论文第一作者的论文。本报告附表中所列的各系列单位排名是按第一作者论文数排出的。在很多高校和研究机构的配合下，对于 SCI 数据加工过程中出现的各类标识错误，我们尽可能地做了更正。

EI 是 Engineering Index 的缩写，创办于 1884 年，已有 100 多年的历史，是世界著名的工程技术领域的综合性检索工具。主要收集工程和应用科学领域 5000 余种期刊、会议论文和技术报告的文献，数据来自 50 多个国家（地区），语种达 10 余个，主要涵盖的学科有：化工、机械、土木工程、电子电工、材料、生物工程等。

我们以 EI Compendex 核心部分的期刊论文作为统计来源。在我们的统计系统中，由于有关国际会议的论文已在我们所采用的另一专门收录国际会议论文的统计源 CPCI-S 中得以表现，故在作为地区、学科和机构统计用的 EI 论文数据中，已剔除了会议论文的数据，仅包括期刊论文，而且仅选择核心期刊采集出的数据。

CPCI-S（Conference Proceedings Citation Index-Science）目前是科睿唯安公司的产品，从 2008 年开始代替 ISTP（Index to Scientific and Technical Proceeding）。在全球每年召开的上万个重要国际会议中，该系统收录了 70%～90% 的会议文献，汇集了自然科学、农业科学、医学和工程技术领域的会议文献。在科研产出中，科技会议文献是对期刊文献的重要补充，所反映的是学科前沿性、迅速发展学科的研究成果，一些新的创新思想和概念往往先于期刊出现在会议文献中，从会议文献可以了解最新概念的出现和发展，并可掌握某一学科最新的研究动态和趋势。

SSCI（Social Science Citation Index）是科睿唯安编制的反映社会科学研究成果的大型综合检索系统，已收录了社会科学领域期刊 3000 多种，另对约 1400 种与社会科学交叉的自然科学期刊中的论文予以选择性收录。其覆盖的领域涉及人类学、社会学、教育、经济、心理学、图书情报、语言学、法学、城市研究、管理、国际关系、健康等 55 个学科门类。通过对该系统所收录的中国论文的统计和分析研究，可以从一个方面了解中国社会科学研究成果的国际影响和国际地位。为了帮助广大社会科学工作者与国际同行交流与沟通，也为促进中国社会科学及与之交叉的学科的发展，从 2005 年开始，我们对 SSCI 收录的中国论文情况做出统计和简要分析。

MEDLINE（美国《医学索引》）创刊于 1879 年，由美国国立医学图书馆（National Library of Medicine）编辑出版，收集世界 70 多个国家（地区），40 多种文字、4800 种生物医学及相关学科期刊，是当今世界较权威的生物医学文献检索系统，收录文献反映了全球生物医学领域较高水平的研究成果，该系统还有较为严格的选刊程序和标准。从 2006 年起，我们就已利用该系统对中国的生物医学领域的成果进行统计和分析。

对 SCI、MEDLINE、CPCI-S 系统采集的数据时间按照出版年度统计；EI 系统采用的是按照收录时间统计，即统计范围是在当年被数据库系统收录的期刊文献。其中基于 WoS 平台的 SCI、CPCI-S 数据库从 2020 年开始，对“出版年度”的定义便有所调整，将其扩大至涵盖实际出版的年度和在线预出版的年度，这意味着统计时间范围相对往年会有一定程度扩大。

1.2 论文的选取原则

在对 SCI、EI 和 CPCI-S 收录的论文进行统计时，为了能与国际做比较，选用第一作者单位属于中国的文献作为统计源。在 SCI 数据库中，涉及的文献类型包括 Article、Review、Letter、News、Meeting Abstracts、Correction、Editorial Material、Book Review、Biographical-Item 等。从 2009 年度起选择其中部分主要反映科研活动成果的文献类型作为论文统计的范围。初期是以 Article、Review、Letter 和 Editorial Material 4 类文献论文来统计 SCI 收录的文献，近年来，中国作者在国际期刊中发表的文献数量越来越多，为了鼓励和引导科技工作者发表内容比较翔实的文献，而且便于和国际检索系统的统计指标相比较，选取范围又进一步调整。目前，在 SCI 论文的统计和机构排名中，我们仅选 Article、Review 两类文献作为各单位论文数的统计依据。这两类文献报道的内容详尽、叙述完整、著录项目齐全。

在统计国内论文的文献时，也参考了 SCI 的选用范围，对选取的论文做了如下的限定：

① 论著，记载科学发现和技术创新的学术研究成果；

② 综述和评论，评论性文章、研究述评；

③ 一般论文和研究快报，短篇论文、研究快报、文献综述、文献复习等；

④ 工业工程设计，设计方案、工业或建筑规划、工程设计。

在中国科技核心期刊上发表研究材料和标准文献、交流材料、书评、社论、消息动态、译文、文摘和其他文献不计入论文统计范围。

1.3 论文的归属（按第一作者的第一单位归属）

作者发表论文时的署名不仅是作者的权益和学术荣誉，更重要的是还要承担一定的社会和学术责任。按国际文献计量学研究的通行做法，论文的归属按第一作者所在的地区和单位确定，所以中国的论文数量是按论文第一作者属于中国大陆的数量而定的。例如，一位外国研究人员所从事的研究工作的条件由中国提供，成果公布时以中国单位的名义发表，则论文的归属应划作中国，反之亦然。若出现第一作者标注了多个不同单位的情况，按作者署名的第一单位统计。

为了尽可能全面统计出各高等院校、研究院所、医疗机构和公司企业的论文产出总量，我们尽量将各类实验室所产出论文归入其所属的机构进行统计。经教育部正式批准合并的高等学校，我们也随之将原各校的论文进行了合并。由于部分高等院校改变所属关系，进行了多次更名和合并，使高等院校论文数的统计和排名可能会有微小差异，敬请谅解。

1.4 论文和期刊的学科确定

论文统计学科的确定依据是国家质量监督检验检疫总局颁布的《学科分类与代码》（GB/T 13745—2009），在具体进行分类时，一般是参考论文所载期刊的学科类别和每篇论文的内容。由于学科交叉和细分，论文的学科分类问题十分复杂，现暂仅分类至一级学科，共划分了 39 个自然科学学科类别，且是按主分类划分。一篇文献只做一次分类。在对 SCI 文献进行分类时，我们主要依据 SCI 划分的主题学科进行归并，综合类学术期刊中的论文分类将参照内容进行。EI 的学科分类参考了检索系统标引的分类代码。

通过文献计量指标对期刊进行评估，很重要的一点是要分学科进行。目前，我们对期刊学科的划分大部分仅分到一级学科，主要是依据各期刊编辑部在申请办刊时选定，但有部分期刊，由于刊载的文献内容并未按最初的规定而刊发文章，出现了一些与刊名及办刊宗旨不符的内容，使期刊的分类不够准确。而对一些期刊数量（种类）较多的学科，如医药、地学类，我们对期刊又做了二级学科细分。

1.5 关于中国期刊的评估

科技期刊是反映科学技术产出水平的窗口之一，一个国家科技水平的高低可通过期刊的状况得以反映。从论文统计工作开始之初，我们就对中国科技期刊的编辑状况和质量水平十分关注。1990 年，我们首次对 1227 种统计源期刊的 7 项指标做了编辑状况统计分析，统计结果为我们调整统计源期刊提供了编辑规范程度的依据。1994 年，我们开始了国内期刊论文的引文统计分析工作，为期刊的学术水平评价建立了引文数据库，从 1997 年开始，编辑出版《中国科技期刊引证报告》，对期刊的评价设立了多项指标。

为使各期刊编辑部能更多地获取科学指标信息，在基本保持了上一年所设立的评价指标的基础上，常用指标的数量保持不减，并根据要求和变化增加一些指标。主要指标的定义如下。

（1）核心总被引频次

期刊自创刊以来所登载的全部论文在统计当年被引用的总次数，可以显示该期刊被使用和受重视的程度，以及在科学交流中的影响力的大小。

（2）核心影响因子

期刊评价前两年发表论文的篇均被引用次数，用于测度期刊学术影响力。

（3）核心即年指标

期刊当年发表的论文在当年被引用的情况，表征期刊即时反应速率的指标。

（4）核心他引率

期刊总被引频次中，被其他刊引用次数所占的比例，测度期刊学术传播能力。

（5）核心引用刊数

引用被评价期刊的期刊数，反映被评价期刊被使用的范围。

（6）核心开放因子

期刊被引用次数的一半所分布的最小施引期刊数量，体现学术影响的集中度。

（7）核心扩散因子

期刊当年每被引 100 次所涉及的期刊数量，测度期刊学术传播范围。

（8）学科扩散指标

在统计源期刊范围内，引用该刊的期刊数量与其所在学科全部期刊数量之比。

（9）学科影响指标

期刊所在学科内，引用该刊的期刊数占全部期刊数量的比例。

（10）核心被引半衰期

该期刊在统计当年被引用的全部次数中，较新的一半是在多长一段时间内发表的。被引半衰期是测度期刊老化速度的一种指标，通常不是针对个别文献或某一组文献，而是对某一学科或专业领域的文献的总和而言。

（11）来源文献量

符合统计来源论文选取原则文献的数量。在期刊发表的全部内容中，只有报道科学发现和技术创新成果的学术技术类文献作为中国科技论文统计工作的数据来源。

（12）文献选出率

来源文献量与期刊全年发表的所有文献总量之比，用于反映期刊发表内容中，报道学术技术类成果的比例。

（13）AR 论文量

期刊所发表的文献中，文献类型为学术性论文（Article）和综述评论性论文（Review）

的论文数量，用于反映期刊发表的内容中学术性成果的数量。

（14）论文所引用的全部参考文献数

是衡量该期刊科学交流程度和吸收外部信息能力的一项指标。

（15）平均引文数

来源期刊每一篇论文平均引用的参考文献数。

（16）平均作者数

来源期刊每一篇论文平均拥有的作者数，是衡量该期刊科学生产能力的一项指标。

（17）地区分布数

来源期刊登载论文所涉及的地区数，按全国 31 个省、自治区和直辖市计（不含港、澳、台地区）。这是衡量期刊论文覆盖面和影响力大小的一项指标。

（18）机构分布数

来源期刊论文的作者所涉及的机构数，是衡量期刊科学生产能力的另一项指标。

（19）海外论文比

来源期刊中，海外作者发表论文占全部论文的比例，是衡量期刊国际交流程度的一项指标。

（20）基金论文比

来源期刊中，国家级、省部级以上及其他各类重要基金资助的论文占全部论文的比例，是衡量期刊论文学术质量的重要指标。

（21）引用半衰期

该期刊引用的全部参考文献中，较新的一半是在多长一段时间内发表的。这项指标可以反映出作者利用文献的新颖度。

（22）离均差率

期刊的某项指标与其所在学科的平均值之间的差距与平均值的比例。这项指标可以反映期刊的单项指标在学科内的相对位置。

（23）红点指标

该期刊发表的论文中，关键词与其所在学科排名前 1% 的高频关键词重合的论文所占的比例。这项指标可以反映出期刊论文与学科研究热点的重合度，从内容层面对期刊的质量和影响潜力进行预先评估。

（24）综合评价总分

根据中国科技期刊综合评价指标体系，计算多项科学计量指标，采用层次分析法确定重要指标的权重，分学科对每种期刊进行综合评定，计算出每种期刊的综合评价总分。

期刊的引证情况每年会有变化，为了动态表达各期刊的引证情况，《中国科技期刊引证报告》将每年公布，用于提供一个客观分析工具，促进中国期刊更好地发展。在此需要强调的是，期刊计量指标只是评价期刊的一个重要方面，对期刊的评估应是一个综合的工程。因此，在使用各计量指标时应慎重对待。

1.6 关于科技论文的评估

随着中国科技投入的加大，中国论文数越来越多，但学术水平参差不齐，为了促进中国高影响高质量科技论文的发表，进一步提高中国的国际科技影响力，我们需要做一些评估，以引领优秀论文的出现。

基于研究水平和写作能力的差异，科技论文的质量水平也是不同的。根据多年来对科技论文的统计和分析，中国科学技术信息研究所提出一些评估论文质量的文献计量指标，供读者参考和讨论。这里所说的“评估”是“外部评估”，即文献计量人员或科技管理人员对论文的外在指标的评估，不同于同行专家对论文学术水平的评估。

这里提出的仅是对期刊论文的评估指标，随着统计工作的深入和指标的完善，所用指标会有所调整。

（1）论文的类型

作为信息交流的文献类型是多种多样的，但不同类型的文献，其反映内容的全面性、文献著录的详尽情况是不同的。一般来说，各类文献检索系统依据自身的情况和检索系统的作用，收录的文献类型也是不同的。目前，我们在统计 SCI 论文时将文献类型是 Article 和 Review 的作为论文统计源；统计 EI 论文时将文献类型是 JA（Journal Article）的作为论文统计源，在统计中国科技论文与引文数据库（CSTPCD）时将论著、研究型综述、一般论文、工业工程设计类型的文献作为论文统计源。

（2）论文发表的期刊影响

在评定期刊的指标中，较能反映期刊影响的指标是期刊的总被引频次和影响因子。我们通常说的影响因子是指期刊的影响情况，是表示期刊中所有文献被引用数的平均值，即篇均被引用数，并不是指某一篇文献的被引用数值。影响因子的大小受多个因素的制约，关键是刊发的文献的水平和质量。一般来说，在高影响因子期刊中能发表的文献都应具备一定的水平。发表的难度也较大。影响因子的相关因素较多，一定要慎用，而且要分学科使用。

（3）文献发表的期刊的国际显示度

期刊被国际检索系统收录的情况及主编和编辑部的国际影响力。

（4）论文的基金资助情况（评估论文的创新性）

一般来说，科研基金申请时条件之一是项目的创新性或成果具有明显的应用价值。特别是一些经过跨国合作、受多项资助产生的研究成果的科技论文更具重要意义。

（5）论文合著情况

合作（国际、国内合作）研究是增强研究力量、互补优势的方式，特别是一些重大研究项目，单靠一个单位，甚至一个国家的科技力量都难以完成。因此，合作研究也是一种趋势，这种合作研究产生的成果显然是重要的。特别是要关注以我为主的国际合作产生的成果。

（6）论文的即年被引用情况

论文被他人引用数量的多少是论文影响力的重要指标。论文发表后什么时候能被引用，被引数多少等因素与论文所属的学科密切相关。论文发表后能在较短时间内被引用，反映这类论文的研究项目往往是热点，是科学界本领域非常关注的问题，这类论文是值得重视的。

（7）论文的合作者数

论文的合作者数可以反映项目的研究力量和强度。一般来说，研究作者多的项目研究强度高，产生的论文有影响力，可按研究合作者数大于、等于和小于该学科平均作者数统计分析。

（8）论文的参考文献数

论文的参考文献数是该论文吸收外部信息能力的重要依据，也是显示论文质量的指标。

（9）论文的下载率和获奖情况

可作为评价论文的实际应用价值及社会与经济效益的指标。

（10）发表于世界著名期刊的论文

世界著名期刊往往具有较大的影响力，世界上较多的原创论文都首发于这些期刊中，这类期刊中发表的文献其被引用率也较高，尽管在此类期刊中发表文献的难度也大，但世界各国的学者们还是很倾向于在此类刊物中发表文献以显示他们的成就，实现和世界同行们进行广泛交流。

（11）作者的贡献（署名位置）

在论文的署名中，作者的排序（署名位置）一般可作为作者对本篇论文贡献大小的评估指标。

根据以上的指标，课题组在咨询部分专家的基础上，选择了论文发表期刊的学术影响因子、论文的原创性、世界著名期刊中发表的论文情况、论文即年被引情况、论文的参考文献数及论文的国际合作情况等指标，对 SCI 收录的论文做了综合评定，并对 CSTPCD 中得到高被引的论文进行了评定，选出了中国卓越科技论文。

2　中国国际科技论文数量总体情况分析

2.1　引言

科技论文作为科技活动产出的一种重要形式，从一个侧面反映了一个国家基础研究、应用研究等方面的情况，在一定程度上反映了一个国家的科技水平和国际竞争力水平。本文利用“科学引文索引”（SCI）、“工程索引”（EI）和“科学技术会议录索引”（CPCI-S）三大国际检索系统数据，结合 ESI（Essential Science Indicators，基本科学指标数据库）的数据，对中国论文数和被引用情况进行统计，分析中国科技论文在世界所占的份额及位置，对中国科技论文的发展状况做出评估。

2.2　数据

SCI、CPCI-S、ESI 的数据取自科睿唯安（Clarivate Analytics，原汤森路透知识产权与科技事业部）的 Web of Knowledge 平台，EI 数据取自 Engineering Village 平台。

2.3　研究分析与结论

2.3.1　SCI 收录中国科技论文数情况

2022 年，SCI 收录世界科技论文总数为 254.87 万篇（以出版年统计），比 2021 年增加了 2.0%。2022 年收录中国科技论文数为 79.82 万篇，排在世界第 1 位（表 2-1），占 SCI 收录世界科技论文总数的 31.3%，所占份额较上年提升了 6.7 个百分点。排在世界前 5 位的国家分别是中国、美国、英国、德国和印度。排在第 2 位的美国，SCI 收录其论文数为 52.09 万篇，占 SCI 收录世界科技论文总数的 20.4%。

中国作者作为第一作者共计发表 SCI 收录论文 68.19 万篇，比 2021 年提升了 22.38%，占 SCI 收录世界各国第一作者发文总数的 26.9%。

表 2-1　SCI 收录中国科技论文数世界排名变化

年份	2013	2014	2015	2016	2017	2018	2019	2020	2021	2022
世界排名	2	2	2	2	2	2	2	2	1	1

2.3.2　EI 收录中国科技论文数情况

2022 年，EI 收录中国论文数为 46.09 万篇，占 EI 收录世界论文总数的 39.17%，数量比 2021 年增加 16.89%。排在世界前 5 位的国家分别是中国、美国、印度、英国、德国。

EI 收录的第一作者归属中国的科技论文共计 43.55 万篇，比 2021 年增加了 26.6%，占 EI 收录世界各国第一作者发文总数的 37.02%。

2.3.3　CPCI-S 收录中国科技会议论文数情况

2022 年，CPCI-S 收录世界重要科技会议论文数为 16.42 万篇（以出版年统计），比 2021 年减少 26.33%。CPCI-S 共收录中国科技会议论文 3.35 万篇，比 2021 年减少了 15.19%，占 CPCI-S 收录世界重要科技会议论文数的 20.40%，排在世界第 2 位。排在世界前 5 位的国家分别是美国、中国、印度、德国和英国。CPCI-S 数据库收录美国科技会议论文 3.62 万篇，占 CPCI-S 收录世界重要科技会议论文数的 22.05%。

CPCI-S 收录第一作者单位为中国的科技会议论文共计 3.04 万篇。2022 年中国科技人员共参加了在 83 个国家（地区）召开的 1340 个国际会议。

2022 年中国科技人员发表国际会议论文数最多的 10 个学科分别为临床医学，计算技术，电子、通信与自动控制，材料科学，基础医学，物理学，能源科学技术，生物学，药物学和机械、仪表。

2.3.4　SCI、EI 和 CPCI-S 收录中国科技论文数情况

2022 年，SCI、CPCI-S 和 EI 三大系统共收录中国科技人员发表的科技论文 1 147 829 篇，比 2021 年增加了 99 652 篇，增长 9.5%。中国科技论文数占世界论文总数的比例为 23.4%，比 2021 年的 27.9% 下降了 4.5 个百分点（表 2-2）。

表 2-2　2011—2022 年三大系统收录中国科技论文数及其世界排名

年份	论文数/篇	较上年增加/篇	增长率	占世界总数的比例	世界排名
2011	345 995	45 072	15.0%	15.1%	2
2012	394 661	48 666	14.1%	16.5%	2
2013	464 259	69 598	17.6%	17.3%	2
2014	494 078	29 819	6.4%	18.4%	2
2015	586 326	92 248	18.7%	19.8%	2
2016	628 920	42 594	7.3%	20.0%	2
2017	662 831	33 911	5.4%	21.2%	2
2018	754 323	91 492	13.8%	22.7%	2
2019	842 023	87 700	11.6%	23.6%	2
2020	969 802	127 779	15.2%	26.2%	1
2021	1 048 177	78 375	8.1%	27.9%	1
2022	1 147 829	99 652	9.5%	23.4%	1

注：数据来源于 Web of Science 核心合集，统计截至 2023 年 6 月。

由表2-3可见，2022年，中国科技论文数排在世界第1位。2022年排名居前6位的国家分别为中国、美国、印度、英国、德国和日本。

表2-3 2022年三大系统收录的部分国家科技论文情况

国家	排名	论文数/篇	占世界总数的比例
中国	1	1 147 829	23.42%
美国	2	597 215	12.18%
印度	3	209 121	4.27%
英国	4	163 006	3.33%
德国	5	161 474	3.29%
日本	6	135 669	2.77%

注：数据来源于Web of Science核心合集，统计截至2023年6月。

2.3.5 中国科技论文被引用情况

2013—2023年中国科技人员共发表国际论文444.40万篇，继续排在世界第2位，数量比2022年统计时增加了11.7%；论文共被引6748.23万次，较2022年统计时增加了18.3%，排在世界第2位（表2-4）。美国仍然保持在世界第1位。

表2-4 中国各十年段科技论文被引次数及世界排名变化情况

时间段	2004—2014	2005—2015	2006—2016	2007—2017	2008—2018	2009—2019	2010—2020	2011—2021	2012—2022	2013—2023
世界排名	4	4	4	2	2	2	2	2	2	2

注：按ESI数据库统计，截至2023年10月。

中国大陆平均每篇论文被引15.19次，比上年度统计时的14.34次/篇提高了5.9%。世界整体篇均被引次数为15.85次，中国大陆平均每篇论文被引次数与世界平均水平之间的差距逐步缩小。在2013—2023年发表科技论文累计超过20万篇以上的国家（地区）共有23个，按篇均被引次数排序，中国大陆排在第16位。篇均被引次数大于世界平均水平的国家有14个。瑞士、荷兰、丹麦、比利时、英国、瑞典、澳大利亚、美国、加拿大、德国、法国、意大利和西班牙的论文篇均被引次数超过18次（表2-5）。

表2-5 2013—2023年发表科技论文数20万篇以上的国家（地区）论文数及被引情况（按被引次数排序）

国家（地区）	论文数		被引次数		篇均被引次数	
	篇数/篇	排名	次数/次	排名	次数/次	排名
美国	4 502 454	1	96 474 093	1	21.43	8
中国大陆	4 444 003	2	67 482 257	2	15.19	16
英国	1 212 355	4	27 898 625	3	23.01	5
德国	1 240 813	3	25 753 665	4	20.76	10

续表

国家（地区）	论文数		被引次数		篇均被引次数	
	篇数/篇	排名	次数/次	排名	次数/次	排名
法国	822 426	8	16 959 808	5	20.62	11
加拿大	796 359	9	16 751 977	6	21.04	9
澳大利亚	757 139	10	16 617 387	7	21.95	7
意大利	827 114	7	16 082 475	8	19.44	12
日本	892 415	5	13 469 355	9	15.09	17
西班牙	696 459	11	13 073 597	10	18.77	13
荷兰	469 138	14	11 874 097	11	25.31	2
印度	854 415	6	11 005 953	12	12.88	21
韩国	677 474	12	10 381 968	13	15.32	15
瑞士	358 048	17	9 388 895	14	26.22	1
瑞典	323 039	20	7 428 464	15	23.00	6
巴西	539 338	13	6 849 830	16	12.70	22
比利时	259 174	22	6 176 302	17	23.83	4
伊朗	410 422	15	5 519 680	18	13.45	19
丹麦	221 068	24	5 485 822	19	24.82	3
波兰	336 272	19	4 406 281	20	13.10	20
中国台湾	303 677	21	4 395 645	21	14.47	18
俄罗斯	405 151	16	4 014 603	22	9.91	24
沙特阿拉伯	228 060	23	3 845 589	23	16.86	14

注：以 ESI 数据库统计，截至 2023 年 10 月。

2.3.6　高被引论文

2013—2023 年中国各学科论文累计被引次数进入世界前 1% 的高被引国际论文共 57 939 篇，占世界高被引论文份额的 30.8%，排在世界第 2 位，位次与上一年度一致，占世界份额的比例提升了 3.5 个百分点。美国排在第 1 位，高被引论文数为 76 622 篇，占世界份额的 40.7%。英国排在第 3 位，高被引论文数为 33 118 篇，占世界份额为 17.6%。德国和澳大利亚分别排在第 4 位和第 5 位，高被引论文数分别为 20 497 篇和 15 807 篇，分别占世界份额的 10.9% 和 8.4%。2013—2023 年中国高被引论文中被引次数居前 10 位的国际论文如表 2-6 所示。

表 2-6　2013—2023 年中国高被引论文中被引次数居前 10 位的国际论文

学科	累计被引次数/次	前三位作者 第一作者单位	来源
工程学	15 866	REN S Q，HE K M，GIRSHICK R 中国科学技术大学	IEEE transactions on pattern analysis and machine intelligence 2017，39（6）：1137-1149

续表

学科	累计被引次数/次	前三位作者 第一作者单位	来源
临床医学	13 072	ZHU N，ZHANG D Y，WANG W L 中国疾病预防控制中心	New England journal of medicine 2020，382（8）：727-733
临床医学	12 973	CHEN W Q，ZHENG R S，BAADE P D 国家癌症中心	CA-a cancer journal for clinicians 2016，66（2）：115-132
临床医学	12 777	ZHOU F，YU T，DU R H 中国医学科学院北京协和医学院	Lancet 2020，395（10229）：1054-1062
临床医学	9280	GUAN W，NI Z，HU Y 广州医科大学附属第一医院	New England journal of medicine 2020，382（18）：1708-1720
工程学	7587	HU J，SHEN L，ALBANIE S 中国科学院软件研究所	IEEE transactions on pattern analysis and machine intelligence 2020，42（8）：2011-2023
临床医学	6417	WANG D W，HU B，HU C 武汉大学中南医院	JAMA-journal of the American medical association 2020，323（11）：1061-1069
临床医学	6242	CHEN N S，ZHOU M，DONG X 武汉市金银潭医院	Lancet 2020，395（10223）：507-513
材料科学	6018	LI L K，YU Y J，YE G J 复旦大学	Nature nanotechnology 2014，9（5）：372-377
临床医学	5733	LU R J，ZHAO X，LI J 中国疾病预防控制中心	Lancet 2020，395（10224）：565-574

注：统计截至2023年7月；对于作者总人数超过3人的论文，本表作者栏中仅列出前三位。

2.3.7 热点论文

近两年发表的论文在最近两个月得到大量引用，且被引次数进入本学科前1‰的论文称为热点论文，这样的文章往往反映了最新的科学发现和研究动向，可以说是科学研究前沿的风向标。截至2023年7月统计的中国热点论文数为1929篇，占世界热点论文总量的45.9%，排在世界第1位。美国排在第2位，热点论文数为1592篇，占世界热点论文总量的37.9%，英国排在第3位，热点论文数为1022篇，德国和澳大利亚分别排在第4位和第5位，热点论文数分别为540篇和479篇。其中被引次数最高的一篇论文是2021年10月以西安理工大学为第一作者和通讯作者，联合5个机构在*Computer Physics Communications*上发表的“Vaspkit：a userfriendly interface facilitating high-throughput computing and analysis using VASP code”。截至2023年8月，该论文已被67个国家（地区）的千余名科技人员引用，涉及265种科技期刊。引用频次在50次及以上的国家分别是中国（1065次）、美国（109次）和印度（50次）。

2.3.8 CNS 论文

Science、*Nature* 和 *Cell* 是国际公认的 3 种享有最高学术声誉的科技期刊。发表在这三大名刊上的论文，往往都是经过世界范围内知名专家层层审读、反复修改而成的高质量、高水平论文。2022 年，以上 3 种期刊共刊登论文 6021 篇，其中中国论文为 580 篇，排在世界第 4 位，与 2021 年持平。美国仍然排在首位，论文数为 2391 篇。英国、德国分别排第 2 位、第 3 位。若仅统计 Article 和 Review 两种类型的论文，则中国有 459 篇，排在世界第 4 位，与 2021 年持平。

2.3.9 最具影响力期刊上发表的论文

2022 年被引次数超过 10 万次且影响因子超过 30 的国际期刊有 16 种（*Nature*、*Science*、*New England Journal of Medicine*、*Lancet*、*Cell*、*Chemical Reviews*、*Jama-Journal of the American Medical Association*、*Circulation*、*Journal of Clinical Oncology*、*Chemical Society Reviews*、*BMJ-British Medical Journal*、*Nature Medicine*、*Nature Materials*、*Nature Genetics*、*Nature Methods*、*Energy & Environmental Science*），2022 年共发表论文 28 423 篇，其中中国论文 2472 篇，占发表论文总数的 8.70%，排在世界第 3 位。若仅统计 Article 和 Review 两种类型的论文，则中国有 1140 篇，排在世界第 2 位，与 2021 年持平。

各学科领域影响因子最高的期刊可被看作世界各学科最具影响力期刊。2022 年 178 个学科领域中高影响力期刊共有 159 种，2022 年各学科最具影响力期刊上的论文总数为 54 002 篇。中国在这些期刊上发表论文数 16 349 篇，占上述论文总数的 30.3%，排在世界第 1 位。美国有 14 396 篇，占 26.7%。中国在这些期刊上发表的论文有 8328 篇是受国家自然科学基金资助产出的，占中国在这些期刊上发文总数的 50.9%。中国发表在世界各学科最具影响力期刊上，论文较多的高等院校分别为浙江大学（277 篇）、清华大学（239 篇）、四川大学（219 篇）、上海交通大学（218 篇）和哈尔滨工业大学（211 篇）。

2.3.10 高水平国际论文

为落实中共中央办公厅、国务院办公厅办《关于深化项目评审、人才评价、机构评估改革的意见》《关于进一步弘扬科学家精神加强作风和学风建设的意见》的要求，改进科技评价体系，2020 年科技部印发了《关于破除科技评价中“唯论文”不良导向的若干措施（试行）》，鼓励发表高质量论文，包括发表在业界公认的国际顶级或重要科技期刊的论文、具有国际影响力的国内科技期刊的论文及在国内外顶级学术会议上进行报告的论文。

中国科学技术信息研究所经过调研分析，将各学科影响因子和总被引次数同居本学科前 10%，且每年刊载的学术论文及述评文章数大于 50 篇的期刊，遴选为世界各学科代表性科技期刊，在其上发表的论文属于高水平国际期刊论文。2022 年共有 371 种国际科技期刊入选世界各学科代表性科技期刊，发表高水平国际期刊论文 348 610 篇。按第一作者第一单位统计分析结果显示，中国发表高水平国际期刊论文 93 641 篇，占高水平国际论文总量的26.86%，被引次数为649 644次，论文发表数量和被引次数均排在世界第1位。美国发表高水平国际期刊论文78 843篇，占高水平国际论文总量的22.6%，被引次数为306 818次，论文发表数量和被引次数均排在世界第2位（表2-7）。

表2-7 2022年发表高水平国际期刊论文的国家（地区）论文数及被引情况排名

国家（地区）	高水平国际期刊论文数/篇	排名	占世界高水平国际期刊论文比例	排名	被引次数/次	排名
中国	93 641	1	26.86%	1	649 644	1
美国	78 843	2	22.62%	2	306 818	2
英国	16 506	3	4.73%	3	80 009	3
德国	10 862	4	3.12%	4	58 228	4
意大利	8494	5	2.44%	5	34 567	9
加拿大	8479	6	2.43%	6	34 699	8
韩国	8201	7	2.35%	7	43 077	5
西班牙	8129	8	2.33%	8	31 361	11
印度	7545	9	2.16%	9	41 519	6
法国	7380	10	2.12%	10	32 200	10

数据来源：Web of Science核心合集SCI，统计截至2023年8月。

在高水平国际期刊论文中，2022年中国有27个学科论文数量排在世界首位，分别是：数学，力学，化学，地学，中医学，农学，林学，畜牧、兽医和水产学等。同时，化工论文数量占本学科世界论文总量的71.5%。另有8个学科排在世界第2位，分别是物理学、天文学、生物学、预防医学与卫生学、基础医学、药物学、军事医学与特种医学及核科学技术（表2-8）。

表2-8 2022年中国发表高水平国际期刊论文学科分布

学科名称	中国高水平国际期刊论文数/篇	世界高水平国际期刊论文数/篇	被引次数/次	篇均被引次数/次
数学	3872	9968	12 556	3.24
力学	2341	4562	9728	4.16
物理学	570	2682	5112	8.97
化学	10 621	21 053	135 663	12.77
天文学	13	189	172	13.23
地学	6457	12 430	29 584	4.58
生物学	5135	22 723	31 383	6.11
预防医学与卫生学	1205	6927	7496	6.22
基础医学	1461	15 569	10 687	7.31
药物学	2213	7956	10 307	4.66
临床医学	6468	123 115	17 618	2.72
中医学	4	4	12	3.00

续表

学科名称	中国高水平国际期刊论文数/篇	世界高水平国际期刊论文数/篇	被引次数/次	篇均被引次数/次
军事医学与特种医学	604	4117	1539	2.55
农学	2430	4852	11 042	4.54
林学	266	568	1182	4.44
畜牧、兽医	2015	6855	3339	1.66
水产学	832	1746	2603	3.13
材料科学	7101	12 573	59 784	8.42
工程与技术基础学科	3	516	1	0.33
矿山工程技术	125	208	748	5.98
能源科学技术	5779	12 327	45 930	7.95
冶金、金属学	33	71	537	16.27
机械、仪表	974	1770	7708	7.91
动力与电气	811	1469	4352	5.37
核科学技术	279	1448	626	2.24
电子、通信与自动控制	3153	5873	18 448	5.85
计算技术	4601	10 058	33 319	7.24
化工	8384	11 726	88 485	10.55
轻工、纺织	296	613	1006	3.40
食品	3454	5524	29 251	8.47
土木建筑	5113	10 311	26 855	5.25
水利	287	599	1650	5.75
交通运输	1047	1986	7631	7.29
航空航天	456	717	1369	3.00
安全科学技术	323	590	2933	9.08
环境科学	9399	21 654	55 522	5.91
管理学	227	730	1555	6.85

2022 年发表高水平国际期刊论文数量较多的高等院校中，浙江大学以发表 1763 篇论文排在第 1 位，被引次数为 13 034 次，排在第 2 位；篇均被引次数为 7.39 次，排在第 3 位。清华大学以发表 1663 篇论文排在第 2 位，被引次数为 13 914 次，排在第 1 位；篇均被引次数为 8.37 次，排在第 1 位。哈尔滨工业大学以发表 1539 篇论文排在第 3 位，被引次数为 10 145 次，排在第 3 位；篇均被引次数为 6.59 次，排在第 7 位（表 2–9）。

2022 年发表高水平国际期刊论文数量较多的研究机构中，中国科学院地理科学与资源研究所以发表 275 篇论文排在第 1 位，被引次数为 1456 次，排在第 5 位；篇均被引次数为 5.29 次，排在第 9 位。中国科学院生态环境研究中心以发表 258 篇论文排在第 2 位，被引次数为 1483 次，排在第 3 位；篇均被引次数为 5.75 次，排在第 8 位。中国水产科学研究院以发表 207 篇论文排在第 3 位，被引次数为 447 次，排在第 10 位；篇均被引次数为 2.16 次，排在第 10 位（表 2–10）。

2022年发表高水平国际期刊论文数量较多的医疗机构中，四川大学华西医院以发表380篇论文排在世界第3位，被引次数为1771次，排在第3位；篇均被引次数为4.66次，排在第2位（表2-11）。

表2-9 2022年发表高水平国际期刊论文世界高等院校排名

高等院校名称	高水平国际期刊论文数/篇	占世界高水平国际期刊论文比例	排名	被引次数/次	排名	篇均被引次数/次	排名
浙江大学	1763	0.51%	1	13 034	2	7.39	3
清华大学	1663	0.48%	2	13 914	1	8.37	1
哈尔滨工业大学	1539	0.44%	3	10 145	3	6.59	7
华盛顿大学	1535	0.44%	4	8061	8	5.25	8
上海交通大学	1461	0.42%	5	9652	4	6.61	6
斯坦福大学	1342	0.38%	6	8953	6	6.67	5
天津大学	1229	0.35%	7	9296	5	7.56	2
西安交通大学	1188	0.34%	8	8555	7	7.20	4
宾夕法尼亚大学	1127	0.32%	9	4852	9	4.31	9
密歇根大学	1112	0.32%	10	4296	10	3.86	10

表2-10 2022年发表高水平国际期刊论文世界研究机构排名

研究机构名称	高水平国际期刊论文数/篇	占世界高水平国际期刊论文比例	排名	被引次数/次	排名	篇均被引次数/次	排名
中国科学院地理科学与资源研究所	275	0.08%	1	1456	5	5.29	9
中国科学院生态环境研究中心	258	0.07%	2	1483	3	5.75	8
中国水产科学研究院	207	0.06%	3	447	10	2.16	10
中国科学院化学研究所	196	0.06%	4	2459	1	12.55	1
中国科学院大连化学物理研究所	179	0.05%	5	1822	2	10.18	4
魏茨曼科学研究所	164	0.05%	6	1433	7	8.74	5
中国科学院空天信息创新研究院	159	0.05%	7	1347	8	8.47	6
中国科学院长春应用化学研究所	133	0.04%	8	1440	6	10.83	3
中国科学院金属研究所	129	0.04%	9	774	9	6.00	7
中国科学院海西研究院	128	0.04%	10	1475	4	11.52	2

表 2-11 2022 年发表高水平国际期刊论文世界医疗机构排名

医疗机构名称	高水平国际期刊论文数/篇	占世界高水平国际期刊论文比例	排名	被引次数/次	排名	篇均被引次数/次	排名
美国马萨诸塞州总医院	755	0.22%	1	4153	1	5.50	2
布莱根妇女医院	574	0.16%	2	2520	2	4.39	4
四川大学华西医院	380	0.11%	3	1771	3	4.66	3
波士顿儿童医院	287	0.08%	4	1092	4	3.80	6
费城儿童医院	263	0.08%	5	578	6	2.20	9
哥本哈根大学医院	190	0.05%	6	517	8	2.72	7
奥胡斯大学医院	171	0.05%	7	424	9	2.48	8
辛辛那提儿童医院医疗中心	154	0.04%	8	239	10	1.55	10
浙江大学医学院附属第一医院	140	0.04%	9	553	7	3.95	5
华中科技大学同济医学院附属协和医院	139	0.04%	10	808	5	5.81	1

2.4 小结

2022 年，SCI 收录中国科技论文数为 79.82 万篇，占世界 SCI 收录科技论文总数的 31.32%，所占份额较上年提升了 6.7 个百分点。EI 收录中国论文数为 46.09 万篇，占 EI 收录世界科技论文总数的 39.1%，数量比 2021 年增加了 16.89%，排在世界第 1 位。CPCI-S 收录了中国论文 3.35 万篇，比 2021 年减少了 2.69%，占 CPCI-S 收录世界科技论文总数的 20.40%，排在世界第 2 位。总体来说，三大系统收录中国论文 114.78 万篇，占世界论文总数的 23.4%。

2013—2023 年（截至 2023 年 8 月）中国科技人员共发表国际论文 444.40 万篇，继续排在世界第 2 位，数量比 2022 年统计时增加了 11.7%；论文共被引 6748.23 万次，较 2022 年统计时增加了 18.3%，排在世界第 2 位。美国仍然保持在世界第 1 位。中国平均每篇论文被引 15.19 次，比上年度统计时的 14.34 次/篇提高了 5.9%。世界整体被引次数为 15.85 次，中国平均每篇论文被引次数与世界平均水平之间的差距逐步缩小。

3 中国科技论文学科分布情况分析

3.1 引言

美国著名高等教育专家伯顿·克拉克认为，主宰学者工作生活的力量是学科而不是所在院校，学术系统中的核心成员单位是以学科为中心的。学科指一定科学领域或一门科学的分支，如自然科学中的化学、物理学；社会科学中的法学、社会学等。学科是人类科学文化成熟的知识体系和物质体现，学科发展水平既决定着一所研究机构人才培养质量和科学研究水平，也是一个地区乃至一个国家知识创新力和综合竞争力的重要表现。学科的发展和变化无时不在进行，新的学科分支和领域也在不断涌现，这给许多学术机构的学科建设带来了一些问题，如重点发展的学科及学科内的发展方向。因此，详细分析学科的发展状况将有助于解决这些问题。

本章运用科学计量学方法，通过对各学科被国际重要检索系统 SCI、EI、CPCI－S 和 CSTPCD 收录，以及对 SCI 被引情况的分析，研究了中国各学科发展的状况、特点和趋势。

3.2 数据与方法

3.2.1 数据来源

（1）CSTPCD

中国科技论文与引文数据库（CSTPCD）是中国科学技术信息研究所在 1987 年建立的，收录中国各学科重要科技期刊，其收录期刊称为“中国科技论文统计源期刊”，即中国科技核心期刊。

（2）SCI

SCI（Science Citation Index），即科学引文索引数据库。

（3）EI

EI（Engineering Index），即“工程索引”，创刊于 1884 年，是美国工程信息公司（Engineering Information Inc.）出版的著名工程技术类综合性检索工具。

（4）CPCI－S

CPCI－S（Conference Proceedings Citation Index－Science），原名 ISTP（Index to Scientific & Technical Proceedings），即“科技会议录索引”，创刊于 1978 年。该索引收录生命科学、物理与化学科学、农业、生物和环境科学、工程技术和应用科学等学科的会议文献，包括一般性会议、座谈会、研究会、讨论会等。

3.2.2 学科分类

学科分类采用《中华人民共和国学科分类与代码国家标准》（简称《学科分类与代码》，标准号是 GB/T 13745—1992）。《学科分类与代码》共设 5 个门类、58 个一级学科、573 个二级学科、近 6000 个三级学科。中国科学技术信息研究所根据《学科分类与代码》并结合工作实际制定本书的学科分类体系（表 3-1）。

表 3-1 中国科学技术信息研究所学科分类体系

学科名称	分类代码	学科名称	分类代码
数学	O1A	工程与技术基础学科	T3
信息、系统科学	O1B	矿山工程技术	TD
力学	O1C	能源科学技术	TE
物理学	O4	冶金、金属学	TF
化学	O6	机械、仪表	TH
天文学	PA	动力与电气	TK
地学	PB	核科学技术	TL
生物学	Q	电子、通信与自动控制	TN
预防医学与卫生学	RA	计算技术	TP
基础医学	RB	化工	TQ
药物学	RC	轻工、纺织	TS
临床医学	RD	食品	TT
中医学	RE	土木建筑	TU
军事医学与特种医学	RF	水利	TV
农学	SA	交通运输	U
林学	SB	航空航天	V
畜牧、兽医	SC	安全科学技术	W
水产学	SD	环境科学	X
测绘科学技术	T1	管理学	ZA
材料科学	T2	其他	ZB

3.3 研究分析与结论

3.3.1 2022 年中国各学科收录论文的分布情况

我们对不同数据库收录的中国科技论文按照学科分类进行分析，主要分析各数据库中排名居前 10 位的学科。

（1）SCI

2022 年，SCI 收录中国科技论文数居前 10 位的学科如表 3-2 所示，所有学科发表的论文都超过 2.6 万篇。

表 3-2　2022 年 SCI 收录中国科技论文数居前 10 位的学科

排名	学科	论文数/篇	排名	学科	论文数/篇
1	化学	71 954	6	物理学	39 868
2	临床医学	67 125	7	环境科学	36 211
3	生物学	66 234	8	计算技术	30 819
4	材料科学	53 225	9	地学	30 528
5	电子、通信与自动控制	42 273	10	基础医学	26 835

（2）EI

2022 年，EI 收录中国科技论文数居前 10 位的学科如表 3-3 所示，所有学科发表的论文都超过 2.1 万篇。

表 3-3　2022 年 EI 收录中国科技论文数居前 10 位的学科

排名	学科	论文数/篇	排名	学科	论文数/篇
1	生物学	66 932	6	材料科学	29 239
2	地学	37 586	7	物理学	24 647
3	土木建筑	35 165	8	能源科学技术	24 418
4	电子、通信与自动控制	31 967	9	计算技术	23 619
5	动力与电气	31 236	10	冶金、金属学	21 200

（3）CPCI-S

2022 年，CPCI-S 收录中国科技论文数居前 10 位的学科如表 3-4 所示，其中排在第 1 位的计算技术学科和排在第 2 位的电子、通信与自动控制学科发表论文数的加和超过 2 万篇。

表 3-4　2022 年 CPCI-S 收录中国科技论文数居前 10 位的学科

排名	学科	论文数/篇	排名	学科	论文数/篇
1	计算技术	12 199	6	机械、仪表	536
2	电子、通信与自动控制	8510	7	基础医学	473
3	能源科学技术	1503	8	临床医学	445
4	物理学	1248	9	工程与技术基础学科	385
5	地学	970	10	土木建筑	285

（4）CSTPCD

2022 年，CSTPCD 收录中国科技论文数居前 10 位的学科如表 3-5 所示，所有学科发表的论文都超过 1.2 万篇，其中临床医学超过 11 万篇。

表 3-5 2022 年 CSTPCD 收录中国科技论文数居前 10 位的学科

排名	学科	论文数/篇	排名	学科	论文数/篇
1	临床医学	118 562	6	环境科学	15 936
2	计算技术	27 496	7	地学	14 143
3	电子、通信与自动控制	25 501	8	土木建筑	13 984
4	中医学	21 968	9	预防医学与卫生学	13 131
5	农学	21 961	10	化工	12 563

3.3.2 各学科产出论文数量及影响与世界平均水平比较分析

中国有 12 个学科产出论文的比例超过世界该学科论文数的 20%，分别是农业科学、生物与生物化学、化学、计算机科学、工程技术、环境与生态学、地学、材料科学、数学、分子生物学与遗传学、药学与毒物学和物理学。

农业科学、化学、计算机科学、工程技术、材料科学和数学等 6 个学科论文的被引次数排世界第 1 位，生物与生物化学、环境与生态学、地学、微生物学、分子生物学与遗传学、综合类、药学与毒物学、物理学、植物学与动物学等 9 个学科论文的被引次数排世界第 2 位，临床医学、经济贸易和免疫学等 3 个学科论文的被引次数排世界第 3 位，神经科学与行为学的论文被引次数排世界第 4 位。与上一统计年度相比，6 个学科的论文被引次数排名有所上升（表 3-6）。

表 3-6 2012—2022 年中国各学科产出论文与世界平均水平比较

学科	论文情况		被引情况		世界排名	位次变化趋势	篇均被引次数/次	相对影响
	论文数/篇	占世界份额	被引次数/次	占世界份额				
农业科学	127 053	22.87%	1 838 305	25.04%	1	—	14.47	1.09
生物与生物化学	190 276	22.45%	2 941 059	17.72%	2	—	15.46	0.79
化学	650 404	32.18%	1 248 376	34.71%	1	—	19.19	1.08
临床医学	497 144	14.83%	6 098 038	12.27%	3	—	12.27	0.83
计算机科学	180 249	34.35%	2 164 960	36.13%	1	—	12.01	1.05
经济贸易	41 796	11.89%	458 349	10.44%	3	↑ 1	10.97	0.88
工程技术	696 358	35.43%	9 016 499	36.25%	1	—	12.95	1.02
环境与生态学	210 799	25.79%	3 496 699	26.11%	2	—	16.59	1.01
地学	175 763	29.34%	2 556 184	27.72%	2	—	14.54	0.94
免疫学	46 671	15.28%	744 152	11.55%	3	↑ 1	15.94	0.76
材料科学	515 829	41.35%	1 129 676	45.15%	1	—	21.90	1.09
数学	126 463	24.53%	733 776	26.86%	1	↑ 1	5.80	1.09
微生物学	49 529	19.31%	709 546	15.22%	2	—	14.33	0.79
分子生物学与遗传学	147 634	27.69%	2 855 915	20.24%	2	—	19.34	0.73
综合类	4546	16.58%	113 683	19.22%	2	—	25.01	1.16
神经科学与行为学	77 420	13.38%	1 122 103	9.87%	4	—	14.49	0.74
药学与毒物学	121 198	24.13%	1 592 374	21.37%	2	—	13.14	0.89

续表

学科	论文情况		被引情况		世界排名	位次变化趋势	篇均被引次数/次	相对影响
	论文数/篇	占世界份额	被引次数/次	占世界份额				
物理学	316 205	28.02%	4 025 724	26.77%	2	—	12.73	0.95
植物学与动物学	142 773	16.74%	1 813 906	18.78%	2	—	12.7	1.12
精神病学与心理学	36 987	6.98%	355 570	4.78%	7	↑ 1	9.61	0.68
社会科学	67 223	5.64%	723 581	6.47%	5	↑ 2	10.76	1.14
空间科学	21 683	13.35%	341 296	10.69%	10	↑ 1	15.74	0.80

注：1. 统计时间截至2023年8月。
2. "↑ 1"表示：与上年度统计相比，位次上升了1位；"—"表示位次未变。
3. 相对影响：中国篇均被引次数与该学科世界平均值的比值。

3.3.3 学科的质量与影响力分析

科研活动具有继承性和协作性，几乎所有科研成果都是以已有成果为前提的。学术论文、专著等科学文献是传递新学术思想、成果的最主要的物质载体，它们之间并不是孤立的，而是相互联系的，突出表现在相互引用的关系，这种关系体现了科学工作者对以往的科学理论、方法、经验及成果的借鉴和认可。论文之间的相互引证，能够反映学术研究之间的交流与联系。通过论文之间的引证与被引证关系上，我们可以了解某个理论与方法是如何得到借鉴和利用的。某些技术与手段是如何得到应用和发展的。从横向的对应性上，我们可以看到不同的实验或方法之间是如何互相参照和借鉴的。我们也可以将不同的结果放在一起进行比较，看它们之间的引用关系。从纵向的继承性上，可以看到一个课题的基础和起源是什么，也可以看到一个课题的最新进展情况是怎样的。关于反面的引用，它反映的是某个学科领域的学术争鸣。论文间的引用关系能够有效地阐明学科结构和学科的发展过程，确定学科领域之间的关系，测度学科影响。

表3-7给出了2013—2022年SCIE收录的中国科技论文数累计被引次数排名居前10位的学科分布情况，由表可见，中国国际论文被引次数居前10位的学科主要分布在基础学科、医学领域和工程技术领域。

表3-7 2013—2022年SCIE收录的中国科技论文累计被引次数居前10位的学科分布情况

排序	学科	被引次数/次	排序	学科	被引次数/次
1	化学	15 695 524	6	环境科学	3 588 992
2	生物学	8 231 944	7	电子、通信与自动控制	3 520 120
3	临床医学	6 618 101	8	基础医学	3 328 886
4	材料科学	6 124 407	9	计算技术	2 893 413
5	物理学	4 878 414	10	地学	2 729 018

3.4　小结

近十年来，中国的学科发展相当迅速，不仅论文的数量有明显的增加，而且被引次数也有所增长。但是数据显示中国的学科发展呈现一种不均衡的态势，有些学科的论文篇均被引次数的水平已经接近世界平均水平，但仍有一些学科的该指标值与世界平均水平差别较大。中国有 12 个学科产出科技论文的比例超过世界该学科科技论文数的 20%，分别是农业科学、生物与生物化学、化学、计算机科学、工程技术、环境与生态学、地学、材料科学、数学、分子生物学与遗传学、药学与毒物学和物理学。农业科学、化学、计算机科学、工程技术、材料科学和数学等 6 个学科论文的被引次数排世界第 1 位。

目前中国正在建设创新型国家，应该在加强相对优势学科领域的同时，资源重点向农学、卫生医药、高新技术等领域倾斜。

4　中国科技论文地区分布情况分析

本章运用文献计量学方法对中国2022年的国际和国内科技论文的地区分布进行了分析，通过研究分析出了中国科技论文的高产地区、快速发展地区和高影响力地区和城市，同时分析了各地区在国际权威期刊上发表论文的情况，从不同角度反映了中国科技论文在2022年度的地区特征。

4.1　引言

科技论文作为科技活动产出的一种重要形式，能够反映基础研究、应用研究等方面的情况。对全国各地区的科技论文产出分布进行统计与分析，可以从一个侧面反映出该地区的科技实力和科技发展潜力，是了解区域优势及科技环境的决策参考因素之一。

本章通过对中国31个省（自治区、直辖市，不含港澳台地区）的国际国内科技论文产出数量、论文被引情况、科技论文数3年平均增长率等数据的分析与比较，反映中国科技论文在2022年度的地区特征。

4.2　数据与方法

本章的数据来源：①国内科技论文数据来自中国科学技术信息研究所自行研制的中国科技论文与引文数据库（CSTPCD）；②国际论文数据采集自SCI、EI和CPCI-S检索系统。

本章运用文献计量学方法对中国2022年的国际科技论文和中国国内论文的地区分布、论文数增长变化、论文影响力状况进行了比较分析。

4.3　研究分析与结论

4.3.1　国际论文产出分析

（1）国际论文产出地区分布情况

本章所统计的国际论文数据主要来自国际上颇具影响力的文献数据库：SCI、EI和CPCI-S。2022年，国际论文数（SCI、EI、CPCI-S三大系统收录论文总数）产出居前3位的地区分别为北京、江苏和上海（表4-1）。

表 4-1　2022 年中国国际论文数居前 10 位的地区

排名	地区	2021 年论文数/篇	2022 年论文数/篇	增长率
1	北京	134 617	162 685	20.85%
2	江苏	94 327	116 297	23.29%
3	上海	70 917	83 249	17.39%
4	广东	66 019	80 984	22.67%
5	陕西	54 117	66 051	22.05%
6	山东	50 028	61 596	23.12%
7	湖北	48 576	61 158	25.90%
8	浙江	48 816	60 228	23.38%
9	四川	44 253	54 451	23.04%
10	湖南	33 588	42 577	26.76%

（2）国际论文产出快速发展地区

科技论文数量的增长率可以反映该地区科技发展的活跃程度。2020—2022 年各地区的国际科技论文数都有不同程度的增长。如表 4-2 所示，论文基数较大的地区不容易有较高增长率，增速较快的地区多数是国际论文数较少的地区。论文基数较小的地区，如西藏、海南和贵州等地区的论文年均增长率都较高。这些地区的科研水平暂时不高，但是具有很大的发展潜力。

表 4-2　2020—2022 年国际科技论文数增长率居前 10 位的地区

地区	国际科技论文数/篇			年均增长率	排名
	2020 年	2021 年	2022 年		
西藏	103	185	258	58.27%	1
海南	2085	2763	4113	40.45%	2
贵州	4735	4795	8338	32.70%	3
宁夏	1482	1689	2546	31.07%	4
新疆	4078	4929	6956	30.60%	5
广西	7944	9536	13 187	28.84%	6
河南	21 333	23 729	32 509	23.45%	7
河北	12 014	11 993	18 188	23.04%	8
云南	8165	9085	12 333	22.90%	9
内蒙古	3695	3775	5244	19.13%	10

注：1. “国际科技论文数”指 SCI、EI 和 CPCI-S 三大检索系统收录的中国科技人员发表的论文数之和。

2. 年均增长率 = $\left(\sqrt{\frac{2022\text{年国际科技论文数}}{2020\text{年国际科技论文数}}}-1\right)\times 100\%$。

（3）SCI 论文 10 年被引地区排名

论文被他人引用数量的多少是表明论文影响力的一个重要指标。一个地区的论文被引数量不仅可以反映该地区论文的受关注程度，同时是该地区科学研究活跃度和影响力的重要指标。2013—2022 年度 SCI 收录论文被引篇数、被引次数和篇均被引次数情况如表4-3所示。其中，SCI收录的北京地区论文被引篇数和被引次数以绝对优势位居榜首。

各个地区的国际论文被引次数与该地区国际论文总数的比值（篇均被引次数）是衡量一个地区论文质量的重要指标之一。该值消除了论文数量对各个地区的影响，篇均被引次数可以反映出各地区论文的平均影响力。从SCI收录论文10年的篇均被引次数看，各省（直辖市）的排名顺序依次是湖北、北京、上海、福建、天津、安徽、吉林、广东、湖南和江苏。其中，湖北、北京和上海这3个省（直辖市）的被引次数和篇均被引次数均居全国前10位。

表4-3 2013—2022年SCI收录论文各地区被引情况

地区	论文被引数/篇	被引次数/次	被引次数排名	篇均被引次数/次	篇均被引次数排名
北京	590 395	10 776 886	1	18.25	2
天津	111 830	1 955 740	12	17.49	4
河北	52 111	556 674	21	10.68	25
山西	40 856	501 859	22	12.28	21
内蒙古	14 693	129 737	27	8.83	29
辽宁	140 027	2 223 714	11	15.88	13
吉林	89 403	1 506 858	15	16.85	7
黑龙江	98 951	1 614 488	14	16.32	11
上海	318 164	5 668 251	3	17.82	3
江苏	399 894	6 708 107	2	16.77	10
浙江	205 244	3 285 571	6	16.01	12
安徽	103 849	1 790 345	13	17.24	6
福建	80 645	1 410 629	16	17.49	4
江西	46 439	599 680	20	12.91	19
山东	207 373	3 009 338	8	14.51	17
河南	96 319	1 217 534	18	12.64	20
湖北	205 636	3 873 081	5	18.83	1
湖南	135 613	2 278 673	10	16.80	9
广东	270 303	4 549 030	4	16.83	8
广西	36 258	400 983	24	11.06	24
海南	11 785	118 630	28	10.07	26
重庆	87 070	1 347 676	17	15.48	15
四川	174 603	2 408 375	9	13.79	18
贵州	22 016	201 513	26	9.15	28
云南	40 219	479 994	23	11.93	22
西藏	624	4302	31	6.89	31
陕西	202 356	3 070 020	7	15.17	16
甘肃	52 396	812 326	19	15.50	14
青海	4298	35 431	30	8.24	30
宁夏	6068	58 706	29	9.67	27
新疆	21 199	234 714	25	11.07	23

（4）SCI 收录论文数较多的城市

如表 4-4 所示，2022 年，SCI 收录论文最多的城市为北京（91 634 篇），其后为上海（49 638 篇）、南京（39 459 篇），排前 10 位的城市论文数均超过了 18 000 篇。

表 4-4　2022 年 SCI 收录论文数居前 10 位的城市

排名	城市	SCI 收录论文数/篇	排名	城市	SCI 收录论文数/篇
1	北京	91 634	6	西安	31 479
2	上海	49 638	7	成都	27 890
3	南京	39 459	8	杭州	25 104
4	武汉	32 782	9	长沙	20 326
5	广州	32 228	10	天津	18 464

（5）卓越论文数较多的地区

若在每个学科领域内，按统计年度的论文被引次数世界均值画一条线，高于均线的论文则为卓越论文，即论文发表后的影响超过其所在学科的一般水平。2009 年中国科学技术信息研究所第一次公布了利用这一方法指标进行的统计结果，当时称为“表现不俗论文”，受到国内外学术界的广泛关注。

根据 SCI 统计，2022 年中国作者为第一作者的论文共 681 884 篇，其中卓越论文 278 944 篇，占总数的 40.91%。产出卓越论文排名居前 3 位的地区分别为北京、江苏和广东，卓越论文数排名居前 10 位的地区卓越论文数占其 SCI 收录论文总数的比例均在 39% 以上。其中，湖北和江苏的比例排前 2 位，均在 43% 以上，具体如表 4-5 所示。

表 4-5　2022 年卓越论文数居前 10 位的地区

排名	地区	卓越论文数/篇	SCI 收录论文总数/篇	卓越论文占比
1	北京	38 939	91 634	42.49%
2	江苏	29 681	68 814	43.13%
3	广东	21 831	51 413	42.46%
4	上海	21 136	49 638	42.58%
5	湖北	15 808	36 174	43.70%
6	山东	15 674	38 056	41.19%
7	陕西	15 418	36 135	42.67%
8	浙江	14 851	37 966	39.12%
9	四川	12 970	32 952	39.36%
10	湖南	10 499	25 056	41.90%

从城市分布看，与 SCI 收录论文较多的城市相似，产出卓越论文最多的城市为北京（38 939 篇），其后为上海（21 136 篇），南京（17 760 篇）（表 4-6）。在发表卓越论文数较多的城市中，南京、武汉、天津和长沙的卓越论文数占 SCI 收录论文总数的比例较高，均在 43% 以上。

表4-6 2022年产出卓越论文数居前10位的城市

排名	城市	卓越论文数/篇	SCI收录论文总数/篇	卓越论文占比
1	北京	38 939	91 634	42.49%
2	上海	21 136	49 638	42.58%
3	南京	17 760	39 459	45.01%
4	武汉	14 718	32 782	44.90%
5	广州	13 699	32 228	42.51%
6	西安	13 211	31 479	41.97%
7	成都	11 397	27 890	40.86%
8	杭州	10 249	25 104	40.83%
9	长沙	8845	20 326	43.52%
10	天津	8064	18 464	43.67%

（6）在高影响国际期刊中发表论文数较多的地区

按期刊影响因子可将各学科的期刊划分为几个区，发表在学科影响因子前1/10期刊上的论文即为在高影响国际期刊中发表的论文。虽然利用期刊影响因子直接作为评价学术论文质量的指标具有一定的局限性，但是基于论文作者、期刊审稿专家和同行评议专家对于论文质量和水平的判断，高学术水平的论文更容易发表在具有高影响因子的期刊上。在相同学科和时域范围内，以影响因子比较期刊和论文质量，具有一定的可比性，因此发表在高影响期刊上的论文也可以从一个侧面反映出一个地区的科研水平。表4-7为2022年在学科影响因子前1/10的期刊上发表论文数居前10位的地区。由表可知，北京在学科影响因子前1/10的期刊上发表的论文数位居榜首。

表4-7 2022年在学科影响因子前1/10的期刊上发表论文数居前10位的地区

排名	地区	前1/10论文数/篇	SCI收录论文总数/篇	占比
1	北京	15 238	91 634	16.63%
2	江苏	9990	68 814	14.52%
3	广东	9141	51 413	17.78%
4	上海	8181	49 638	16.48%
5	湖北	5438	38 056	14.29%
6	浙江	5420	37 966	14.28%
7	山东	5190	36 174	14.35%
8	陕西	5084	36 135	14.07%
9	四川	4234	32 952	12.85%
10	湖南	3227	25 056	12.88%

从城市分布看，与发表卓越国际论文较多的城市情况相似，在学科影响因子前1/10的期刊上发表论文数较多的城市为北京（15 238篇）、上海（8181篇）和南京（6435篇）（表4-8）。在发表高影响国际论文数较多的城市中，广州、北京、上海、南京和武汉在学科影响因子前1/10的期刊上发表的论文数占其SCI收录论文总数的比例较高，均在16%以上。

表 4-8 在学科影响因子前 1/10 的期刊上发表论文数居前 10 位的城市

排名	城市	前 1/10 论文数/篇	SCI 收录论文总数/篇	占比
1	北京	15 238	91 634	16.63%
2	上海	8181	49 638	16.48%
3	南京	6435	39 459	16.31%
4	广州	5855	32 782	17.86%
5	武汉	5213	32 228	16.18%
6	西安	4122	31 479	13.09%
7	杭州	4028	27 890	14.44%
8	成都	3843	25 104	15.31%
9	天津	3089	20 326	15.20%
10	长沙	2856	18 464	15.47%

4.3.2 国内论文产出分析

（1）国内论文产出较多的地区

本章所统计的国内论文数据主要来自 CSTPCD，2022 年国内论文数排名居前 3 位的地区分别是北京（60 776 篇）、江苏（39 053 篇）和上海（26 791 篇）。2022 年中国国内论文数居前 10 位的地区除河南外，其余 9 个省（直辖市）的论文数比 2021 年都有不同程度的减少（表 4-9）。

表 4-9 2022 年中国国内论文数居前 10 位的地区

排名	地区	2021 年论文数/篇	2022 年论文数/篇	增长率
1	北京	65 204	60 776	-6.79%
2	江苏	39 672	39 053	-1.56%
3	上海	28 515	26 791	-6.05%
4	陕西	25 609	24 646	-3.76%
5	广东	25 996	24 058	-7.45%
6	湖北	22 041	21 588	-2.06%
7	四川	22 454	20 952	-6.69%
8	山东	20 777	20 085	-3.33%
9	河南	18 734	18 764	0.16%
10	浙江	17 196	16 423	-4.50%

（2）国内论文增长较快的地区

国内论文数 3 年年均增长率居前 10 位的地区如表 4-10 所示。国内论文数年均增长率排前 3 位的地区依次为宁夏、新疆和西藏，这 3 个省（自治区）的 3 年年均增长率均在 3% 以上。通过与表 4-2，即 2020—2022 年国际论文数增长率居前 10 位的地区比较发现，宁夏、新疆、西藏、河南和内蒙古，这 5 个省（自治区）不仅国际论文总数 3 年平均增长率居全国前 10 位，而且国内论文总数 3 年平均增长率亦是如此。这表明，2020—2022 年，这些地区的科研产出水平和科研产出质量都取得了显著提升。

表 4-10 2020—2022 年国内科技论文数年均增长率居前 10 位的地区

地区	国内科技论文篇数			年均增长率	排名
	2020 年	2021 年	2022 年		
宁夏	2075	2205	2339	6.17%	1
新疆	6851	7118	7339	3.50%	2
西藏	402	451	429	3.30%	3
甘肃	8279	8564	8732	2.70%	4
青海	1893	2031	1978	2.22%	5
河南	18 217	18 734	18 764	1.49%	6
山西	8756	9112	8887	0.75%	7
江苏	38 552	39 672	39 053	0.65%	8
内蒙古	4687	4711	4734	0.50%	9
安徽	12 664	13 056	12 749	0.34%	10

注：年均增长率= $\left(\sqrt{\frac{2022\text{年国际科技论文数}}{2020\text{年国际科技论文数}}}-1\right)\times 100\%$。

（3）中国卓越国内科技论文较多的地区

根据学术文献的传播规律，科技论文发表后会在 3 ～ 5 年形成被引用的峰值。这个时间窗口内较高质量科技论文的学术影响力会通过论文的引用水平表现出来。为了遴选学术影响力较高的论文，我们为近 5 年中国科技核心期刊收录的每篇论文计算了“累计被引用时序指标”——n 指数。

n 指数的定义方法：若一篇论文发表 n 年内累计被引次数达到 n 次，同时在 $n+1$ 年累计被引次数不能达到 $n+1$ 次，则该论文的“累计被引用时序指标”的数值为 n。

对各年度发表在中国科技核心期刊上的论文被引次数设定一个 n 指数分界线，各年度发表的论文中，被引次数超越这一分界线的就被遴选为“卓越国内科技论文”。我们经过数据分析测算后，将近 5 年的“卓越国内科技论文”分界线定义为：论文 n 指数大于发表时间的论文是卓越国内科技论文。例如，论文发表 1 年内累计被引用达到 1 次的论文，n 指数为 1；发表 2 年内累计被引用达到 2 次的论文，n 指数为 2。以此类推，发表 5 年内累计被引用达到 5 次，n 指数为 5。

按照这一统计方法，我们据近 5 年（2018—2022 年）的中国科技论文与引文数据库（CSTPCD）统计，共遴选出卓越国内科技论文 277 284 篇，占这 5 年 CSTPCD 收录全部论文比例的 12.54%，表 4-11 为 2018—2022 年中国卓越国内科技论文数居前 10 位的地区。

表 4-11 2018—2022 年中国卓越国内科技论文数居前 10 位的地区

排名	地区	卓越国内论文数/篇	排名	地区	卓越国内论文数/篇
1	北京	46 923	6	湖北	13 701
2	江苏	23 219	7	四川	13 208
3	上海	15 340	8	山东	11 728
4	广东	15 090	9	河南	11 227
5	陕西	14 782	10	浙江	9844

4.3.3 各地区科研产出结构分析

（1）国际国内论文比

国际国内论文比是某些地区当年的国际论文总数除以该地区的国内论文数，该比值能在一定程度上反映该地区的国际交流能力及影响力。

2022 年中国国际国内论文比居前 10 位的地区与 2021 年相同，只是排名略有变化。国际国内论文比大于 1 的地区有吉林、浙江、湖南、广东、黑龙江、上海、山东、福建、江苏、天津、湖北、辽宁、重庆、陕西、北京、四川、安徽、江西、甘肃、河南、广西、云南、山西、贵州、河北、海南、内蒙古和宁夏。国际国内论文比较小的地区为新疆、青海和西藏，这些地区的国际国内论文比都低于 1（表 4-12）。

表 4-12 2022 年中国各地区国际国内论文比情况

排名	地区	国际论文总数/篇	国内论文总数/篇	国际国内论文比
1	吉林	23 231	6205	3.74
2	浙江	60 228	16 423	3.67
3	湖南	42 577	12 272	3.47
4	广东	80 984	24 058	3.37
5	黑龙江	28 944	9039	3.20
6	上海	83 249	26 791	3.11
7	山东	61 596	20 085	3.07
8	福建	23 733	7955	2.98
9	江苏	116 297	39 053	2.98
10	天津	33 185	11 330	2.93
11	湖北	61 158	21 588	2.83
12	辽宁	41 603	14 870	2.80
13	重庆	25 989	9397	2.77
14	陕西	66 051	24 646	2.68
14	北京	162 685	60 776	2.68
16	四川	54 451	20 952	2.60
17	安徽	32 888	12 749	2.58
18	江西	14 783	6046	2.45
19	甘肃	15 663	8732	1.79
20	河南	32 509	18 764	1.73
21	广西	13 187	7903	1.67
22	云南	12 333	8215	1.50
23	山西	13 204	8887	1.49
24	贵州	8338	6099	1.37
25	河北	18 188	15 140	1.20
26	海南	4113	3542	1.16
27	内蒙古	5244	4734	1.11
28	宁夏	2546	2339	1.09

续表

排名	地区	国际论文总数/篇	国内论文总数/篇	国际国内论文比
29	新疆	6956	7339	0.95
30	青海	1658	1978	0.84
31	西藏	258	429	0.60

（2）国际权威期刊载文分析

Science、*Nature* 和 *Cell* 是国际公认的 3 个享有最高学术声誉的科技期刊。发表在三大名刊上的论文，往往都是经过世界范围内知名专家层层审读、反复修改而成的高质量、高水平论文。2022 年以上 3 种期刊共刊登论文 5470 篇，比 2021 年减少了 622 篇。其中，中国刊登论文 581 篇，刊登数比 2021 年增加了 61 篇，排在世界第 3 位。美国排在世界第 1 位，刊登数为 2183 篇；英国排在世界第 2 位，刊登数为 679 篇；德国排在世界第 4 位，刊登数为 544 篇。若仅统计 Article 和 Review 两种类型的论文，则中国刊登数为 452 篇，排在世界第 2 位。

如表 4-13 所示，按第一作者地址统计，2022 年中国内地第一作者在三大名刊上发表论文（文献类型只统计了 Article 和 Review）共 223 篇，其中发表在 *Nature* 上 111 篇、*Science* 上 78 篇、*Cell* 上 34 篇。这 223 篇论文中，北京以发表 87 篇排第 1 位，上海以发表 36 篇排第 2 位，杭州以发表 21 篇排第 3 位，南京以发表 15 篇排第 4 位，合肥以发表 13 篇排第 5 位，深圳以发表 10 篇排第 6 位，广州和武汉以各发表 5 篇并列排第 7 位，厦门以发表 4 篇排第 9 位，咸阳、哈尔滨、天津、成都、曲靖、济南和西安以发表 2 篇并列排第 10 位；其他城市均只有 1 个机构发表了 1 篇论文。

表 4-13 2022 年中国内地第一作者发表在三大名刊上的论文城市分布

城市	机构总数/个	论文数/篇
北京	25	87
上海	18	36
杭州	7	21
南京	4	15
合肥	3	13
深圳	5	10
广州	3	5
武汉	3	5
厦门	2	4
咸阳	1	2
哈尔滨	1	2
天津	1	2
成都	1	2
曲靖	1	2
济南	2	2
西安	2	2

续表

城市	机构总数/个	论文数/篇
兰州	1	1
南宁	1	1
南昌	1	1
大连	1	1
无锡	1	1
沈阳	1	1
石家庄	1	1
福州	1	1
秦皇岛	1	1
贵阳	1	1
郑州	1	1
长春	1	1
长沙	1	1

注："机构总数"指在 *Science*、*Nature* 和 *Cell* 上发表的论文第一作者单位属于该地区的机构总数。

4.4 小结

2022 年中国科技人员作为第一作者共发表国际论文 1 147 829 篇。北京、江苏、上海、广东、陕西、山东、湖北、浙江、四川和湖南为产出卓越论文数居前 10 位的地区；从论文被引情况看，这 10 个地区也是论文被引次数排名居前 10 位的地区。西藏、海南和贵州等地区 3 年国际论文总数平均增长速度较快。

2022 年中国科技人员作为第一作者共发表国内论文 438 336 篇。北京、江苏、上海、陕西、广东、湖北、四川、山东、河南和浙江仍是国内论文高产地区。宁夏、新疆和西藏等地区 3 年国内论文总数平均增长率位居全国前列，是 2022 年国内论文快速发展的地区。

国际论文产量在所有科技论文中所占比例越来越大，国际论文数量超过国内论文数量的省（自治区、直辖市）已达 28 个。2022 年中国内地第一作者在三大名刊上共发表论文 223 篇，分属 29 个城市。其中，北京和上海发表在三大名刊上的论文数居前 2 位。

5 中国科技论文的机构分布情况

5.1 引言

科技论文作为科技活动产出的一种重要形式，能够在很大程度上反映科研机构的研究活跃度和影响力，是评估科研机构科技实力和运行绩效的重要依据。为全面系统考察2022年中国科研机构的整体发展状况及发展趋势，本章从国际3个重要检索系统（SCI、EI、CPCI-S）和中国科技论文与引文数据库（CSTPCD）出发，从发文量、被引总次数、学科分布等多角度分析了2022年中国不同类型科研机构的论文发表状况。

5.2 数据与方法

SCI数据采集自科睿唯安公司的国际权威科学文献数据库——“科学引文索引”（Science Citation Index Expanded）。CPCI-S（Conference Proceedings Citation Index-Science）数据采集自科睿唯安公司的“科技会议录索引”。EI数据采集自“工程索引数据库”。在国内期刊发表的论文采集自CSTPCD。从以上数据库分别采集“地址”字段中含有“中国”的论文数据。

SCI数据是基于Article和Review两类文献进行统计的，EI数据是基于Journal Article文献类型进行统计，CSTPCD数据是基于论著、综述、研究快报和工业工程设计4类文献进行统计。

下载的数据通过自编程序导入FoxPro数据库中。尽管这些数据库整体数据质量不错，但还是存在不完全、不一致甚至是错误的现象，在统计分析之前，必须对数据进行清洗和规范。本章所涉及的数据处理主要包括以下3项。

① 分离出论文的第一作者及第一作者单位。

② 作者单位不同写法标准化处理。例如，把单位的中文写法、英文写法、新旧名、不同缩写形式等采用程序结合人工的方式进行统一编码处理。

③ 单位类型编码。采用机器结合人工的方式给单位类型编码。

本章主要采用的方法有文献计量法、文献调研法、数据可视化分析等。为更好地反映中国科研机构研究状况，基于文献计量法思想，我们设计了发文量、被引总次数、篇均被引次数、未被引率等指标。

5.3 研究分析与结论

5.3.1 各机构类型 2022 年发表论文情况分析

2022 年 SCI、CPCI－S、EI 和 CSTPCD 收录中国科技论文的机构类型分布如表 5－1 所示。从表 5－1 可以看出，不论是国际论文（SCI、CPCI－S、EI）还是国内论文（CSTPCD），高等院校都是中国科技论文产出的主要贡献者。与国际论文份额相比，高等院校的国内论文份额相对较低，为 65.47%。研究机构发表国内论文占比为 11.57%，SCI 论文数占比为 8.38%，CPCI－S 论文数占比为 10.98%，EI 论文数占比为 10.28%，各占比较为接近。医疗机构发表的国内论文占比较高，达 12.67%。

表 5－1　2022 年 SCI、CPCI－S、EI 和 CSTPCD 收录中国科技论文的机构类型分布

机构类型	SCI		CPCI－S		EI		CSTPCD		合计	
	论文数/篇	占比	论文数/篇	占比	论文数/篇	占比	论文数/篇	占比	论文数/篇	占比
高等院校	584 114	85.66%	23 316	76.70%	376 086	86.35%	286 980	65.47%	1 270 496	80.10%
研究机构	57 146	8.38%	3338	10.98%	44 767	10.28%	50 719	11.57%	155 970	9.83%
医疗机构	26 344	3.86%	514	1.69%	2172	0.50%	55 539	12.67%	84 569	5.33%
企业	4434	0.65%	1218	4.01%	4720	1.08%	31 172	7.11%	41 544	2.62%
其他	9846	1.44%	2012	6.62%	7802	1.79%	13 926	3.18%	33 586	2.12%
总计	681 884	100.00%	30 398	100.00%	435 547	100.00%	438 336	100.00%	1 586 165	100.00%

注：1. SCI 论文数量的统计口径为 SCI 2022 年收录的 Article 和 Review 两种文献类型的期刊论文，数据截至时间为 2023 年 7 月。

2. CPCI－S 论文数量的统计口径为 CPCI－S 2022 年收录的全部会议论文，数据截至时间为 2023 年 7 月。

3. EI 论文数量的统计口径为 EI 2022 年收录的全部期刊论文，数据截至时间为 2023 年 6 月。

4. CSTPCD 论文数量的统计口径为 CSTPCD 2022 年收录的论著、研究型综述、一般论文、工业工程设计 4 类文献类型的论文。

5.3.2 各机构类型被引情况分析

论文的被引情况可以大致反映论文的影响。表 5－2 为 2013—2022 年 SCI 收录的中国科技论文各机构类型被引情况。从表 5－2 可以看出，中国科技论文的篇均被引次数为 16.52 次，未被引论文占比为 12.90%。从机构类型看，研究机构发表论文的篇均被引次数最高，为 19.60 次，其后是高等院校（16.50 次）和医疗机构（9.91 次）。从未被引论文占比来看，研究机构发表的论文中未被引论文占比最低，为 10.68%，其后是高等院校（12.55%）和医疗机构（25.17%）。

表 5－2　2013—2022 年 SCI 收录的中国科技论文各机构类型被引情况

机构类型	发文量/篇	未被引论文数/篇	总被引频次/次	篇均被引数/次	未被引论文占比
高等院校	3 467 823	435 096	57 225 726	16.50	12.55%
研究机构	398 601	42 563	7 812 895	19.60	10.68%

续表

机构类型	发文量/篇	未被引论文数/篇	总被引频次/次	篇均被引数/次	未被引论文占比
医疗机构	154 755	38 953	1 533 566	9.91	25.17%
企业	13 565	4005	100 252	7.39	29.52%
总计	4 034 744	520 617	66 672 439	16.52	12.90%

数据来源：2013—2022年SCI收录的中国科技论文，数据下载截至日期为2023年7月。

5.3.3 各机构类型发表论文学科分布分析

表5-3为2022年CSTPCD收录的各机构类型发表论文占比居前10位的学科。从表5-3可以看出，在高等院校发表的论文中，数学，管理学，信息、系统科学，力学，计算技术，物理学，食品，材料科学，轻工、纺织和工程与技术基础等学科论文占比较高，均超过了73%，其中数学超过了96%。从学科性质看，高等院校是基础科学等理论性研究的绝对主体。在研究机构发表的论文中，天文学，核科学技术，农学，水产学，航空航天，地学，林学，畜牧、兽医，测绘科学技术和预防医学与卫生学等偏工程技术方面的应用性研究学科占比较多。在医疗机构发表的论文中，占比居前10位的学科依次为临床医学、军事医学与特种医学、药物学、基础医学、中医学、预防医学与卫生学、生物学、计算技术、化学和化工。值得注意的是，其中生物学查看其详细论文列表可以发现，生物学中多是分子生物学等与医学关系密切的学科。在企业发表的论文中，占比居前10位的学科依次为能源科学技术，矿山工程技术，交通运输，核科学技术，冶金、金属学，动力与电气，土木建筑，电子、通信与自动控制，化工和水利。

表5-3 2022年CSTPCD收录的各机构类型发表论文占比居前10位的学科分布

高等院校		研究机构		医疗机构		企业	
学科	占比	学科	占比	学科	占比	学科	占比
数学	96.29%	天文学	42.08%	临床医学	54.70%	能源科学技术	40.02%
管理学	91.25%	核科学技术	32.42%	军事医学与特种医学	51.08%	矿山工程技术	37.21%
信息、系统科学	89.54%	农学	30.43%	药物学	38.51%	交通运输	27.44%
力学	83.66%	水产学	26.63%	基础医学	34.90%	核科学技术	25.77%
计算技术	80.30%	航空航天	26.49%	中医学	32.25%	冶金、金属学	22.67%
物理学	78.69%	地学	24.88%	预防医学与卫生学	29.82%	动力与电气	21.95%
食品	76.86%	林学	22.06%	生物学	5.78%	土木建筑	20.96%
材料科学	76.08%	畜牧、兽医	20.56%	计算技术	0.90%	电子、通信与自动控制	20.05%
轻工、纺织	75.76%	测绘科学技术	19.06%	化学	0.81%	化工	20.00%
工程与技术基础	73.77%	预防医学与卫生学	18.27%	化工	0.74%	水利	15.47%

5.3.4 SCI、CPCI-S、EI 和 CSTPCD 收录论文数居前 10 位的高等院校

由表 5-4 可以看出，2022 年 SCI 收录中国论文数居前 10 位的高等院校总发文量为 88 495 篇，占收录的所有高等院校发文量的 15.15%；CPCI-S 收录中国论文数居前 10 位的高等院校总发文量为 6857 篇，占收录的所有高等院校发文量的 29.41%；EI 收录中国论文数居前 10 位的高等院校总发文量为 56 468 篇，占收录的所有高等院校发文量的 15.01%；CSTPCD 收录中国论文数居前 10 位的高等院校总发文量为 43 726 篇，占收录的所有高等院校发文量的 15.24%。这说明中国高等院校发文集中在少数高等院校，并且国际论文集中度高于国内论文的集中度。

表 5-4 2022 年 SCI、CPCI-S、EI 和 CSTPCD 收录论文数居前 10 位的高等院校发文量占比

SCI			CPCI-S			EI			CSTPCD		
TOP 10 发文量/篇	总计/篇	占比	TOP 10 发文量/篇	总计/篇	占比	TOP 10 发文量/篇	总计/篇	占比	TOP 10 发文量/篇	总计/篇	占比
88 495	584 114	15.15%	6857	23 316	29.41%	56 468	376 086	15.01%	43 726	286 980	15.24%

表 5-5 列出了 2022 年 SCI、CPCI-S、EI 和 CSTPCD 收录论文数居前 10 位的高等院校。4 个检索系统均进入前 10 位的高等院校有浙江大学和上海交通大学。进入 3 个检索系统的高等院校有四川大学、华中科技大学、北京大学和复旦大学。进入 2 个检索系统的高等院校有中南大学、中山大学、西安交通大学、清华大学、哈尔滨工业大学和东南大学。应该指出的是我们不能简单地认为 4 个检索系统均进入前 10 位的高等院校就比只进入 2 个或 1 个检索系统前 10 位的高等院校要好。但是，进入前 10 位检索系统越多大致可以说明该高等院校学科发展的覆盖程度和均衡程度越好。

从表 5-5 还可以看出，在被收录论文数居前的高等院校中，被收录的国际论文数已经超过了国内论文数。这说明中国较好高等院校的科研人员倾向于在国际期刊、国际会议上发表论文。

表 5-5 2022 年 SCI、CPCI-S、EI 和 CSTPCD 收录论文数居前 10 位的高等院校

排名	SCI	EI	CPCI-S	CSTPCD
	高等院校			
1	浙江大学（11 683 篇）	浙江大学（7076 篇）	清华大学（1042 篇）	首都医科大学（6229 篇）
2	上海交通大学（11 044 篇）	清华大学（6802 篇）	上海交通大学（965 篇）	上海交通大学（5867 篇）
3	四川大学（9697 篇）	上海交通大学（6205 篇）	电子科技大学（897 篇）	北京大学（5437 篇）
4	中南大学（9341 篇）	西安交通大学（5916 篇）	浙江大学（739 篇）	四川大学（4526 篇）
5	华中科技大学（8463 篇）	天津大学（5758 篇）	北京大学（662 篇）	复旦大学（4055 篇）
6	中山大学（8400 篇）	中南大学（5445 篇）	哈尔滨工业大学（575 篇）	浙江大学（4003 篇）
7	北京大学（7836 篇）	华中科技大学（5352 篇）	北京邮电大学（519 篇）	武汉大学（3822 篇）
8	西安交通大学（7588 篇）	四川大学（4771 篇）	复旦大学（511 篇）	华中科技大学（3436 篇）
9	复旦大学（7334 篇）	东南大学（4663 篇）	中国科学技术大学（476 篇）	中山大学（3181 篇）
10	山东大学（7109 篇）	哈尔滨工业大学（4480 篇）	东南大学（471 篇）	郑州大学（3170 篇）

注：按第一作者第一单位统计。

5.3.5 SCI、CPCI-S、EI和CSTPCD收录论文数居前10位的研究机构

由表5-6可以看出，2022年SCI收录中国论文数居前10位的研究机构总发文量为7802篇，占收录的所有研究机构论文数的13.65%；CPCI-S收录中国论文数居前10位的研究机构总发文量为1043篇，占收录的所有研究机构论文数的31.25%；EI收录中国论文数居前10位的研究机构总发文量为6356篇，占收录的所有研究机构论文数的14.20%；CSTPCD收录中国论文数居前10位的研究机构总发文量为6800篇，占收录的所有研究机构论文数的13.41%。

表5-6 2022年SCI、CPCI-S、EI和CSTPCD收录论文数居前10位的研究机构发文量占比

SCI			CPCI-S			EI			CSTPCD		
TOP 10发文量/篇	总计/篇	占比	TOP 10发文量/篇	总计/篇	占比	TOP 10发文量/篇	总计/篇	占比	TOP 10发文量/篇	总计/篇	占比
7802	57 146	13.65%	1043	3338	31.25%	6356	44 767	14.20%	6800	50 719	13.41%

表5-7列出了2022年SCI、CPCI-S、EI和CSTPCD收录论文数居前10位的研究机构。中国科学院地理科学与资源研究所、中国科学院空天信息创新研究院、中国工程物理研究院和中国医学科学院肿瘤研究所是同时进入3个检索系统前十的研究机构。进入2个检索系统前十的研究机构只有中国科学院合肥物质科学研究院、中国水产科学研究院、中国中医科学院、中国林业科学研究院和中国科学院化学研究所。只进入1个检索系统前十的研究机构有中国科学院西北生态环境资源研究院、中国科学院信息工程研究所、中国科学院自动化研究所、中国科学院计算技术研究所、中国科学院深圳先进技术研究院、中国科学院软件研究所、中国科学院沈阳自动化研究所、中国科学院上海微系统与信息技术研究所、中国科学院电工研究所、中国疾病预防控制中心、中国地质科学院、中国食品药品检定研究院、解放军军事科学院、中国科学院物理研究所、中国科学院长春应用化学研究所、中国科学院大连化学物理研究所、中国科学院金属研究所和中国科学院半导体研究所。从表5-7可以看出，在被收录论文数靠前的研究机构中，被收录的国际科技论文数也超出了国内科技论文数。

表5-7 2022年SCI、CPCI-S、EI和CSTPCD收录论文数居前10位的研究机构

排名	SCI	CPCI-S	EI	CSTPCD
	研究机构			
1	中国科学院地理科学与资源研究所（944篇）	中国科学院信息工程研究所（247篇）	中国科学院物理研究所（924篇）	中国中医科学院（2057篇）
2	中国科学院合肥物质科学研究院（905篇）	中国科学院自动化研究所（169篇）	中国科学院合肥物质科学研究院（846篇）	中国疾病预防控制中心（867篇）
3	中国科学院空天信息创新研究院（871篇）	中国科学院计算技术研究所（150篇）	中国工程物理研究院（756篇）	中国地质科学院（603篇）
4	中国工程物理研究院（860篇）	中国医学科学院肿瘤研究所（130篇）	中国科学院空天信息创新研究院（724篇）	中国林业科学研究院（530篇）

续表

排名	SCI	CPCI-S	EI	CSTPCD
	研究机构			
5	中国医学科学院肿瘤研究所（779 篇）	中国科学院深圳先进技术研究院（80 篇）	中国科学院长春应用化学研究所（564 篇）	中国食品药品检定研究院（506 篇）
6	中国水产科学研究院（736 篇）	中国科学院空天信息创新研究院（78 篇）	中国科学院地理科学与资源研究所（525 篇）	中国科学院地理科学与资源研究所（466 篇）
7	中国中医科学院（690 篇）	中国科学院软件研究所（61 篇）	中国科学院大连化学物理研究所（521 篇）	中国医学科学院肿瘤研究所（459 篇）
8	中国林业科学研究院（690 篇）	中国科学院沈阳自动化研究所（44 篇）	中国科学院化学研究所（505 篇）	中国工程物理研究院（454 篇）
9	中国科学院西北生态环境资源研究院（677 篇）	中国科学院上海微系统与信息技术研究所（44 篇）	中国科学院金属研究所（497 篇）	中国水产科学研究院（452 篇）
10	中国科学院化学研究所（650 篇）	中国科学院电工研究所（40 篇）	中国科学院半导体研究所（494 篇）	解放军军事科学院（406 篇）

注：按第一作者第一单位统计。

5.3.6 SCI、CPCI-S 和 CSTPCD 收录论文数居前 10 位的医疗机构

由表 5-8 可以看出，2022 年 SCI 收录中国论文数居前 10 位的医疗机构总发文量为 14 573 篇，占收录所有医疗机构论文数的 55.32%；CPCI-S 收录中国论文数居前 10 位的医疗机构总发文量为 457 篇，占收录所有医疗机构论文数的 88.91%；CSTPCD 收录中国论文数居前 10 位的医疗机构总发文量为 11 456 篇，占收录所有医疗机构论文数的 20.63%。和高等院校、研究机构情况类似的是，中国医疗机构国际论文的集中度高于国内论文的集中度，其中，国际会议论文居前 10 位的医疗机构占比最高，为 28.54%。国内论文中居前 10 位的医疗机构占医疗机构总发文量的 20.63%，与高等院校的 15.24% 和研究机构的 13.41% 相比差距较大。

表 5-8 2022 年 SCI、CPCI-S 和 CSTPCD 收录论文数居前 10 位的医疗机构发文量占比

SCI			CPCI-S			CSTPCD		
TOP 10 发文量/篇	总计/篇	占比	TOP 10 发文量/篇	总计/篇	占比	TOP 10 发文量/篇	总计/篇	占比
14 573	26 344	55.32%	457	514	88.91%	11 456	55 539	20.63%

表 5-9 列出了 2022 年 SCI、CPCI-S 和 CSTPCD 收录论文数居前 10 位的医疗机构。3 个检索系统均进入前 10 位的医疗机构有 3 个，分别是四川大学华西医院、解放军总医院和北京协和医院。2 个检索系统均进入前 10 位的医疗机构有 4 个，分别是华中科技大学同济医学院附属同济医院、郑州大学第一附属医院、浙江大学医学院附属第一医院和江苏省人民医院。只进入 1 个检索系统前 10 位的有中南大学湘雅医院、华中科技

大学同济医学院附属协和医院、中南大学湘雅二医院、中山大学肿瘤防治中心、北京大学肿瘤医院、复旦大学附属肿瘤医院、山东省肿瘤医院、北京大学人民医院、浙江省肿瘤医院、武汉大学人民医院、河南省人民医院、北京大学第三医院和空军军医大学第一附属医院（西京医院）。

表5-9 2022年SCI、CPCI-S和CSTPCD收录论文数居前10位的医疗机构

排名	SCI	CPCI-S	CSTPCD
	医疗机构		
1	四川大学华西医院（3399篇）	中山大学肿瘤防治中心（71篇）	解放军总医院（2018篇）
2	华中科技大学同济医学院附属同济医院（1436篇）	四川大学华西医院（58篇）	四川大学华西医院（1555篇）
3	解放军总医院（1405篇）	北京大学肿瘤医院（56篇）	郑州大学第一附属医院（1342篇）
4	中南大学湘雅医院（1379篇）	复旦大学附属肿瘤医院（49篇）	北京协和医院（1287篇）
5	北京协和医院（1299篇）	浙江大学医学院附属第一医院（45篇）	江苏省人民医院（1043篇）
6	郑州大学第一附属医院（1294篇）	北京协和医院（38篇）	武汉大学人民医院（964篇）
7	华中科技大学同济医学院附属协和医院（1171篇）	山东省肿瘤医院（38篇）	华中科技大学同济医学院附属同济医院（843篇）
8	中南大学湘雅二医院（1125篇）	解放军总医院（34篇）	河南省人民医院（818篇）
9	浙江大学医学院附属第一医院（1110篇）	北京大学人民医院（34篇）	北京大学第三医院（798篇）
10	江苏省人民医院（955篇）	浙江省肿瘤医院（34篇）	空军军医大学第一附属医院（西京医院）（788篇）

5.4 小结

从国内外4个重要检索系统收录2022年中国科技论文的机构分布情况可以看出，高等院校是国际论文（SCI、EI、CPCI-S）发表的绝对主体，平均占比为82.90%，根据CSTPCD的数据，高等院校国内发文量占比达到65.47%，另外，医疗机构也是国内论文发表的重要力量，占比为12.67%，但医疗机构的国际论文占比要比高等院校小得多。

从篇均被引数和未被引率来看，研究机构发表论文的总体质量相对最高，其次为高等院校。

从学科性质看，高等院校是基础科学等理论性研究的绝对主体；研究机构在应用性研究学科方面相对活跃；医疗机构是医学领域研究的重要力量；企业在能源科学技术，矿山工程技术，交通运输，核科学技术和冶金、金属学等领域相对活跃。

中国高等院校发文集中度高，并且国际论文集中度高于国内论文。中国研究机构发文集中度也高，国际论文集中度也高于国内论文。医疗机构国内论文集中度远低于高等院校和研究机构。

在被收录论文数居前的高等院校和研究机构中，国际论文发表数已经超过了国内论文发表数。除四川大学华西医院以外，被收录的论文数居前 10 位的医疗机构国际论文数一般要少于国内论文数。

6 中国科技论文被引情况分析

6.1 引言

论文是科研工作产出的重要体现。对科技论文的评价方式主要有 3 种：基于同行评议的定性评价、基于科学计量学指标的定量评价及二者相结合的评价。虽然对具体的评价方法存在诸多争议，但被引情况仍不失为重要的参考指标。

分析研究中国科技论文的国际、国内被引情况，可以从侧面揭示出中国科技论文的影响，为管理决策部门和科研工作提供数据支撑。

6.2 数据与方法

本章在进行被引情况国际比较时，采用的是科睿唯安（Clarivate Analytics）出版的 ESI 数据。ESI 数据包括第一作者单位和非第一作者单位的数据统计。具体分析地区、学科和机构等分布情况时采用的数据有 2012—2022 年 SCI 收录的中国科技人员作为第一作者的论文累计被引数据；CSTPCD1989—2022 年收录论文在 2022 年度被引数据。

6.3 研究分析与结论

6.3.1 国际比较

2013—2023 年（截至 2023 年 9 月）中国科技人员共发表国际论文 444.40 万篇，继续排在世界第 2 位，发表数量比 2022 年统计时增加了 11.7%；论文共被引 6748.23 万次，被引次数比 2022 年统计时增加了 18.3%，排在世界第 2 位，美国仍然保持在世界第 1 位。中国平均每篇论文被引次数为 15.19 次，比 2022 年统计时的 14.34 次/篇提高了 5.9%。世界整体篇均被引次数为 15.85 次，中国平均每篇论文被引次数与世界平均水平之间的差距逐步缩小。

在 2013—2023 年发表科技论文累计超过 20 万篇的国家（地区）共有 24 个，按篇均被引次数排序，中国排在第 16 位。篇均被引次数大于世界平均水平的国家有 14 个。

6.3.2 时间分布

图 6-1 为 2013—2022 年 SCI 收录中国科技论文在 2022 年度被引分布情况。可以发现，SCI 被引的峰值为 2018 年，表明 SCI 收录论文更倾向于引用较早出版的文献。

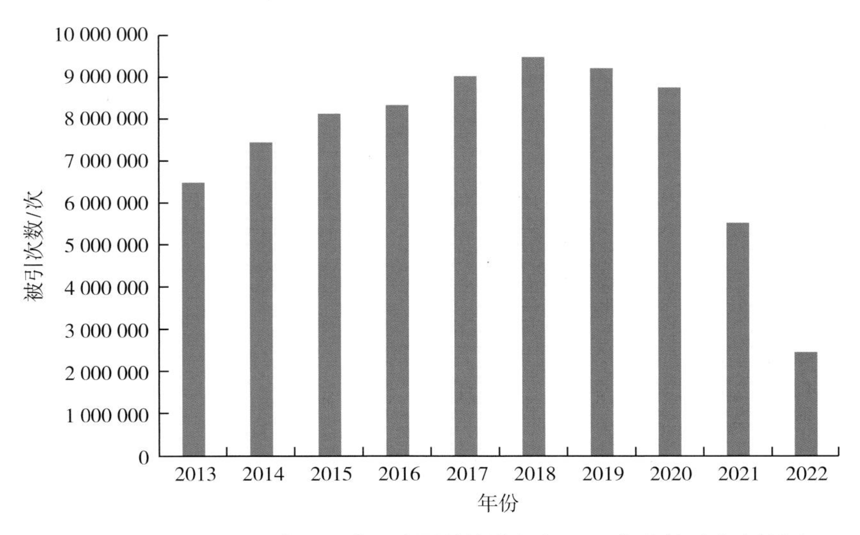

图 6-1 2013—2022 年 SCI 收录中国科技论文在 2022 年度被引分布情况

6.3.3 地区分布

2013—2022 年 SCI 收录论文总被引次数居前 3 位的地区分别是北京、江苏和上海，篇均被引次数居前 3 位的地区分别是湖北、北京和上海，未被引论文比例较低的 3 个地区分别是黑龙江、湖北和天津（表 6-1）。

表 6-1 2013—2022 年 SCI 收录中国科技论文被引情况地区分布

排名	总被引情况		篇均被引情况		未被引情况	
	地区	次数/次	地区	次数/次	地区	占比
1	北京	10 776 886	湖北	18.83	黑龙江	11.22%
2	江苏	6 708 107	北京	18.25	湖北	11.39%
3	上海	5 668 251	上海	17.82	天津	11.41%
4	广东	4 549 030	福建	17.49	江苏	11.62%
5	湖北	3 873 081	天津	17.49	辽宁	11.84%
6	浙江	3 285 571	安徽	17.24	湖南	12.29%
7	陕西	3 070 020	吉林	16.85	北京	12.31%
8	山东	3 009 338	广东	16.83	吉林	12.42%
9	四川	2 408 375	湖南	16.80	上海	12.46%
10	湖南	2 278 673	江苏	16.77	甘肃	12.53%

6.3.4 学科分布

2013—2022 年 SCI 收录论文总被引次数居前 3 位的学科分别为化学、生物学和临床医学，篇均被引次数居前 3 位的学科分别为化学、化工和能源科学技术，未被引论文占比较低的 3 个学科分别为安全科学技术、动力与电气和能源科学技术（表 6-2）。进入 3 个排名列表前 10 位的学科有材料科学、化学和环境科学学科；进入 2 个排名列表前 10 位的学科有化工、能源科学技术、动力与电气、管理学和安全科学技术；只进入 1 个排名列表前 10 位的学科有临床医学，生物学，电子、通信与自动控制，地学，交通运输，物理学，基础医学、天文学，测绘科学技术和计算技术。

表 6-2 2013—2022 年 SCI 收录中国科技论文被引情况学科分布

排名	总被引情况		篇均被引情况		未被引情况	
	学科	次数/次	学科	次数/次	学科	占比
1	化学	15 695 524	化学	27	安全科学技术	4.48%
2	生物学	8 231 944	化工	23	动力与电气	4.51%
3	临床医学	6 618 101	能源科学技术	23	能源科学技术	6.85%
4	材料科学	6 124 407	安全科学技术	22	化学	6.94%
5	物理学	4 878 414	环境科学	21	化工	7.10%
6	环境科学	3 588 992	管理学	21	测绘科学技术	7.14%
7	电子、通信与自动控制	3 520 120	动力与电气	20	管理学	7.79%
8	基础医学	3 328 886	材料科学	19	农学	8.55%
9	计算技术	2 893 413	交通运输	18	材料科学	8.56%
10	地学	2 729 018	天文学	18	环境科学	8.62%

6.3.5 机构分布

（1）高等院校

表 6-3 列出了 CSTPCD 被引篇数、CSTPCD 被引次数、SCI 被引篇数、SCI 被引次数这 4 个指标中排名靠前的高等院校。

其中，CSTPCD 被引次数排名居前 3 位的高等院校分别是北京大学、上海交通大学和首都医科大学；CSTPCD 被引篇数排名居前 3 位的高等院校分别是北京大学、上海交通大学和首都医科大学。SCI 被引次数排名居前 3 位的高等院校分别是浙江大学、清华大学和上海交通大学；SCI 被引篇数排名居前 3 位的高等院校分别是浙江大学、上海交通大学和四川大学。

表 6-3 CSTPCD 被引、SCI 被引排名靠前的高等院校

高等院校	CSTPCD 被引情况				SCI 被引情况			
	篇数/篇	排名	次数/次	排名	篇数/篇	排名	次数/次	排名
北京大学	19 066	1	40 475	1	57 870	4	1 122 928	5
上海交通大学	18 754	2	32 410	2	80 459	2	1 381 300	3
首都医科大学	18 607	3	30 769	3	30 973	21	314 056	47
浙江大学	13 888	4	28 174	5	81 770	1	1 571 640	1
武汉大学	13 856	5	29 005	4	41 196	14	846 718	11
四川大学	13 525	6	24 633	7	62 096	3	922 606	9
同济大学	12 022	7	23 113	8	36 036	16	648 140	19
中南大学	11 880	8	21 609	10	53 914	8	929 957	8
华中科技大学	11 658	9	21 975	9	56 434	5	1 192 079	4

续表

高等院校	CSTPCD 被引情况				SCI 被引情况			
	篇数/篇	排名	次数/次	排名	篇数/篇	排名	次数/次	排名
清华大学	11 015	10	27 247	6	55 366	7	1 419 290	2
复旦大学	10 806	11	21 227	13	52 757	9	989 605	6
中山大学	10 499	12	21 285	12	56 216	6	973 855	7
北京中医药大学	10 023	13	19 660	14	4835	155	51 493	179
吉林大学	9912	14	18 301	18	48 694	11	787 237	14
中国石油大学	9042	15	17 897	19	22 876	32	378 364	37

（2）研究机构

表 6-4 列出了 CSTPCD 被引篇数、CSTPCD 被引次数、SCI 被引篇数、SCI 被引次数排名靠前的研究机构。其中，CSTPCD 被引次数排名居前 3 位的研究机构分别是中国中医科学院、中国科学院地理科学与资源研究所和中国疾病预防控制中心；CSTPCD 被引篇数排名居前 3 位的研究机构分别是中国中医科学院、中国科学院地理科学与资源研究所和中国疾病预防控制中心。SCI 被引次数排名居前 3 位的研究机构分别是中国科学院化学研究所、中国科学院长春应用化学研究所和中国科学院大连化学物理研究所；SCI 被引篇数排名居前 3 位的研究机构分别是中国科学院合肥物质科学研究院、中国工程物理研究院和中国科学院化学研究所。

表 6-4 CSTPCD 被引、SCI 被引排名靠前的研究机构

研究机构	CSTPCD 被引情况				SCI 被引情况			
	篇数/篇	排名	次数/次	排名	篇数/篇	排名	次数/次	排名
中国中医科学院	7531	1	15 781	1	2924	31	38 176	53
中国科学院地理科学与资源研究所	4017	2	15 316	2	5911	6	131 194	9
中国疾病预防控制中心	3670	3	9159	3	3271	25	113 062	14
中国林业科学研究院	3629	4	7142	4	4062	17	54 280	38
中国水产科学研究院	3052	5	5481	5	4052	18	45 793	45
中国科学院西北生态环境资源研究院	2295	6	4926	7	3922	19	58 177	33
中国热带农业科学院	2094	7	3382	11	1740	60	22 570	87
江苏省农业科学院	1770	8	3216	12	1731	61	24 939	83
中国科学院地质与地球物理研究所	1572	9	5293	6	4574	12	78 034	21
中国环境科学研究院	1509	10	3788	10	1682	63	34 057	59
中国科学院生态环境研究中心	1430	11	4213	8	5840	7	175 196	4
中国医学科学院肿瘤研究所	1409	12	4120	9	4729	11	53 325	41
中国工程物理研究院	1405	13	2142	27	7667	2	85 234	20
广东省农业科学院	1397	14	2729	18	1148	100	16 367	104
中国水利水电科学研究院	1396	15	3163	13	1414	80	17 152	103

（3）医疗机构

表6-5列出了CSTPCD被引篇数、CSTPCD被引次数、SCI被引篇数、SCI被引次数排名靠前的医疗机构。其中，CSTPCD被引次数排名居前3位的医疗机构分别是解放军总医院、四川大学华西医院和北京协和医院；CSTPCD被引篇数排名居前3位的医疗机构分别是解放军总医院、四川大学华西医院和北京协和医院。SCI被引次数排名居前3位的医疗机构分别是四川大学华西医院、解放军总医院和华中科技大学同济医学院附属同济医院；SCI被引篇数排名居前3位的医疗机构分别是四川大学华西医院、解放军总医院和北京协和医院。

表6-5 CSTPCD被引、SCI被引排名靠前的医疗机构

医疗机构	CSTPCD被引情况				SCI被引情况			
	篇数/篇	排名	次数/次	排名	篇数/篇	排名	次数/次	排名
解放军总医院	7472	1	11 878	1	13 250	2	167 126	2
四川大学华西医院	4602	2	7847	2	22 223	1	247 563	1
北京协和医院	4019	3	7131	3	10 114	3	119 663	7
郑州大学第一附属医院	3033	4	5107	4	7981	7	107 316	9
武汉大学人民医院	2660	5	4267	8	5664	21	88 136	16
北京大学第三医院	2613	6	4551	6	4387	33	49 844	44
中国医科大学附属盛京医院	2606	7	4058	9	5288	24	59 728	31
华中科技大学同济医学院附属同济医院	2535	8	4288	7	8455	5	154 452	3
江苏省人民医院	2364	9	3852	11	7235	10	102 659	10
中国中医科学院广安门医院	2320	10	4589	5	808	157	10 723	142
北京大学第一医院	2249	11	3970	10	4939	27	52 596	39
首都医科大学宣武医院	2005	12	3368	14	3303	51	37 936	57
空军军医大学第一附属医院（西京医院）	1949	13	3008	18	4483	32	73 758	25
北京大学人民医院	1937	14	3458	13	4648	31	47 177	46
海军军医大学第一附属医院（上海长海医院）	1890	15	2989	19	3398	46	44 075	51

6.4 小结

2013—2022年SCI收录论文总被引次数居前3位的地区分别为北京、江苏和上海，篇均被引次数居前3位的地区分别为湖北、北京和上海，未被引论文比例较低的3个地区分别为黑龙江、湖北和天津。

2013—2022 年 SCI 收录论文总被引次数居前 3 位的学科分别为化学、生物学和临床医学，篇均被引次数居前 3 位的学科分别为化学、化工和能源科学技术，未被引论文比例较低的 3 个学科分别为安全科学技术、动力与电气和能源科学技术。

7 中国各类基金资助产出论文情况分析

本章以 2022 年 CSTPCD 和 SCI 为数据来源，对中国各类基金资助产出论文情况进行了统计分析，主要分析了基金资助来源、文献类型分布、机构分布、学科分布、地区分布、合著情况，统计分析表明，中国各类基金资助产出的论文总体处于增长的趋势，且已形成一个以国家自然科学基金、科技部计划项目资助为主，其他部委和地方基金、机构基金、公司基金、个人基金及海外基金为补充的多层次的基金资助体系。对比分析发现，CSTPCD 和 SCI 数据库收录的基金论文在基金资助来源、机构分布、学科分布、地区分布上存在一定的差异，但整体上保持了相似的分布格局。

7.1 引言

早在 17 世纪之初，弗朗西斯・培根就曾在《学术的进展》一书中指出，学问的进步有赖于一定的经费支持。科学基金制度的建立和科学研究资助体系的形成为这种支持的连续性和稳定性提供了保障。中华人民共和国成立以来，已经初步形成了国家基金（国家自然科学基金、国家科技重大专项、国家重点基础研究发展计划和国家科技支撑计划等）为主，地方（各省级基金）、机构（大学、研究机构基金）、公司（各公司基金）、个人（私人基金）、海外基金等为补充的多层次的资助体系。这种资助体系作为科学研究的一种运作模式，对推动中国科学技术的发展发挥了巨大作用。

由基金资助产出的论文称为基金论文，对基金论文的研究具有重要意义：基金资助课题研究都是在充分论证的基础上展开的，其研究内容一般都是国家目前研究的热点问题；基金论文是分析基金资助投入与产出效率的重要基础数据之一；对基金资助产出论文的研究，是不断完善中国基金资助体系的重要支撑和参考依据。

中国科学技术信息研究所自 1989 年以来都会在其《中国科技论文统计与分析》年度研究报告中对中国的各类基金资助产出论文情况进行统计分析，其分析具有数据质量高、更新及时、信息量大的特征，是及时了解相关动态最重要的信息来源。

7.2 数据与方法

本章研究的基金论文主要来源于两个数据库：CSTPCD 和 SCI 网络版。本章所指中国各类基金资助限定于附表 39 列出的科学基金与资助。

2022 年 CSTPCD 延续了 2021 年对基金资助项目的标引方式，最大限度地保持统计项目、口径和方法的延续性。SCI 数据库自 2009 年起其原始数据中开始有基金字段，中国科学技术信息研究所也自 2009 年起对 SCI 收录的基金论文进行统计。SCI 数据的标引采用了与 CSTPCD 相一致的基金项目标引方式。

CSTPCD 和 SCI 数据库分别收录符合其遴选标准的中国和世界范围内的科技类期刊，CSTPCD 收录论文以中文为主，SCI 收录论文以英文为主。两个数据库收录范围互为补充，能更加全面地反映中国各类基金资助产出科技期刊论文的全貌。值得指出的是，由于 CSTPCD 和 SCI 收录期刊存在少量重复现象，所以在宏观的统计中其数据加和具有一定的科学性和参考价值，但是用于微观计算时两者基金论文不能做简单加和。本章对这两个数据库收录的基金论文进行了统计分析，必要时对比归纳了两个数据库收录基金论文在对应分析维度上的异同。文中的“全部基金论文”指所论述的单个数据库收录的全部基金论文。

本章的研究主要使用了统计分析方法，对 CSTPCD 和 SCI 收录的中国各类基金资助产出论文的基金资助来源、文献类型分布、机构分布、学科分布、地区分布及合著情况进行了分析。

7.3 研究分析与结论

7.3.1 中国各类基金资助产出论文的总体情况

（1）CSTPCD 收录基金论文的总体情况

根据 CSTPCD 数据统计，2022 年中国各类基金资助产出论文共计 347 642 篇，占当年全部论文总数（438 336 篇）的 79.31%。与 2021 年相比，2022 年全部论文减少了 20 660 篇，增长率为 -4.50%；2022 年基金论文数减少了 8077 篇，增长率为 -2.27%（表 7-1）。

表 7-1 2017—2022 年 CSTPCD 收录中国各类基金资助产出论文情况

年份	论文总数/篇	基金论文数/篇	基金论文比	全部论文增长率	基金论文增长率
2017	472 120	322 385	68.28%	-4.47%	-1.08%
2018	454 519	319 464	70.29%	-3.73%	-0.91%
2019	447 831	328 222	73.29%	-1.47%	2.74%
2020	451 334	335 303	74.29%	0.78%	2.16%
2021	458 996	355 719	77.50%	1.70%	6.09%
2022	438 336	347 642	79.31%	-4.50%	-2.27%

（2）SCI 收录基金论文的总体情况

2022 年，SCI 收录中国科技论文（Article、Review）总数为 657 070 篇，其中 565 851 篇是在基金资助下产出的，基金论文比为 86.12%。如表 7-2 所示，2022 年 SCI 收录中国论文总数较 2021 年增长 120 296 篇，增长率为 22.41%，基金论文数与 2021 年相比增长了 92 898 篇，增长率为 19.64%。

表 7-2　2017—2022 年 SCI 收录中国各类基金资助产出论文情况

年份	论文总数/篇	基金论文数/篇	基金论文比	全部论文增长率	基金论文增长率
2017	309 958	276 669	89.26%	2.60%	4.82%
2018	357 405	318 906	89.23%	15.31%	15.27%
2019	425 899	383 187	89.97%	19.16%	20.16%
2020	479 333	422 943	88.24%	12.54%	10.38%
2021	536 774	472 953	88.11%	11.98%	11.82%
2022	657 070	565 851	86.12%	22.41%	19.64%

（3）中国各类基金资助产出论文的历时性分析

图 7-1 以蓝色柱状图和绿色折线图分别给出了 2017—2022 年 CSTPCD 收录基金论文数和基金论文比；以橙色柱状图和蓝色折线图分别给出了 2017—2022 年 SCI 收录基金论文数和基金论文比。综合表 7-1、表 7-2 及图 7-1 可知，CSTPCD 收录的中国各类基金资助产出论文数和基金论文比在 2017—2022 年整体都保持了较为平稳的上升态势。SCI 收录的中国各类基金资助产出论文数在 2017—2022 年保持平稳上升趋势，基金论文比在 2017—2022 年整体保持相对稳定，其中 2019 年基金论文比为近 5 年的峰值，2021 年和 2022 年均有所下降。

总体来说，随着中国科技事业的发展，中国的科技论文数量有了较大的增长，基金论文的数量平稳增长，基金论文在所有论文中所占比重也在不断增长，基金资助正在对中国科技事业的发展发挥越来越大的作用。

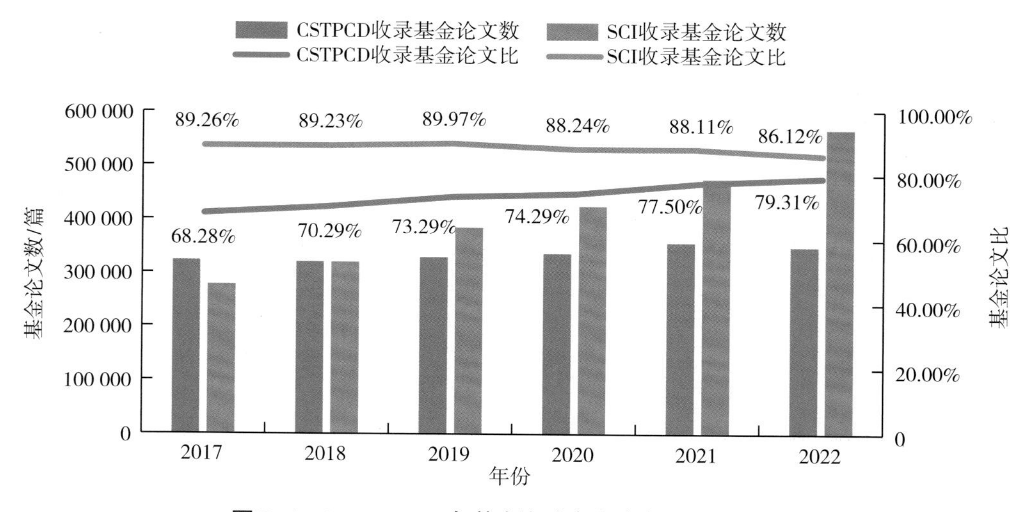

图 7-1　2017—2022 年基金资助产出论文的历时性变化

7.3.2　基金资助来源分析

(1) CSTPCD 收录基金论文的基金资助来源分析

附表 39 列出了 2022 年 CSTPCD 所统计的中国各类基金资助产出的论文数及占全部基金论文的比例。表 7–3 列出了 2022 年 CSTPCD 产出论文数居前 10 位的国家级和各部委基金资助来源及其产出论文的情况，不包括省级各项基金项目资助。

由表 7–3 可以看出，在 CSTPCD 数据库中，2022 年中国各类基金资助产出论文数排在首位的是国家自然科学基金委员会，其次是科技部，由这两种基金资助来源产出的论文占到全部基金论文的 41.03%

根据 CSTPCD 数据统计，2022 年由国家自然科学基金委员会资助产出论文共计 106 229 篇，占全部基金论文的 30.56%，这一比例较上年降低了 4.29 个百分点。

2022 年由科技部的基金资助产出论文共计 36 385 篇，占全部基金论文的 10.47%，这一比例较上年降低了 2.72 个百分点。与 2021 年相比，2022 年由科技部的基金资助产出的基金论文减少了 10 548 篇，减幅为 22.47%。

表 7–3　2022 年 CSTPCD 产出基金论文数居前 10 位的国家级和各部委基金资助来源

基金资助来源	2022 年			2021 年		
	基金论文数/篇	占全部基金论文的比例	排名	基金论文数/篇	占全部基金论文的比例	排名
国家自然科学基金委员会	106 229	30.56%	1	123 972	34.85%	1
科技部	36 385	10.47%	2	46 933	13.19%	2
教育部	5936	1.71%	3	4113	1.16%	3
农业农村部	2919	0.84%	4	2455	0.69%	5
国家社会科学基金	2068	0.59%	5	3741	1.05%	4
人力资源社会保障部	1574	0.45%	6	1078	0.30%	9
军队系统基金	1524	0.44%	7	1488	0.42%	6
国家中医药管理局	1181	0.34%	8	1196	0.34%	7
国土资源部	684	0.20%	9	1165	0.33%	8
国家国防科技工业局	478	0.14%	10	423	0.12%	10

数据来源：CSTPCD 2022。

省一级地方（包括省、自治区、直辖市）设立的地区科学基金资助产出的论文是全部基金资助产出论文的重要组成部分。根据 CSTPCD 数据统计，2022 年省级基金资助产出论文 121 154 篇，占全部基金论文的 34.85%。如表 7–4 所示，2022 年江苏省基金资助产出论文数量为 8675 篇，占全部基金论文的 2.50%，在全国 31 个省级基金资助中位列第一。地区科学基金的存在，有力地促进了中国科技事业的发展，丰富了中国基金资助体系层次。

表 7-4 2022 年 CSTPCD 产出基金论文数居前 10 位的省级基金资助来源

基金资助来源	2022 年			2021 年		
	基金论文数/篇	占全部基金论文的比例	排名	基金论文数/篇	占全部基金论文的比例	排名
江苏省	8675	2.50%	1	6725	1.89%	1
河北省	7327	2.11%	2	6476	1.82%	2
河南省	7117	2.05%	3	5965	1.68%	4
广东省	7069	2.03%	4	6236	1.75%	3
陕西省	6438	1.85%	5	5320	1.50%	5
上海市	6373	1.83%	6	4946	1.39%	7
北京市	6365	1.83%	7	4652	1.31%	8
四川省	5871	1.69%	8	5238	1.47%	6
山东省	5777	1.66%	9	4619	1.30%	9
浙江省	5378	1.55%	10	4049	1.14%	10

数据来源：CSTPCD 2022。

表 7-5 列出了 2022 年 CSTPCD 产出基金论文数居前 10 位的基金资助计划（项目）。根据 CSTPCD 数据统计，国家科技重大专项以产出 4680 篇论文居于首位，山东省自然科学基金产出 1771 篇论文，排在第 2 位。

表 7-5 2022 年 CSTPCD 产出基金论文数居前 10 位的基金资助计划（项目）

排名	基金资助计划（项目）	基金论文数/篇	占全部基金论文的比例
1	国家科技重大专项	4680	1.35%
2	山东省自然科学基金	1771	0.51%
3	国家科技支撑计划	1685	0.48%
4	国家重点实验室	1622	0.47%
5	人力资源社会保障部博士后科学基金	1569	0.45%
6	江苏省自然科学基金	1460	0.42%
7	上海市科技厅	1408	0.41%
8	陕西省自然科学基金	1394	0.40%
9	北京市自然科学基金	1374	0.40%
10	湖南省自然科学基金	1296	0.37%

数据来源：CSTPCD 2022。

（2）SCI 收录基金论文的基金资助来源分析

2022 年，SCI 收录中国各类基金资助产出论文共计 565 851 篇。表 7-6 列出了 2022 年 SCI 产出基金论文数居前 6 位的国家级和各部委基金资助来源。其中，国家自然科学基金委员会以产出 292 891 篇论文高居首位，占全部基金论文的 51.76%，相较于 2021 年，占比降低 0.73 个百分点。排在第 2 位的是科技部，在其支持下产出了 67 898 篇论文，占全部基金论文的 12.00%；中国科学院以产出 5537 篇论文位列第三，占全部基金论文的 0.98%。

表 7-6 2022 年 SCI 产出基金论文数居前 6 位的国家级和各部委基金资助来源

基金资助来源	2022 年			2021 年		
	基金论文数/篇	占全部基金论文的比例	排名	基金论文数/篇	占全部基金论文的比例	排名
国家自然科学基金委员会	292 891	51.76%	1	248 265	52.49%	1
科技部	67 898	12.00%	2	65 409	13.83%	2
中国科学院	5537	0.98%	3	4756	1.01%	3
教育部	4047	0.72%	4	3778	0.80%	4
人力资源社会保障部	3719	0.66%	5	3351	0.71%	5
国家社会科学基金	3552	0.63%	6	2138	0.45%	6

数据来源：SCIE 2022。

根据 SCI 数据统计，2022 年省一级地方（包括省、自治区、直辖市）设立的地区科学基金产出论文 107 191 篇，占全部基金论文的 18.94%，相较 2021 年增加 3.11 个百分点。表 7-7 列出了 2022 年 SCI 产出基金论文数居前 10 位的省级基金资助来源，其中广东省以支持产出 10 397 篇论文位居第一。其后分别是浙江省和江苏省，分别支持产出 8943 篇和 8523 篇论文。

表 7-7 2022 年 SCI 产出基金论文数居前 10 位的省级基金资助来源

基金资助来源	2022 年			2021 年		
	基金论文数/篇	占全部基金论文的比例	排名	基金论文数/篇	占全部基金论文的比例	排名
广东省	10 397	1.84%	1	7434	1.57%	1
浙江省	8943	1.58%	2	6507	1.38%	2
江苏省	8523	1.51%	3	6330	1.34%	3
山东省	7690	1.36%	4	5311	1.12%	5
上海市	6812	1.20%	5	5493	1.16%	4
北京市	5865	1.04%	6	4731	1.00%	6
四川省	4814	0.85%	7	3441	0.73%	7
湖南省	4450	0.79%	8	3021	0.64%	8
陕西省	4141	0.73%	9	2824	0.60%	9
河南省	3816	0.67%	10	2298	0.49%	10

数据来源：SCIE 2022。

根据 SCI 数据统计，2022 年 SCI 产出基金论文数居前 10 位的基金资助计划（项目）中，排在首位的是山东省自然科学基金，资助产出 SCI 论文 4320 篇；其次是浙江省自然科学基金，资助产出 SCI 论文 3792 篇；排在第 3 位的是人力资源社会保障部博士后科学基金，资助产出 SCI 论文 3718 篇（表 7-8）。

表 7-8 2022 年 SCI 产出基金论文数居前 10 位的基金资助计划（项目）

排名	基金资助计划（项目）	基金论文数/篇	占全部基金论文的比例
1	山东省自然科学基金	4320	0.76%
2	浙江省自然科学基金	3792	0.67%
3	人力资源社会保障部博士后科学基金	3718	0.66%
4	江苏省自然科学基金	3205	0.57%
5	北京市自然科学基金	2561	0.45%
6	国家重点实验室	2494	0.44%
7	湖南省自然科学基金	1939	0.34%
8	广东省自然科学基金	1835	0.32%
9	陕西省自然科学基金	1514	0.27%
10	教育部留学回国人员科研启动基金	1496	0.26%

数据来源：SCIE 2022。

（3）CSTPCD 和 SCI 收录基金论文的基金资助来源的异同

通过对 CSTPCD 和 SCI 收录基金论文的分析可以看出，目前中国已经形成了一个以国家基金（国家自然科学基金、国家科技重大专项和国家重点基础研究发展计划等）为主，地方（各省级基金）、机构（大学、研究机构基金）、公司（各公司基金）、个人（私人基金）、海外基金等为补充的多层次的资助体系。无论是 CSTPCD 收录的基金论文，还是 SCI 收录的基金论文，都是在这一资助体系下产生的，所以其基金资助来源必然呈现出一致性，这种一致性主要表现在以下方面。

① 国家自然科学基金在中国的基金资助体系中占据了绝对的主体地位。在 CSTPCD 数据库中，由国家自然科学基金委员会资助产出的论文占该数据库全部基金论文的 30.56%；在 SCI 数据库中，国家自然科学基金委员会资助产出的论文更是占到了 51.76%。

② 科技部在中国的基金资助体系中发挥了极为重要的作用。在 CSTPCD 数据库中，科技部资助产出的论文占该数据库全部基金论文的 10.47%；在 SCI 数据库中，科技部资助产出的论文占 12.00%。

③ 省一级地方（包括省、自治区、直辖市）是中国基金资助体系的有力补充。在 CSTPCD 数据库中，由省一级地方基金资助产出的论文占该数据库全部基金论文的 34.85%；在 SCI 数据库中，省一级地方基金资助产出的论文占 18.94%。

7.3.3 基金资助产出论文的文献类型分布

（1）CSTPCD 收录基金论文的文献类型分布与各类型文献基金论文比

根据 CSTPCD 数据统计，论著、综述与评论类型文献的基金论文比高于其他类型文献。2022 年 CSTPCD 收录论著类型论文 375 100 篇，其中 304 014 篇由基金资助产生，基金论文比为 81.05%；收录综述与评论类型论文 43 454 篇，其中 34 999 篇由基金资助产生，基金论文比为 80.54%。其他类型文献（短篇论文和研究快报、工业工程设计）

共计 24 890 篇，其中 11 800 篇由基金资助产生，基金论文比为 47.41%。论著、综述与评论这两种类型文献的基金论文比远高于其他类型文献。

CSTPCD 收录的基金论文中，论著类型的论文占据了主体地位。2022 年，CSTPCD 收录由基金资助产出的论文共计 347 642 篇，其中论著 304 014 篇、综述与评论 34 999 篇，这两种类型的文献占全部基金论文的 97.52%。图 7-2 为 2022 年 CSTPCD 收录基金和非基金论文文献类型分布。

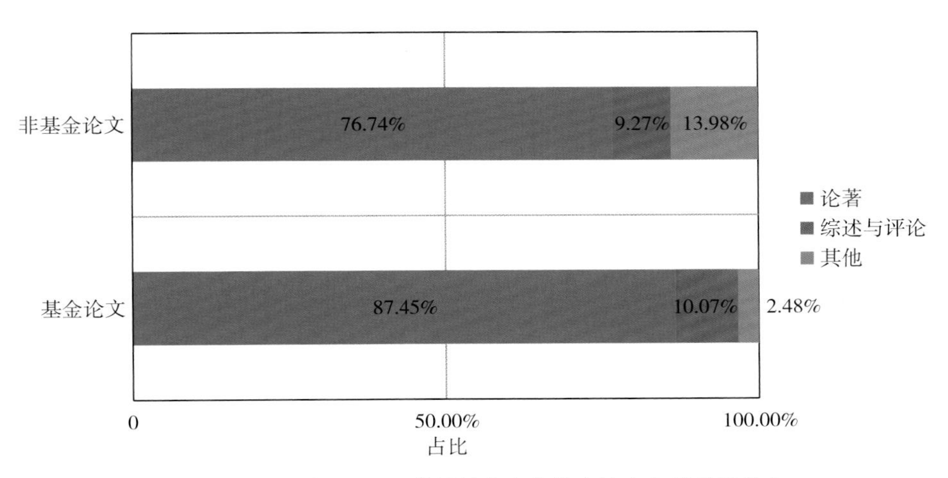

图 7-2　2022 年 CSTPCD 收录基金和非基金论文文献类型分布

（2）SCI 收录基金论文的文献类型分布与各类型文献基金论文比

如表 7-9 所示，2022 年 SCI 收录中国论文 681 884 篇（不包含港、澳、台地区），其中 Article、Review 两种类型的论文有 657 070 篇，其他类型（Bibliography、Biographical-Item、Book Review、Correction、Editorial Material、Letter、Meeting Abstract、News Item、Proceedings Paper、Reprint 等）论文 24 814 篇。

SCI 收录的基金论文中，Article、Review 两种类型基金论文占据了绝对的主体地位。如表 7-9 所示，2022 年 SCI 收录中国基金论文 573 768 篇，其中 Article、Review 两种类型基金论文共计 565 851 篇，Article、Review 两种类型基金论文所占比例达 98.62%。2022 年 SCI 收录 Article、Review 两种类型基金论文占收录中国所有论文的比例为 82.98%。

表 7-9　2022 年 SCI 收录基金论文的文献类型与基金论文比

文献类型	论文总数/篇	基金论文数/篇	基金论文比
Article、Review 论文	657 070	565 851	86.12%
其他类型	24 814	7917	31.91%
合计	681 884	573 768	84.14%

数据来源：SCIE 2022。

7.3.4 基金论文的机构分布

（1）CSTPCD 收录基金论文的机构分布

2022 年，CSTPCD 收录中国各类基金资助产出论文在各类机构中的分布情况如图 7-3 所示（具体参见附表 40）。多年来，高校一直是基金论文产出的主体力量，由其产出的基金论文占全部基金论文的比例长期保持在 70% 以上。从 CSTPCD 的统计数据可以看到，2022 年有 70.65% 的基金论文产自高校。自 2015 年起，高校产出基金论文连续 8 年保持在 22 万篇以上的水平，2020 年起高校产出基金论文突破 24 万篇，2022 年高校产出基金论文突破 34 万篇。基金论文产出的第二力量来自研究机构，2022 年由研究机构产出的基金论文共计 40 262 篇，占全部基金论文的 11.58%。

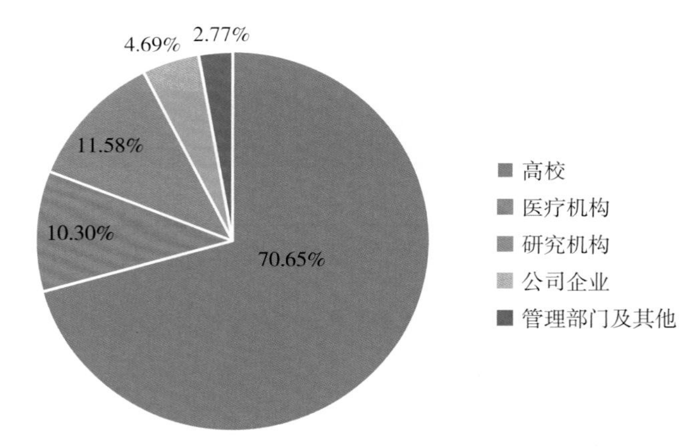

图 7-3 2022 年 CSTPCD 收录中国各类基金资助产出论文在各类机构中的分布情况

注：医疗机构数据不包括高校附属医院。

各类型机构产出基金论文数占该类型机构产出论文总数的比例，称为该类型机构的基金论文比。根据 CSTPCD 数据统计，2022 年不同类型机构的基金论文比存在一定差异。如表 7-10 所示，高校和研究机构的基金论文比明显高于其他类型机构。这一现象与科研中高校和研究机构是主体力量、基金资助在这两类机构的科研人员中有更高的覆盖率的事实是相一致的。

表 7-10 2022 年 CSTPCD 收录各类型机构的基金论文比

机构类型	基金论文数/篇	论文总数/篇	基金论文比
高校	245 603	286 980	85.58%
医疗机构	35 824	55 539	64.50%
研究机构	40 262	50 719	79.38%
公司企业	16 311	31 172	52.33%
管理部门及其他	9642	13 926	69.24%
合计	347 642	438 336	79.31%

注：医疗机构数据不包括高校附属医院。

数据来源：CSTPCD 2022。

根据 CSTPCD 数据统计，中国高校 2022 年产出基金论文数居前 50 位的机构见附表 43。表 7-11 列出了 2022 年 CSTPCD 产出基金论文数居前 10 位的高校。2022 年，进入前 10 位的高校中，有 6 家基金论文数不低于 1500 篇。

表 7-11　2022 年 CSTPCD 收录的基金论文数居前 10 位的高校

排名	机构名称	基金论文数/篇	占全部基金论文的比例
1	北京中医药大学	1822	0.52%
2	上海交通大学	1768	0.51%
3	浙江大学	1736	0.50%
4	天津大学	1715	0.49%
5	清华大学	1500	0.43%
6	贵州大学	1500	0.43%
7	昆明理工大学	1483	0.43%
8	中国石油大学	1477	0.42%
9	河海大学	1462	0.42%
10	中南大学	1438	0.41%

注：高校数据包括其附属医院。

数据来源：CSTPCD 2022。

根据 CSTPCD 数据统计，2022 年产出基金论文数居前 50 位的研究机构见附表 44。表 7-12 列出了 2022 年 CSTPCD 产出基金论文数居前 10 位的研究机构。2022 年，产出基金论文数最多的研究机构为中国中医科学院（671 篇），其后为中国医学科学院北京协和医学院（634 篇）、中国疾病预防控制中心（621 篇）。

表 7-12　2022 年 CSTPCD 收录的基金论文数居前 10 位的研究机构

排名	机构名称	基金论文数/篇	占全部基金论文的比例
1	中国中医科学院	671	0.19%
2	中国医学科学院北京协和医学院	634	0.18%
3	中国疾病预防控制中心	621	0.18%
4	中国地质科学院	561	0.16%
5	中国林业科学研究院	505	0.15%
6	中国水产科学研究院	433	0.12%
7	海军军医大学第一附属医院	382	0.11%
8	广东省农业科学院	367	0.11%
9	中国科学院大学	359	0.10%
10	中国热带农业科学院	332	0.10%

数据来源：CSTPCD 2022。

（2）SCI 收录基金论文的机构分布

2022 年，SCI 收录中国各类基金资助产出论文在各类机构中的分布情况如图 7-4 所示。根据 SCI 数据统计，2022 年高校共产出基金论文 494 009 篇，占比为 87.30%；

研究机构共产出基金论文49 203篇，占比为8.70%；医疗机构共产出基金论文12 833篇，占比为2.27%；公司企业共产出基金论文2845篇，占比为0.50%。

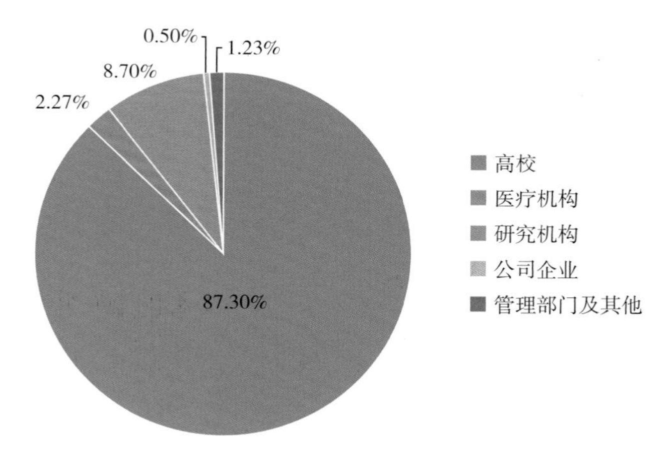

图7-4　2022年SCI收录中国各类基金资助产出论文在各类机构中的分布情况

注：医疗机构数据不包括高校附属医院。

数据来源：SCIE 2022。

如表7－13所示，不同类型机构的基金论文比存在一定差异的现象同样存在于SCI数据库中。根据SCI数据统计，医疗机构、公司企业等的基金论文比明显低于高校和研究机构。研究机构的基金论文比为89.38%，高校的基金论文比为87.37%。

表7－13　2022年SCI收录各类型机构的基金论文比

机构类型	基金论文数/篇	论文总数/篇	基金论文比
高校	494 009	565 424	87.37%
医疗机构	12 833	23 412	54.81%
研究机构	49 203	55 047	89.38%
公司企业	2845	4116	69.12%
管理部门及其他	6961	9071	76.74%
合计	565 851	657 070	86.12%

注：医疗机构数据不包括高校附属医院。

数据来源：SCIE 2022。

根据SCI数据统计，表7－14列出了2022年SCI收录的基金论文数居前10位的高校。在高校中，浙江大学是SCI基金论文最大的产出机构，共产出7584篇，占全部基金论文的1.34%；其次是清华大学，共产出6232篇，占全部基金论文的1.10%；排在第3位的是哈尔滨工业大学，共产出6166篇，占全部基金论文的1.09%。

表 7－14 2022 年 SCI 收录的基金论文数居前 10 位的高校

排名	机构名称	基金论文数/篇	占全部基金论文的比例
1	浙江大学	7584	1.34%
2	清华大学	6232	1.10%
3	哈尔滨工业大学	6166	1.09%
4	上海交通大学	5852	1.03%
5	西安交通大学	5851	1.03%
6	中南大学	5725	1.01%
7	天津大学	5535	0.98%
8	华中科技大学	5152	0.91%
9	山东大学	5057	0.89%
10	中山大学	4791	0.85%

注：高校数据包括其附属医院。

数据来源：SCIE 2022。

根据 SCI 数据统计，表 7－15 列出了 2022 年 SCI 收录的基金论文数居前 10 位的研究机构。在研究机构中，基金论文产出最多的是中国科学院地理科学与资源研究所，共产出 891 篇论文，占全部基金论文的 0.16%；其次是中国科学院合肥物质科学研究院，共产出 861 篇论文，占全部基金论文的 0.15%；排在第 3 位的是中国科学院空天信息创新研究院，共产出 753 篇论文，占全部基金论文的 0.13%。

表 7－15 2022 年 SCI 收录的基金论文数居前 10 位的研究机构

排名	机构名称	基金论文数/篇	占全部基金论文的比例
1	中国科学院地理科学与资源研究所	891	0.16%
2	中国科学院合肥物质科学研究院	861	0.15%
3	中国科学院空天信息创新研究院	753	0.13%
4	中国水产科学研究院	693	0.12%
5	中国林业科学研究院	648	0.11%
6	中国科学院西北生态环境资源研究院	624	0.11%
7	中国科学院化学研究所	618	0.11%
8	中国科学院生态环境研究中心	606	0.11%
9	中国科学院大连化学物理研究所	603	0.11%
10	中国医学科学院肿瘤研究所	593	0.10%

数据来源：SCIE 2022。

（3）CSTPCD 和 SCI 收录基金论文机构分布的异同

长期以来，高校和研究机构一直是中国科学研究的主体力量，也是中国各类基金资助的主要资金流向。高校和研究机构的这一主体地位反映在基金论文上便是，无论是在 CSTPCD 数据库中，还是在 SCI 数据库中，基金论文机构分布具有相同之处——高校和研究机构产出的基金论文数量较多，所占比例也较大。2022 年，CSTPCD 数据库收录高校和研究机构产出的基金论文共 285 865 篇，占该数据库收录基金论文总数的 82.23%；

SCI 数据库收录高校和研究机构产出的基金论文共 543 212 篇，占该数据库收录基金论文总数的 96.00%。

7.3.5 基金论文的学科分布

（1）CSTPCD 收录基金论文的学科分布

根据 CSTPCD 数据统计，2022 年中国各类基金资助产出论文在各学科中的分布情况见附表 41。表 7-16 为 2022 年和 2021 年 CSTPCD 收录的基金论文数居前 10 位的学科。临床医学位于第一，产出基金论文 80 172 篇，占比为 23.06%。计算技术位于第二，产出基金论文 22 789 篇，占比为 6.56%。农学位于第三，产出基金论文 21 009 篇，占比为 6.04%。

表 7-16 2022 年和 2021 年 CSTPCD 收录的基金论文数居前 10 位的学科

学科	2022 年			2021 年		
	基金论文数/篇	占全部基金论文的比例	排名	基金论文数/篇	占全部基金论文的比例	排名
临床医学	80 172	23.06%	1	77 968	21.92%	1
计算技术	22 789	6.56%	2	22 659	6.37%	2
农学	21 009	6.04%	3	20 848	5.86%	3
电子、通信与自动控制	20 435	5.88%	4	20 229	5.69%	5
中医学	19 910	5.73%	5	20 406	5.74%	4
环境科学	13 977	4.02%	6	12 961	3.64%	7
地学	13 238	3.81%	7	13 328	3.75%	6
土木建筑	11 074	3.19%	8	11 089	3.12%	8
预防医学与卫生学	9334	2.68%	9	9781	2.75%	9
交通运输	9307	2.68%	10	8944	2.51%	11

数据来源：CSTPCD 2022。

（2）SCI 收录基金论文的学科分布

根据 SCI 数据统计，2022 年 SCI 收录的各学科基金论文数及基金论文比如表 7-17 所示。基金论文最多的是化学，共计 67 576 篇，占全部基金论文的 11.94%；其次是生物学，共计 57 088 篇，占全部基金论文的 10.09%；排在第 3 位的是材料科学，共计 49 320 篇，占全部基金论文的 8.72%。

表 7-17 2022 年 SCI 收录的各学科基金论文数及基金论文比

学科	基金论文数/篇	占全部基金论文的比例	基金论文数排名	论文总数/篇	基金论文比
化学	67 576	11.94%	1	71 954	93.92%
生物学	57 088	10.09%	2	66 234	86.19%
材料科学	49 320	8.72%	3	53 225	92.66%
临床医学	46 185	8.16%	4	67 125	68.80%

续表

学科	基金论文数/篇	占全部基金论文的比例	基金论文数排名	论文总数/篇	基金论文比
电子、通信与自动控制	36 672	6.48%	5	42 273	86.75%
物理学	36 093	6.38%	6	39 868	90.53%
环境科学	32 229	5.70%	7	36 211	89.00%
地学	27 748	4.90%	8	30 528	90.89%
计算技术	25 883	4.57%	9	30 819	83.98%
基础医学	20 678	3.65%	10	26 835	77.06%
能源科学技术	20 301	3.59%	11	22 858	88.81%
化工	18 869	3.33%	12	20 385	92.56%
食品	15 518	2.74%	13	18 132	85.58%
药物学	15 396	2.72%	14	18 693	82.36%
数学	12 649	2.24%	15	14 566	86.84%
预防医学与卫生学	11 941	2.11%	16	16 553	72.14%
土木建筑	10 719	1.89%	17	11 670	91.85%
农学	9529	1.68%	18	10 162	93.77%
机械、仪表	8137	1.44%	19	8941	91.01%
力学	6064	1.07%	20	6553	92.54%
畜牧、兽医	3133	0.55%	21	3571	87.73%
天文学	2774	0.49%	22	2882	96.25%
工程与技术基础学科	2701	0.48%	23	3807	70.95%
中医学	2612	0.46%	24	3388	77.10%
水产学	2547	0.45%	25	2669	95.43%
军事医学与特种医学	2503	0.44%	26	3563	70.25%
水利	2420	0.43%	27	2611	92.68%
交通运输	2269	0.40%	28	2454	92.46%
冶金、金属学	2173	0.38%	29	2357	92.19%
信息、系统科学	2106	0.37%	30	2325	90.58%
航空航天	1848	0.33%	31	2203	83.89%
轻工、纺织	1787	0.32%	32	1977	90.39%
林学	1675	0.30%	33	1828	91.63%
核科学技术	1645	0.29%	34	1940	84.79%
管理学	1430	0.25%	35	1653	86.51%
矿山工程技术	1370	0.24%	36	1522	90.01%
动力与电气	1064	0.19%	37	1182	90.02%
安全科学技术	436	0.08%	38	494	88.26%
测绘科学技术	2	0.00%	39	2	100.00%
其他	761	0.13%		1057	72.00%
合计	565 851	100.00%		657 070	86.12%

数据来源：SCI 2022。

（3）CSTPCD 和 SCI 收录基金论文学科分布的异同

通过以上分析可以看出，CSTPCD 和 SCI 数据库收录基金论文在学科分布上存在较大差异：CSTPCD 收录基金论文数居前 3 位的学科分别是临床医学、计算技术和农学；SCI 收录基金论文数居前 3 位的学科分别是化学、生物学和材料科学。

7.3.6 基金论文的地区分布

（1）CSTPCD 收录基金论文的地区分布

2022 年 CSTPCD 收录各类基金资助产出论文的地区分布情况见附表 42。表 7-18 列出了 2022 年和 2021 年 CSTPCD 收录的基金论文数居前 10 位的地区。根据 CSTPCD 数据统计，2022 年基金论文数居首位的是北京，产出 45 465 篇，占全部基金论文的 13.08%。排在第 2 位的是江苏，产出 30 849 篇，占全部基金论文的 8.87%。位列其后的是上海、陕西、广东、湖北、四川、山东、河南和浙江，这些地区基金论文数均超过了 12 000 篇。

表 7-18　2022 年和 2021 年 CSTPCD 收录的基金论文数居前 10 位的地区

地区	2022 年			2021 年		
	基金论文数/篇	占全部基金论文的比例	排名	基金论文数/篇	占全部基金论文的比例	排名
北京	45 465	13.08%	1	47 873	13.46%	1
江苏	30 849	8.87%	2	30 778	8.65%	2
上海	20 204	5.81%	3	21 335	6.00%	3
陕西	20 083	5.78%	4	20 032	5.63%	5
广东	19 149	5.51%	5	20 188	5.68%	4
湖北	16 513	4.75%	6	16 470	4.63%	7
四川	15 911	4.58%	7	16 609	4.67%	6
山东	15 069	4.33%	8	15 259	4.29%	8
河南	14 554	4.19%	9	14 316	4.02%	9
浙江	12 607	3.63%	10	12 924	3.63%	10

数据来源：CSTPCD 2022。

各地区的基金论文数占该地区全部论文数的比例，称为该地区的基金论文比。2022 年和 2021 年 CSTPCD 收录各地区基金论文比与基金论文数变化情况如表 7-19 所示。相比 2021 年，除江西、西藏外，2022 年所有地区的基金论文比均呈上升趋势。2022 年，基金论文比最高的地区是广西，其基金论文比为 90.02%；最低的地区是北京，其基金论文比为 74.81%。

表 7-19 2022 和 2021 年 CSTPCD 收录各地区基金论文比与基金论文数变化情况

地区	基金论文比			基金论文数/篇		增长率
	2022 年	2021 年	变化（百分点）	2022 年	2021 年	
北京	74.81%	73.42%	1.39	45 465	47 873	-5.03%
江苏	78.99%	77.58%	1.41	30 849	30 778	0.23%
上海	75.41%	74.82%	0.59	20 204	21 335	-5.30%
陕西	81.49%	78.22%	3.26	20 083	20 032	0.25%
广东	79.60%	77.66%	1.94	19 149	20 188	-5.15%
湖北	76.49%	74.72%	1.77	16 513	16 470	0.26%
四川	75.94%	73.97%	1.97	15 911	16 609	-4.20%
山东	75.03%	73.44%	1.58	15 069	15 259	-1.25%
河南	77.56%	76.42%	1.15	14 554	14 316	1.66%
浙江	76.76%	75.16%	1.61	12 607	12 924	-2.45%
河北	80.51%	77.30%	3.20	12 189	12 088	0.84%
辽宁	79.37%	76.92%	2.45	11 802	12 450	-5.20%
湖南	85.63%	83.09%	2.54	10 509	10 620	-1.05%
安徽	78.23%	75.98%	2.25	9974	9920	0.54%
天津	79.59%	77.37%	2.21	9017	9585	-5.93%
黑龙江	84.18%	82.27%	1.91	7609	8045	-5.42%
重庆	80.66%	79.40%	1.26	7580	8212	-7.70%
甘肃	86.14%	84.38%	1.77	7522	7226	4.10%
广西	90.02%	88.47%	1.55	7114	7321	-2.83%
云南	86.28%	84.25%	2.03	7088	7245	-2.17%
山西	79.25%	78.11%	1.14	7043	7117	-1.04%
福建	83.07%	81.31%	1.76	6608	6625	-0.26%
新疆	86.96%	85.82%	1.14	6382	6109	4.47%
贵州	88.46%	87.96%	0.50	5395	5793	-6.87%
江西	87.83%	88.04%	-0.21	5310	5667	-6.30%
吉林	83.72%	82.00%	1.72	5195	5489	-5.36%
内蒙古	84.03%	80.83%	3.20	3978	3808	4.46%
海南	82.35%	76.52%	5.84	2917	2783	4.81%
宁夏	86.79%	85.53%	1.26	2030	1886	7.64%
青海	81.95%	76.96%	4.99	1621	1563	3.71%
西藏	82.75%	84.92%	-2.17	355	383	-7.31%
合计	79.31%	77.50%	1.81	347 642	355 719	-2.27%

数据来源：CSTPCD 2022。

（2）SCI 收录基金论文的地区分布

根据 SCI 数据统计，2022 年 SCI 收录各地区基金论文比与基金论文数变化情况如表 7-20 所示。

2022 年，SCI 收录中国各类基金资助产出论文最多的地区是北京，产出 75 383 篇，占全部基金论文的 13.32%；其次是江苏，产出 58 553 篇，占全部基金论文的 10.35%；排在第 3 位的是广东，产出 43 068 篇，占全部基金论文的 7.61%。

表 7-20 2022 年 SCI 收录各地区基金论文比与基金论文数变化情况

排名	地区	基金论文数/篇	占全部基金论文的比例	论文总数/篇	基金论文比
1	北京	75 383	13.32%	87 573	86.08%
2	江苏	58 553	10.35%	66 697	87.79%
3	广东	43 068	7.61%	48 930	88.02%
4	上海	41 177	7.28%	47 267	87.12%
5	山东	31 116	5.50%	36 722	84.73%
6	陕西	30 804	5.44%	35 331	87.19%
7	浙江	30 403	5.37%	36 220	83.94%
8	湖北	29 598	5.23%	35 076	84.38%
9	四川	26 154	4.62%	31 196	83.84%
10	湖南	21 291	3.76%	24 344	87.46%
11	辽宁	20 035	3.54%	23 157	86.52%
12	安徽	16 310	2.88%	18 376	88.76%
13	河南	15 776	2.79%	19 147	82.39%
14	天津	15 768	2.79%	17 877	88.20%
15	黑龙江	14 018	2.48%	16 282	86.10%
16	重庆	12 872	2.27%	15 096	85.27%
17	福建	12 403	2.19%	14 243	87.08%
18	吉林	11 386	2.01%	13 282	85.73%
19	甘肃	8043	1.42%	9069	88.69%
20	河北	8010	1.42%	10 619	75.43%
21	江西	7689	1.36%	9085	84.63%
22	广西	7009	1.24%	7944	88.23%
23	云南	6729	1.19%	7556	89.06%
24	山西	6332	1.12%	7472	84.74%
25	贵州	4921	0.87%	5530	88.99%
26	新疆	3795	0.67%	4390	86.45%
27	海南	2465	0.44%	2939	83.87%
28	内蒙古	2406	0.43%	2899	82.99%
29	宁夏	1342	0.24%	1563	85.86%
30	青海	830	0.15%	1004	82.67%
31	西藏	165	0.03%	184	89.67%
	合计	565 851	100.00%	657 070	86.12%

数据来源：SCIE 2022。

7.3.7 基金论文的合著情况分析

（1）CSTPCD 收录基金论文合著情况分析

如图 7-5 所示，2022 年 CSTPCD 收录所有论文 438 336 篇，其中合著论文 422 269 篇，合著论文占比为 96.33%。2022 年 CSTPCD 收录基金论文 347 642 篇，其中合著论文 340 082 篇，合著论文占比为 97.83%。这一占比较 CSTPCD 收录所有论文的合著比例 96.33% 高了 1.50 个百分点。

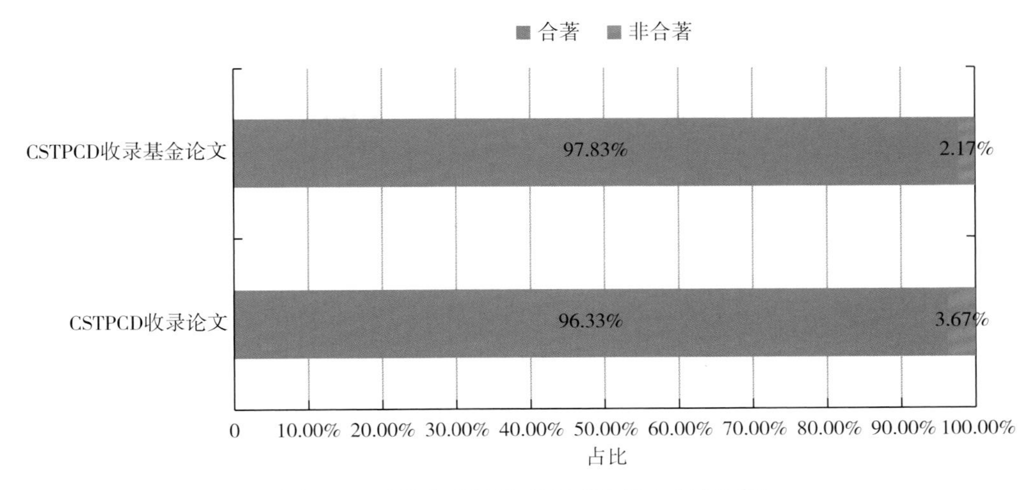

图 7-5 2022 年 CSTPCD 收录基金论文合著比例

数据来源：CSTPCD 2022。

2022 年，CSTPCD 收录所有论文的篇均作者数为 4.93 人，该数据库收录基金论文的篇均作者数为 5.16 人，基金论文的篇均作者数较所有论文的篇均作者数高出 0.23 人。

如表 7-21 所示，2022 年 CSTPCD 收录基金论文中合著论文以 5 人作者最多，共计 66 290 篇，占全部基金论文的 19.07%；4 人作者论文所占比例排名第二，共计 61 537 篇，占全部基金论文的 17.70%；排在第 3 位的是 6 人作者论文，共计 56 527 篇，占全部基金论文的 16.26%。

表 7-21 2022 年 CSTPCD 收录不同作者数的基金论文数量

作者数 / 人	基金论文数/篇	占全部基金论文的比例	作者数 / 人	基金论文数/篇	占全部基金论文的比例
1	7560	2.17%	7	33 288	9.58%
2	28 602	8.23%	8	20 842	6.00%
3	47 597	13.69%	9	10 834	3.12%
4	61 537	17.70%	10	6516	1.87%
5	66 290	19.07%	≥ 11	8049	2.32%
6	56 527	16.26%	总计	347 642	100.00%

数据来源：CSTPCD 2022。

表 7-22 列出了 2022 年 CSTPCD 基金论文的合著比例与篇均作者数的学科分布。根据 CSTPCD 数据统计，各学科基金论文合著比例最高的是材料科学，为 99.32%[①]；材料科学，药物学，畜牧、兽医，动力与电气，水产学，核科学技术，农学，军事医学与特种医学，化学，中医学，航空航天，生物学，基础医学，食品，临床医学，工程与技术基础学科，力学，林学，电子、通信与自动控制，化工，安全科学技术，冶金、金属学和水利这

① 材料科学基金论文合著比例为 99.3169%，药物学基金论文合著比例为 99.3160%，故合著比例最高的学科是材料科学。

23个学科基金论文的合著比例都超过了98.00%；其他学科基金论文的合著比例最低，为47.66%。各学科篇均作者数在1.56～6.75人，篇均作者数最高的是畜牧、兽医，为6.75人，其次是农学，为6.30人；排在第3位的是水产学，为6.18人。

表7-22 2022年CSTPCD基金论文的合著比例与篇均作者数的学科分布

学科	基金论文数/篇	合著基金论文数/篇	合著比例	篇均作者数/人
临床医学	80 172	78 890	98.40%	5.26
计算技术	22 789	21 914	96.16%	3.88
农学	21 009	20 793	98.97%	6.30
电子、通信与自动控制	20 435	20 081	98.27%	4.77
中医学	19 910	19 665	98.77%	5.47
环境科学	13 977	13 681	97.88%	5.19
地学	13 238	12 919	97.59%	5.26
土木建筑	11 074	10 729	96.88%	4.24
预防医学与卫生学	9334	9060	97.06%	5.39
交通运输	9307	8945	96.11%	4.19
化工	9187	9022	98.20%	5.38
生物学	8813	8699	98.71%	5.92
基础医学	8421	8302	98.59%	5.66
食品	8168	8051	98.57%	5.73
药物学	8042	7987	99.32%	5.47
冶金、金属学	7820	7677	98.17%	5.05
机械、仪表	7779	7580	97.44%	4.34
畜牧、兽医	7365	7312	99.28%	6.75
化学	6463	6386	98.81%	5.34
材料科学	6442	6398	99.32%	6.07
矿山工程技术	4595	4212	91.66%	4.55
能源科学技术	4516	4303	95.28%	5.49
物理学	4334	4236	97.74%	5.37
航空航天	4210	4157	98.74%	4.60
工程与技术基础学科	3911	3848	98.39%	5.01
动力与电气	3608	3581	99.25%	4.93
林学	3525	3465	98.30%	5.51
数学	3505	3131	89.33%	2.65
水利	2962	2907	98.14%	4.49
测绘科学技术	2552	2463	96.51%	4.41
轻工、纺织	2216	1938	87.45%	4.44
水产学	2176	2156	99.08%	6.18
力学	1714	1686	98.37%	4.19
核科学技术	1058	1048	99.05%	6.10

续表

学科	基金论文数/篇	合著基金论文数/篇	合著比例	篇均作者数/人
军事医学与特种医学	1039	1027	98.85%	5.86
管理学	806	765	94.91%	3.03
天文学	559	542	96.96%	6.04
安全科学技术	277	272	98.19%	4.29
信息、系统科学	206	193	93.69%	3.28
其他	128	61	47.66%	1.56
合计	347 642	340 082	97.83%	5.16

数据来源：CSTPCD 2022。

（2）SCI 收录基金论文合著情况分析

2022 年 SCI 收录所有论文 657 070 篇，其中合著论文 656 041 篇，合著论文占比为 99.84%。2022 年 SCI 收录基金论文 565 851 篇，其中合著论文 560 688 篇，合著论文占比为 99.09%（图 7–6）。这一占比较 SCI 收录所有论文的合著比例降低了 0.76 个百分点。

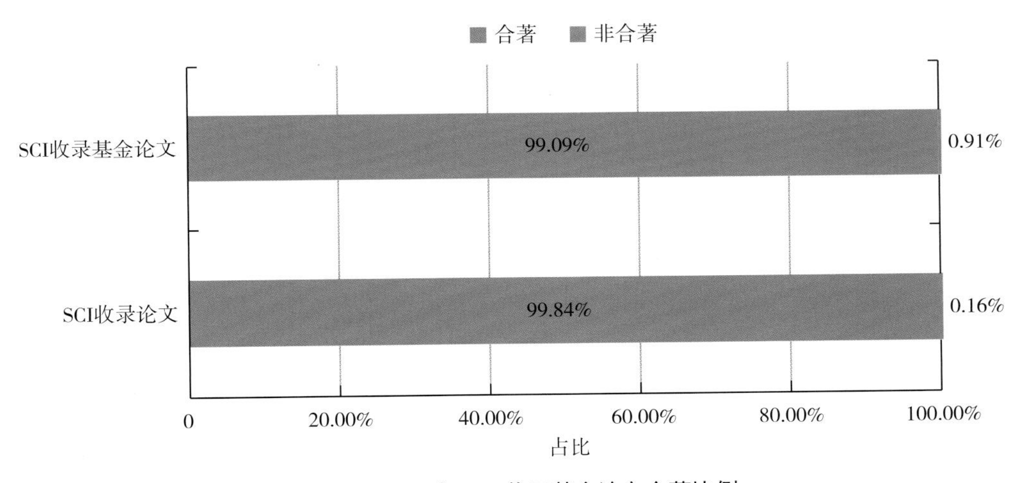

图 7–6　2022 年 SCI 收录基金论文合著比例

数据来源：SCIE 2022。

2022 年，SCI 收录所有论文的篇均作者数为 6.36 人，该数据库收录基金论文的篇均作者数为 6.52 人，基金论文的篇均作者数较所有论文的篇均作者数高出 0.16 人。

如表 7–23 所示，SCI 收录基金论文中合著论文以 5 人作者最多，共计 89 960 篇，占全部基金论文的 15.90%；其次是 6 人作者论文，共计 85 688 篇，占全部基金论文的 15.14%；排在第 3 位的是 4 人作者论文，共计 73 593 篇，占全部基金论文的 13.01%。

表 7-23　2022 年 SCI 收录不同作者数的基金论文数量

作者数 / 人	基金论文数/篇	占全部基金论文的比例	作者数 / 人	基金论文数/篇	占全部基金论文的比例
1	5163	0.91%	8	51 842	9.16%
2	26 187	4.63%	9	38 270	6.76%
3	49 670	8.78%	10	27 790	4.91%
4	73 593	13.01%	11	16 212	2.87%
5	89 960	15.90%	12	10 801	1.91%
6	85 688	15.14%	≥ 13	22 933	4.05%
7	67 742	11.97%	总计	565 851	100.00%

数据来源：SCIE 2022。

表 7-24 列出了 2022 年 SCI 基金论文的合著比例与篇均作者数的学科分布。根据 SCI 数据统计，合著比例最高的是测绘科学技术，合著比例为 100.00%。合著比例最低的是工程与技术基础学科，合著比例为 90.60%。各学科篇均作者数在 2.94 ～ 13.59 人，篇均作者数最高的是天文学，为 13.59 人；其次是基础医学，为 8.40 人。

表 7-24　2022 年 SCI 基金论文的合著比例与篇均作者数的学科分布

学科	基金论文数/篇	合著基金论文数/篇	合著比例	篇均作者数/人
化学	67 576	67 408	99.75%	6.89
生物学	57 088	56 692	99.31%	7.51
材料科学	49 320	49 193	99.74%	6.75
临床医学	46 185	46 075	99.76%	8.05
电子、通信与自动控制	36 672	36 165	98.62%	4.93
物理学	36 093	35 590	98.61%	6.49
环境科学	32 229	32 019	99.35%	6.19
地学	27 748	27 576	99.38%	5.61
计算技术	25 883	25 214	97.42%	4.57
基础医学	20 678	20 640	99.82%	8.40
能源科学技术	20 301	20 221	99.61%	5.92
化工	18 869	18 839	99.84%	6.45
食品	15 518	15 506	99.92%	7.13
药物学	15 396	15 377	99.88%	7.96
数学	12 649	11 470	90.68%	2.94
预防医学与卫生学	11 941	11 767	98.54%	6.85
土木建筑	10 719	10 682	99.65%	4.94
农学	9529	9509	99.79%	7.13
机械、仪表	8137	8090	99.42%	5.08
力学	6064	6000	98.94%	4.57
畜牧、兽医	3133	3131	99.94%	8.12
天文学	2774	2662	95.96	13.59
工程与技术基础学科	2701	2447	90.60	4.09

续表

学科	基金论文数/篇	合著基金论文数/篇	合著比例	篇均作者数/人
中医学	2612	2608	99.85	7.79
水产学	2547	2543	99.84	7.19
军事医学与特种医学	2503	2494	99.64	8.26
水利	2420	2397	99.05	5.94
交通运输	2269	2253	99.29	4.64
冶金、金属学	2173	2168	99.77	5.79
信息、系统科学	2106	2038	96.77	3.87
航空航天	1848	1840	99.57	4.51
轻工、纺织	1787	1782	99.72	6.04
林学	1675	1670	99.70	6.22
核科学技术	1645	1635	99.39	7.15
管理学	1430	1403	98.11	3.74
矿山工程技术	1370	1366	99.71	5.78
动力与电气	1064	1059	99.53	5.41
其他	761	722	94.88	4.67
安全科学技术	436	435	99.77	4.57
测绘科学技术	2	2	100.00	4.50
合计	565 851	560 688		6.52

数据来源：SCIE 2022。

7.4 小结

本章对 CSTPCD 和 SCI 收录的基金论文从多个维度进行了分析，包括基金资助来源、文献类型分布、机构分布、学科分布、地区分布及合著情况。通过以上分析，主要得到了以下结论。

① 中国各类基金资助产出论文数量在整体上维持稳定状态，基金论文在论文中所占比例不断增长，基金资助正在对中国科技事业的发展发挥着越来越大的作用。

② 中国目前已经形成了一个以国家自然科学基金、科技部计划项目资助为主，其他部委和地方基金、机构基金、公司基金、个人基金及海外基金为补充的多层次的基金资助体系。

③ CSTPCD 和 SCI 收录的基金论文在文献类型分布、机构分布、地区分布上具有一定的相似性；其各种分布情况与上一年相比也具有一定的稳定性。

④ 基金论文的合著比例和篇均作者数高于平均水平，这一现象同时存在于 CSTPCD 和 SCI 这两个数据库中。

参考文献

[1] 培根．学术的进展［M］．刘运同，译．上海：上海人民出版社，2007：58.

8　中国科技论文合著情况统计分析

科技合作是科学研究工作发展的重要模式。随着科技的进步、全球化趋势的推动，以及先进通信方式的广泛应用，科学家能够克服地域的限制，参与合作的方式越来越灵活，合著论文的数量一直保持着增长的趋势。《中国科技论文统计与分析》项目自 1990 年起对中国科技论文的合著情况进行了统计分析。2022 年，合著论文数量及所占比例与 2021 年基本持平。2022 年数据显示，无论是西部地区还是其他地区，都十分重视并积极参与科研合作。各个学科领域内的合著论文比例与其自身特点相关。同时，对国内论文和国际论文的统计分析表明，中国与其他国家（地区）的合著论文情况总体保持稳定。

8.1　CSTPCD 2022 收录的合著论文统计与分析

8.1.1　概述

"2022 年中国科技论文与引文数据库"（CSTPCD 2022）收录中国机构作为第一作者单位的自然科学领域论文 438 336 篇，这些论文的作者总人次达到 2 160 255 人次，平均每篇论文由 4.93 个作者完成，其中合著论文总数为 422 269 篇，所占比例为 96.33%，比 2021 年的 95.46% 增加了 0.87 个百分点。有 16 067 篇是由一位作者独立完成的，数量比 2021 年的 23 325 篇有所减少，在全部中国论文中所占的比例为 3.7%，比 2021 年的 5.1% 减少了 1.4 个百分点。

表 8－1 列出了 CSTPCD 2000—2022 年论文数、作者数、篇均作者数、合著论文数及比例的变化情况。从表中可以看出，篇均作者数除 2007 年、2013 年、2016 年略有下降外，一直保持增长的趋势，2014 年之后一直保持在篇均 4 人以上。

从表 8－1 还可以看出，合著比例在 2005 年以后一般都保持在 88% 以上，而在 2007 年略有下降，但是在 2008 年又开始回升，保持在 88% 以上的水平，2014 年后的合著比例一直保持在 90% 以上。

如图 8－1 所示，合著论文数总体上在快速增长，但是在 2008 年合著论文数的变化幅度明显小于相邻年度。这主要是 2008 年论文总数增长幅度也比较小，比 2007 年仅增长 8898 篇，增幅只有 2%，因此尽管合著比例增加，但是数量增幅较小。而在 2009 年，随着论文总数增幅的回升，在比例保持相当水平的情况下，合著论文数的增幅也有较明显的回升。2009 年以后合著论文数基本持平。相对 2010 年，2011 年合著论文减少了 977 篇，降幅约为 0.2%。相对 2011 年，2012 年论文总数减少了 6498 篇，降幅约为 1.2%，合著论文数和 2011 年相对持平，论文的合著比例显著增加。2022 年合著论文数有所减少，合著比例较 2021 年有所上升。

表 8-1 CSTPCD 2000—2022 年论文作者数及合著情况

年份	论文总数/篇	作者数/人	篇均作者数/人	合著论文数/篇	合著比例
2000	180 848	580 005	3.21	151 802	83.9%
2001	203 299	662 536	3.26	169 813	83.5%
2002	240 117	796 245	3.32	203 152	84.6%
2003	274 604	929 617	3.39	235 333	85.7%
2004	311 737	1 077 595	3.46	272 082	87.3%
2005	355 070	1 244 505	3.50	314 049	88.4%
2006	404 858	1 430 127	3.53	358 950	88.7%
2007	463 122	1 615 208	3.49	403 914	87.2%
2008	472 020	1 702 949	3.61	419 738	88.9%
2009	521 327	1 887 483	3.62	461 678	88.6%
2010	530 635	1 980 698	3.73	467 857	88.2%
2011	530 087	1 975 173	3.73	466 880	88.1%
2012	523 589	2 155 230	4.12	466 864	89.2%
2013	513 157	1 994 679	3.89	460 100	89.7%
2014	497 849	1 996 166	4.01	454 528	91.3%
2015	493 530	2 074 142	4.20	455 678	92.3%
2016	494 207	2 057 194	4.16	456 857	92.4%
2017	472 120	2 022 722	4.28	439 785	93.2%
2018	454 402	1 985 234	4.37	424 906	93.5 %
2019	447 830	2 003 167	4.47	422 427	94.3 %
2020	451 555	2 071 192	4.59	428 230	94.8 %
2021	458 961	2 166 596	4.72	438 118	95.5 %
2022	438 336	2 160 255	4.93	422 269	96.3%

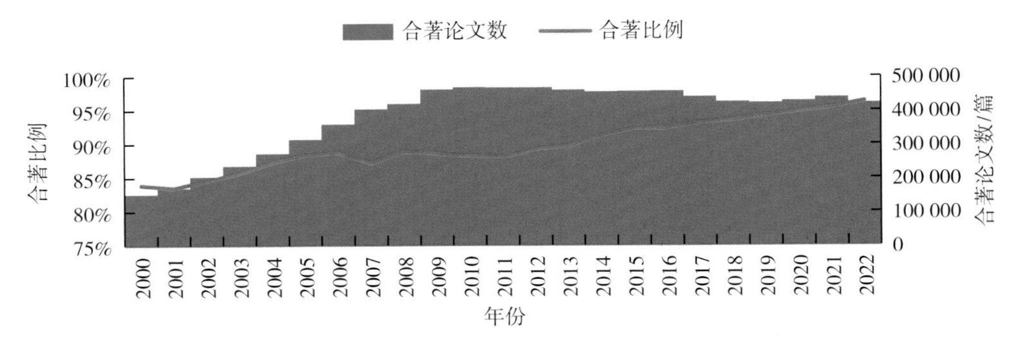

图 8-1 CSTPCD 2000—2022 年中国科技论文合著论文数和合著比例的变化

图 8-2 所示为 CSTPCD 2000—2022 年中国科技论文总数和篇均作者数的变化情况。CSTPCD 收录的论文总数由于收录的期刊数量增加而持续增长，特别是在 2001—2008 年，每年增幅一直保持在 15% 左右；2009 年以后增长的幅度趋缓，2010 年的增幅约为 1.8%，2011—2013 年相对持平。篇均作者数整体上呈现缓慢增长的趋势。2022 年篇均作者数是 4.93 人，与 2021 年相比略有上升。

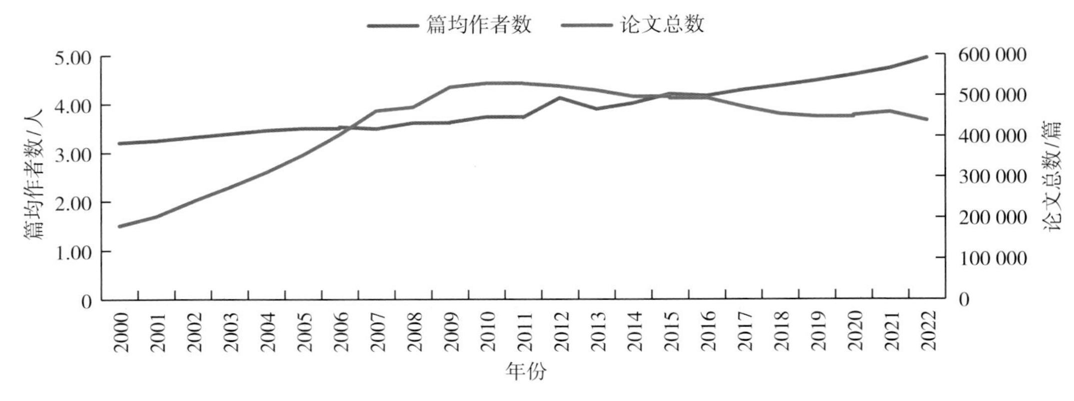

图 8-2　CSTPCD 2000—2022 年中国科技论文总数和篇均作者数的变化情况

论文体现了科学家进行科研活动的成果，近年的数据显示，大部分的科研成果由越来越多的科学家参与完成，并且这一比例还保持着增长的趋势。这表明，中国的科学技术研究活动越来越依靠科研团队的协作，同时数据也反映出合作研究有利于学术发展和研究成果的产出。2007 年数据显示，合著比例和篇均作者数开始下降，这是论文总数的快速增长导致的相对指标的数值降低。2007 年合著比例和篇均作者数两项指标同时下降，到了 2008 年又开始回升，而在 2009 年和 2010 年数值又恢复到 2006 年水平，2011 年基本与 2010 年的数值持平，2012 年合著比例持续上升，同时篇均作者数大幅上升。2013 年论文总数继续下降，篇均作者数回落到了 2011 年的水平，2014 年论文总数仍然在下降，但是篇均作者数又出现小幅回升。合著比例稳定在 90% 以上；篇均作者数维持在 4 人以上，2022 年依旧延续了这种趋势，达到 4.93 人。

8.1.2　各种合著类型论文的统计

与往年一样，我们将中国作者参与的合著论文按照参与合著的作者所在机构的地域关系进行了分类，按照 4 种合著类型分别统计。这 4 种合著类型分别是：同机构合著、同省不同机构合著、省际合著和国际合著。表 8-2 列出了 2020—2022 年 CSTPCD 收录的不同合著类型论文数量和在合著论文总数中所占的比例。

表 8-2　CSTPCD 收录 2020—2022 年各种合著类型论文数量和比例

合著类型	合著论文数/篇			占合著论文总数的比例		
	2020 年	2021 年	2022 年	2020 年	2021 年	2022 年
同机构合著	253 123	252 689	230 952	59.11%	57.68%	54.69%
同省不同机构合著	96 808	100 747	108 075	22.61%	23.00%	25.59%
省际合著	73 218	78 514	77 613	17.10%	17.92%	18.38%
国际合著	5081	6168	5629	1.19%	1.41%	1.33%
合计	428 230	438 118	422 269	100.00%	100.00%	100.00%

通过 3 年数值的对比，可以看到各种合著类型所占比例大体保持稳定。图 8-3 显示了各种合著类型论文所占比例，从中可以看出，2020—2022 年各种合著类型论文所占比例有些变化，合作范围呈现轻微扩大的趋势，整体来看各合著类型比例较为稳定。2022 年省际合著比上年提高了 0.47 个百分点，国际合著比上年下降了 0.08 个百分点。

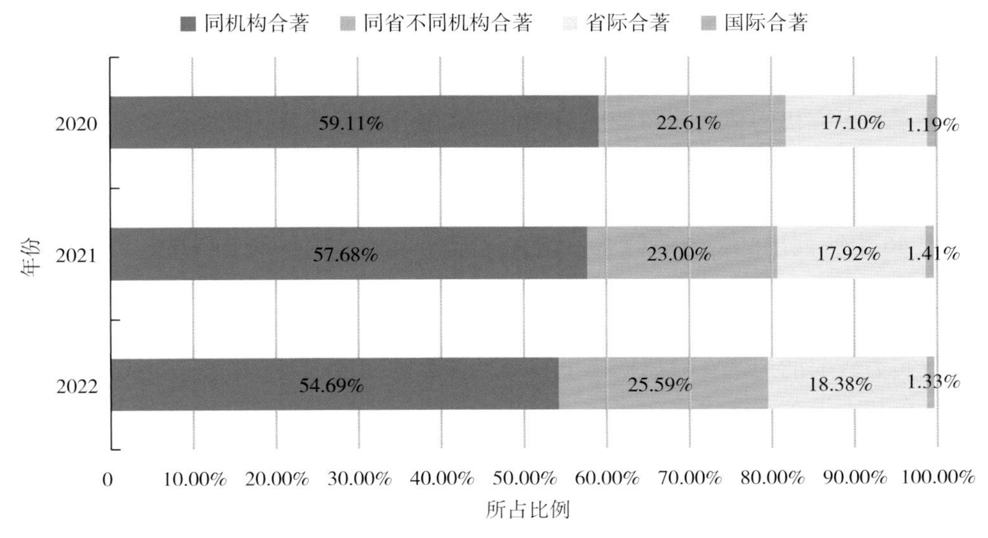

图 8-3 CSTPCD 收录的 2020—2022 年 4 种合著类型论文所占比例

CSTPCD 2022 年收录中国科技论文合著关系的学科分布详见附表 45，地区分布详见附表 46。

以下分别详细分析论文的各种类型的合著情况。

（1）同机构合著论文情况

2022 年同机构合著论文在合著论文中所占比例为 54.14%，与 2021 年的 57.68% 相比有所下降，在各个学科和各个地区的统计中，同机构合著论文所占比例同样是最高的。

由附表 45 中的数据可以看到，临床医学同机构合著论文占比为 61.74%，该学科论文有超六成是同机构的作者合著完成的。由附表 45 还可以看到，这一类型合著论文比例最低的学科是天文学，占比为 21.01%。

由附表 46 可以看出，同机构合著论文所占比例最高的为海南，占比为 58.02%。这一比例数值最小的地区是西藏，数值为 36.36%。同时由附表 46 还可以看出，同机构合著论文比例数值较小的地区大多属于整体科技实力相对薄弱的西部地区。

（2）同省不同机构合著论文情况

2022 年同省不同机构合著论文占合著论文总数的 25.34%。

由附表 45 可以看出，中医学同省不同机构合著论文比例最高，达到了 38.09%；天文学、材料科学与农学同省不同机构合著论文比例次之。比例最低的学科是核科学技术，为 14.01%。

附表 46 显示，各个省的同省不同机构合著论文比例大多集中在 19.60% ～ 30.05%。比例最高的省份是山东，为 32.64%。比例最低的是西藏，为 13.52%。

（3）省际合著论文情况

2022 年不同省份的科研人员合著论文占合著论文总数的 18.20%。

从附表 45 中可以看出，能源科学技术是省际合著论文比例最高的学科，达到 40.63%。比例最低的学科是临床医学，仅为 8.82%。同时还可以看出，医学领域这个比例数值普遍较低，预防医学与卫生学、中医学、药物学、军事医学与特种医学等学科比例都比较低。不同学科省际合著论文比例的差异与各个学科论文总数及研究机构的地域分布有关系。研究机构地区分布较广的学科，省际合作的机会比较多，省际合著论文比例就会比较高，如地学、矿山工程技术和林学。而医学领域的研究活动组织方式具有地域特点，这使得其同机构合著比例最高，同省次之，省际合著的比例较少。

附表 46 中所列出的各省省际合著论文比例，最高的是西藏（45.69%），比例最低的是广西（13.86%）。大体上可以看出这样的规律：科技论文产出能力比较强的地区省际合著论文比例低一些，反之论文产出数量较少的地区省际合著论文比例就高一些。这表明科技实力较弱的地区在科研产出上，对外依靠的程度相对高一些。但是对比北京、江苏、广东和上海这几个论文产出数量较多的地区，可以看到北京省际合著论文比例为 20.22%，明显高于江苏（16.52%）、广东（16.72 %）和上海（15.40%）。

（4）国际合著论文情况

2022 年国际合著论文比例最高的学科是天文学，比例达到 10.59%，其后是材料科学和物理学，都超过了 4.51%。国际合著论文比例最低的是中医学，比例为 0.46%。

国际合著论文比例较高的地区是广东（2.1%）和上海（1.9%）。北京的国际合著论文数量为 1060 篇，远远领先于其他省份。江苏、上海、广东和湖北的国际合著论文数量都超过了 300 篇，排在第二阵营。

（5）西部地区合著论文情况

交流与合作是西部地区科技发展与进步的重要途径。将各省份的省际合著论文比例与国际合著论文比例的数值相加，作为考察各地区与外界合作的指标。图 8-4 对比了西部地区和其他地区的这一指标值，可以看出西部地区和其他地区之间并没有明显差异，13 个西部地区省份中，省际合著论文比例与国际合著论文比例之和超过 15% 的有 12 个，特别是西藏对外合著论文比例高达 46.15%，明显高于其他省份。

图 8-5 是各省份的合著论文比例与论文总数对照的散点图。从横坐标方向数据点分布可以看到，西部地区的合著论文产出数量明显少于其他地区；但是从纵坐标方向数据点分布看，西部地区整体上与其他地区没有太多差异。所有地区合著论文比例均超过 90%；云南地区合著论文比例最高，达到 97.7%。

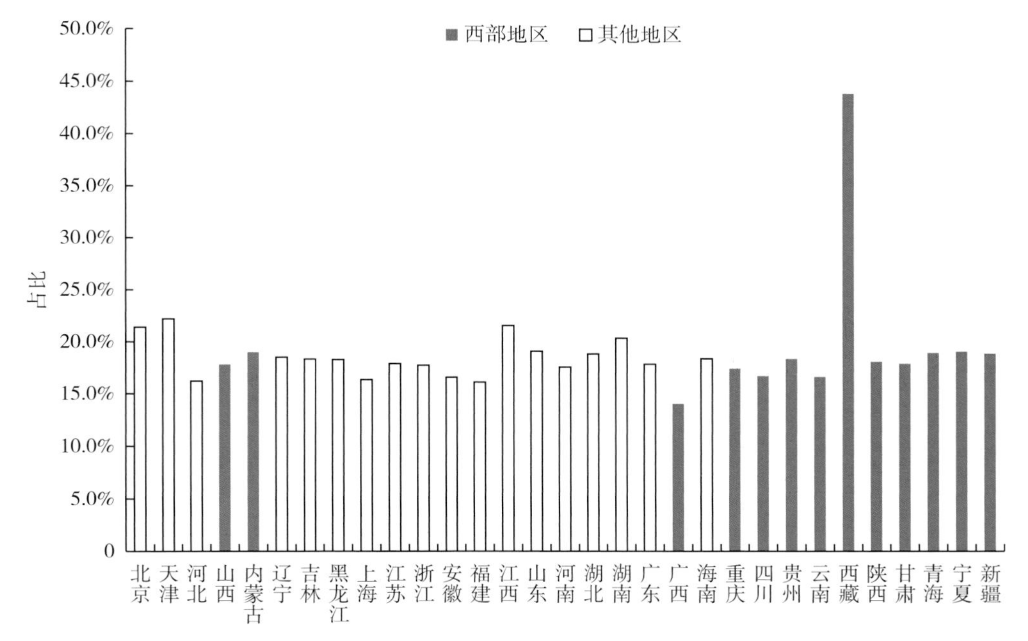

图 8-4　西部地区和其他地区对外合著论文比例的比较

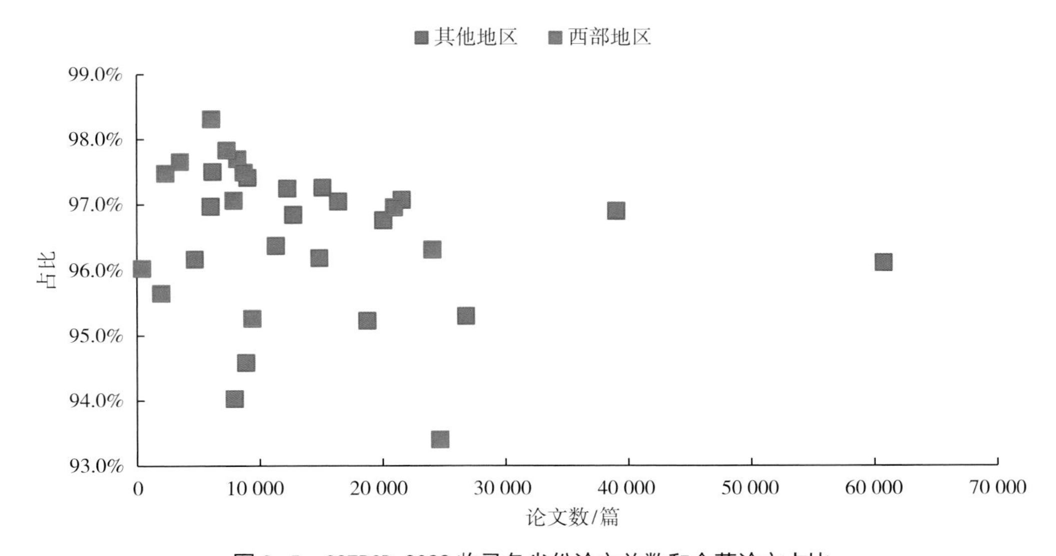

图 8-5　CSTPCD 2022 收录各省份论文总数和合著论文占比

表 8-3 列出了 2022 年西部各省份各种合著类型论文的比例。从数值来看，大部分西部省份各种合著类型论文的分布情况与整体颁布情况差别并不是很大，但国际合著论文比例除个别省份外，普遍低于整体水平。

表 8-3 2022 年西部各省份各种合著类型论文的比例

地区	单一作者比例	同机构合著比例	同省不同机构合著比例	省际合著比例	国际合著比例
山西	5.41%	51.79%	24.14%	17.55%	1.10%
内蒙古	3.82%	48.44%	28.33%	18.84%	0.57%
广西	2.94%	55.28%	27.37%	13.86%	0.56%
重庆	4.74%	56.11%	19.60%	18.41%	1.14%
四川	3.04%	54.06%	25.14%	16.56%	1.20%
贵州	1.69%	50.88%	30.05%	16.90%	0.48%
云南	2.30%	53.84%	26.73%	16.10%	1.02%
西藏	3.96%	36.36%	13.52%	45.69%	0.47%
陕西	6.60%	50.73%	23.79%	17.71%	1.17%
甘肃	2.51%	51.80%	28.29%	16.55%	0.86%
青海	4.35%	51.72%	23.96%	19.67%	0.30%
宁夏	2.52%	52.42%	25.48%	19.32%	0.26%
新疆	2.17%	54.38%	23.48%	19.61%	0.37%
整体	3.69%	52.14%	24.41%	17.53%	2.23%

8.1.3 国际合著论文的情况

CSTPCD 2022 年收录的中国科技人员作为第一作者参与的国际合著论文总数为 9895 篇，与 2021 年的 6168 篇相比增加了 3727 篇。

（1）地区和机构类型分布

2022 年在中国科技人员作为第一作者发表的国际合著论文中，有 1060 篇论文的第一作者分布在北京地区，所占比例达到 10.71%。

对比表 8-4 中所列出的各省份数量和比例，可以看到，与往年的统计结果一样，北京远远高于其他省份，其他省份中最高的为江苏（571 篇），占国际合著论文总数的 5.77%。这一方面是由于北京的高等院校和大型科研院所比较集中，论文产出的数量比其他省份多很多；另一方面是由于北京作为全国科技教育文化中心，有更多的机会参与国际科技合作。

在北京、江苏之后，所占比例较高的地区还有上海、广东，它们所占比例分别是 5.06% 和 5.05%。

表 8-4 国际合著论文按国内地区分布情况

地区	第一作者		地区	第一作者	
	论文数/篇	比例		论文数/篇	比例
北京	1060	10.71%	内蒙古	27	0.27%
天津	159	1.61%	辽宁	184	1.86%
河北	46	0.46%	吉林	89	0.90%
山西	98	0.99%	黑龙江	97	0.98%

续表

地区	第一作者		地区	第一作者	
	论文数/篇	比例		论文数/篇	比例
上海	501	5.06%	海南	21	0.21%
江苏	571	5.77%	重庆	107	1.08%
浙江	228	2.30%	四川	251	2.54%
安徽	98	0.99%	贵州	29	0.29%
福建	114	1.15%	云南	84	0.85%
江西	44	0.44%	西藏	2	0.02%
山东	233	2.35%	陕西	289	2.92%
河南	135	1.36%	甘肃	75	0.76%
湖北	317	3.20%	青海	6	0.06%
湖南	187	1.89%	宁夏	6	0.06%
广东	500	5.05%	新疆	27	0.27%
广西	44	0.44%			

2022 年国际合著论文的机构类型分布如表 8-5 所示，依照第一作者单位的机构类型统计，高等院校仍然占据最主要的地位，所占比例为 79.5%，与 2021 年相比，减少了 0.51 个百分点。

表 8-5 国际合著论文按机构分布情况

机构类型	国际合著论文数/篇	国际合著论文比例
高等院校	7867	79.5%
研究机构	1314	13.3%
医疗机构	165	1.7%
公司企业	167	1.7%
其他机构	382	3.9%

注：医疗机构的数据不包括高校附属医疗机构数据。

CSTPCD 2022 年收录的中国内地作为第一作者发表的国际合著论文中，其合著伙伴分布在 103 个国家（地区），比 2021 年减少了 10 个。表 8-6 列出了国际合著论文数较多的国家（地区）。从表中可以看到，美国以 2497 篇国际合著论文列在第 1 位；英国的国际合著论文数为 936 篇 。美国、英国、中国香港、澳大利亚和德国是对外科技合作（以中国内地为主）的主要伙伴。

表 8-6 2022 年中国内地合著伙伴的国家（地区）分布情况

国家（地区）	国际合著论文数/篇	国家（地区）	国际合著论文数/篇
美国	2497	德国	655
英国	936	日本	528
中国香港	773	加拿大	465
澳大利亚	758	法国	340

续表

国家（地区）	国际合著论文数/篇	国家（地区）	国际合著论文数/篇
新加坡	335	西班牙	208
印度	314	瑞典	170
韩国	287	俄罗斯	164
中国澳门	260	沙特阿拉伯	150
意大利	254	荷兰	149
伊朗	219	巴西	130

（2）学科分布

从 CSTPCD 2022 年收录的中国国际合著论文学科分布（表 8-7）来看，数量最多的学科是临床医学（1206 篇），远远高于其他学科，在所有国际合著论文中所占的比例为 12.19%。国际合著论文数量比较多的还有材料科学和生物学，数量分别为 793 篇和 743 篇。

表 8-7 CSTPCD 2022 年收录的中国国际合著论文学科分布

学科	论文数/篇	比例	学科	论文数/篇	比例
数学	178	1.80%	工程与技术基础学科	226	2.28%
力学	92	0.93%	矿山工程技术	84	0.85%
信息、系统科学	4	0.04%	能源科学技术	104	1.05%
物理学	424	4.28%	冶金、金属学	228	2.30%
化学	214	2.16%	机械、仪表	127	1.28%
天文学	120	1.21%	动力与电气	137	1.38%
地学	569	5.75%	核科学技术	24	0.24%
生物学	743	7.51%	电子、通信与自动控制	704	7.11%
预防医学与卫生学	149	1.51%	计算技术	491	4.96%
基础医学	356	3.60%	化工	430	4.35%
药物学	160	1.62%	轻工、纺织	46	0.46%
临床医学	1206	12.19%	食品	58	0.59%
中医学	165	1.67%	土木建筑	431	4.36%
军事医学与特种医学	31	0.31%	水利	65	0.66%
农学	476	4.81%	交通运输	261	2.64%
林学	148	1.50%	航空航天	85	0.86%
畜牧、兽医	175	1.77%	安全科学技术	4	0.04%
水产学	33	0.33%	环境	297	3.00%
测绘科学技术	33	0.33%	管理学	23	0.23%
材料科学	793	8.01%	其他	1	0.01%

8.1.4 CSTPCD 2022 年境外作者发表论文的情况

2022 年，CSTPCD 中还收录了一部分境外作者在中国科技期刊上作为第一作者发表的论文（表 8-8），这些论文同样可以起到增进国际交流的作用，促进中国的研究工作进入全球的科技舞台。

表 8-8 CSTPCD 2022 年收录的境外作者论文的国家（地区）分布情况

国家（地区）	论文数/篇	国家（地区）	论文数/篇
美国	741	西班牙	121
德国	256	加拿大	111
印度	250	法国	110
英国	233	中国澳门	100
中国香港	217	巴西	95
澳大利亚	210	新加坡	74
伊朗	178	俄罗斯	72
韩国	168	土耳其	60
日本	142	波兰	52
意大利	126	巴基斯坦	50

CSTPCD 2022 年共收录了境外作者作为第一作者发表的论文 4318 篇，比 2021 年减少了 671 篇。这些论文的作者来自 102 个国家（地区），表 8-8 列出了 CSTPCD 2022 年收录的境外作者论文数量较多的国家（地区），其中美国作者发表的论文数量最多，其次是德国、印度和英国的作者。CSTPCD 2022 年收录的境外作者论文学科分布也十分广泛，覆盖了 40 个学科。表 8-9 列出了各个学科的论文数量和所占比例，从中可以看到，临床医学的论文数量最多，达 649 篇，所占比例为 15.03%；超过 100 篇的学科共有 14 个，其中数量较多的学科还有生物学和材料科学。

表 8-9 CSTPCD 2022 年收录的境外作者论文学科分布情况

学科	论文数/篇	比例	学科	论文数/篇	比例
数学	81	1.88%	轻工、纺织	21	0.49%
力学	39	0.90%	食品	9	0.21%
信息、系统科学	1	0.02%	土木建筑	203	4.70%
物理学	214	4.96%	水利	27	0.63%
化学	62	1.44%	交通运输	101	2.34%
天文学	57	1.32%	林学	94	2.18%
地学	222	5.14%	畜牧、兽医	101	2.34%
生物学	367	8.50%	水产学	6	0.14%
预防医学与卫生学	55	1.27%	测绘科学技术	13	0.30%
基础医学	243	5.63%	材料科学	345	7.99%
药物学	61	1.41%	工程与技术基础学科	109	2.52%
临床医学	649	15.03%	矿山工程技术	37	0.86%
中医学	63	1.46%	能源科学技术	44	1.02%
军事医学与特种医学	22	0.51%	冶金、金属学	74	1.71%
农学	221	5.12%	机械、仪表	51	1.18%

续表

学科	论文数/篇	比例	学科	论文数/篇	比例
动力与电气	57	1.32%	航空航天	22	0.51%
核科学技术	7	0.16%	安全科学技术	1	0.02%
电子、通信与自动控制	252	5.84%	环境	83	1.92%
计算技术	110	2.55%	管理	3	0.07%
化工	190	4.40%	其他	1	0.02%

8.2 SCI 2022 年收录的中国国际合著论文

据 SCI 数据库统计，2022 年收录的中国论文中，国际合作产生的论文为 16.94 万篇，比 2021 年增加了 2.02 万篇，增长了 11.92%。国际合著论文占中国发表论文总数的 22.0%。

2022 年中国作者作为第一作者的国际合著论文共计 113 387 篇，占中国全部国际合著论文的 66.93%，合作伙伴涉及 172 个国家（地区）；其他国家作者作为第一作者、中国作者参与工作的国际合著论文为 56 014 篇，合作伙伴涉及 184 个国家（地区）。与 2021 年统计时相比，中国作者作为第一作者的三方合作、多方合作的比例有所增加（表 8-10）。

表 8-10 2022 年科技论文的国际合著形式分布

形式	中国第一作者论文/篇	比例	参与合著论文/篇	比例
双边合作	90 562	79.87%	33 163	59.20%
三方合作	16 289	14.37%	12 111	21.62%
多方合作	6536	5.76%	10 740	19.17%

注：双边指两个国家（地区）参与合作，三方指 3 个国家（地区）参与合作，多方指 3 个以上国家（地区）参与合作。

（1）合作国家（地区）分布

中国作者作为第一作者的国际合著论文 113 387 篇，涉及的国家（地区）为 172 个，合作伙伴排前 6 位的分别是：美国、英国、澳大利亚、中国香港、加拿大和德国（表 8-11）。

表 8-11 中国作者作为第一作者与合作国家（地区）发表的论文

排序	国家（地区）	论文数/篇
1	美国	36 575
2	英国	13 889
3	澳大利亚	12 218
4	中国香港	10 182
5	加拿大	8305
6	德国	6477

其他国家作者作为第一作者、中国作者参与工作的国际合著论文共 56 014 篇，涉及 184 个国家（地区），合作伙伴排前 6 位的分别是：美国、英国、德国、中国香港、澳大利亚和日本（表 8-12、图 8-6）。

表 8-12 中国作者作为参与方与合作国家（地区）发表的论文

排序	国家（地区）	论文数/篇
1	美国	14 185
2	英国	6193
3	德国	4967
4	中国香港	4915
5	澳大利亚	4554
6	日本	3662

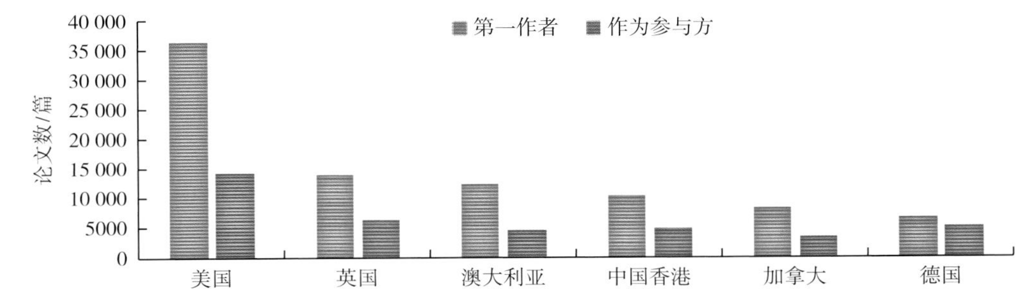

图 8-6 中国作者作为第一作者和作为参与方产出国际合著论文较多的国家（地区）

（2）国际合著论文的学科分布

表 8-13 和表 8-14 为中国国际合著论文较多的学科分布情况。

表 8-13 中国作者作为第一作者的国际合著论文数较多的 6 个学科

学科	论文数/篇	占本学科论文比例
生物学	11 974	5.28%
化学	11 847	6.43%
计算技术	9717	11.07%
电子、通信与自动控制	9506	9.36%
材料科学	9333	7.67%
环境科学	8780	7.44%

表 8-14 中国作者参与的国际合著论文数较多的 6 个学科

学科	论文数/篇	占本学科论文比例
生物学	5119	2.26%
化学	4507	2.45%
临床医学	4065	1.04%
材料科学	2928	2.41%
物理学	2860	2.51%
环境科学	2768	2.35%

（3）国际合著论文数居前 6 位的中国地区

表 8－15 是中国作者作为第一作者的国际合著论文数较多的地区。

表 8－15 中国作者作为第一作者的国际合著论文数居前 6 位的地区

地区	论文数/篇	占本地区论文比例
北京	18 174	18.91%
江苏	14 541	19.66%
广东	12 570	23.33%
上海	9801	18.71%
浙江	7123	17.91%
陕西	6965	17.90%

（4）中国已具备参与国际大科学合作能力

近年来，通过参与国际热核聚变实验堆（ITER）计划、国际综合大洋钻探计划、全球对地观测系统等一系列大科学计划，中国与美国、日本、俄罗斯等主要科技大国开展平等合作，为参与制定国际标准、解决全球性重大问题做出了应有贡献。国家级国际科技合作基地成为中国开展国际科技合作的重要平台。随着综合国力和科技实力的增强，中国已具备参与国际大科学合作的能力。

大科学研究一般来说是指具有投资强度大、多学科交叉、实验设备复杂、研究目标宏大等特点的研究活动。大科学工程是科学技术高度发展的综合体现，是显示各国科技实力的重要标志。

2022 年中国发表的国际论文中，作者数大于 1000 人、合作机构数大于 150 个的论文共有 146 篇。作者数超过 100 人且合作机构数大于 50 个的论文共计 464 篇。

8.3 小结

通过对 2022 年 CSTPCD 和 SCI 收录的中国科技人员参与的合著论文情况的分析，我们可以看到，更加广泛和深入的合作仍然是科学研究方式的发展方向。中国的合著论文数量及其在全部论文中所占的比例显示出稳定的趋势。

各种合著类型的论文所占比例与往年相比变化不大，同机构合著仍然是主要的合著类型，但比重有所下降。

不同地区由于具体情况不同，合著情况有所差别。从整体上看，西部地区和其他地区相比，尽管在合著论文数量上有一定的差距，但是在合著论文的比例上并没有明显的差异。而且在用国际合著和省际合著的比例考查地区对外合作情况时，西部地区的合作势头还略强一些。

由于研究方法和学科特点的不同，不同学科之间合著论文的数量和比例差别较大，基础学科的合著论文数量往往比较多，应用工程和工业技术方面的合著论文相对较少。

参考文献

[1] 中国科学技术信息研究所. 2004年度中国科技论文统计与分析(年度研究报告)[M]. 北京：科学技术文献出版社，2006.
[2] 中国科学技术信息研究所. 2005年度中国科技论文统计与分析(年度研究报告)[M]. 北京：科学技术文献出版社，2007.
[3] 中国科学技术信息研究所. 2007年版中国科技期刊引证报告(核心版)[M]. 北京：科学技术文献出版社，2007.
[4] 中国科学技术信息研究所. 2006年度中国科技论文统计与分析(年度研究报告)[M]. 北京：科学技术文献出版社，2008.
[5] 中国科学技术信息研究所. 2008年版中国科技期刊引证报告(核心版)[M]. 北京：科学技术文献出版社，2008.
[6] 中国科学技术信息研究所. 2007年度中国科技论文统计与分析(年度研究报告)[M]. 北京：科学技术文献出版社，2009.
[7] 中国科学技术信息研究所. 2009年版中国科技期刊引证报告(核心版)[M]. 北京：科学技术文献出版社，2009.
[8] 中国科学技术信息研究所. 2008年度中国科技论文统计与分析(年度研究报告)[M]. 北京：科学技术文献出版社，2010.
[9] 中国科学技术信息研究所. 2010年版中国科技期刊引证报告(核心版)[M]. 北京：科学技术文献出版社，2010.
[10] 中国科学技术信息研究所. 2011年版中国科技期刊引证报告(核心版)[M]. 北京：科学技术文献出版社，2011.
[11] 中国科学技术信息研究所. 2012年版中国科技期刊引证报告(核心版)[M]. 北京：科学技术文献出版社，2012.
[12] 中国科学技术信息研究所. 2012年度中国科技论文统计与分析(年度研究报告)[M]. 北京：科学技术文献出版社，2014.
[13] 中国科学技术信息研究所. 2013年度中国科技论文统计与分析(年度研究报告)[M]. 北京：科学技术文献出版社，2015.
[14] 中国科学技术信息研究所. 2014年度中国科技论文统计与分析(年度研究报告)[M]. 北京：科学技术文献出版社，2016.
[15] 中国科学技术信息研究所. 2015年度中国科技论文统计与分析(年度研究报告)[M]. 北京：科学技术文献出版社，2017.
[16] 中国科学技术信息研究所. 2016年度中国科技论文统计与分析(年度研究报告)[M]. 北京：科学技术文献出版社，2018.
[17] 中国科学技术信息研究所. 2017年度中国科技论文统计与分析(年度研究报告)[M]. 北京：科学技术文献出版社，2019.
[18] 中国科学技术信息研究所. 2018年度中国科技论文统计与分析(年度研究报告)[M]. 北京：科学技术文献出版社，2020.
[19] 中国科学技术信息研究所. 2019年度中国科技论文统计与分析(年度研究报告)[M]. 北京：科学技术文献出版社，2021.

[20] 中国科学技术信息研究所. 2020年度中国科技论文统计与分析（年度研究报告）[M]. 北京：科学技术文献出版社，2022.
[21] 中国科学技术信息研究所. 2021年度中国科技论文统计与分析（年度研究报告）[M]. 北京：科学技术文献出版社，2023.

9　中国卓越科技论文的统计与分析

9.1　引言

根据SCI、EI、CPCI-S、SSCI等国际权威检索数据库的统计结果，中国的国际论文数量排名均位于世界前列，经过多年的努力，中国已经成为科技论文产出大国。但也应清楚地看到，中国国际论文的质量与一些科技强国相比仍存在一定差距。所以，在提高论文数量的同时，我们也应重视论文影响力的提升，真正实现中国科技论文从“量变”向“质变”的转变。为了引导科技管理部门和科研人员从关注论文数量向重视论文质量和影响转变，考量中国当前科技发展趋势及水平，既鼓励科研人员发表国际高水平论文，也重视发表在中国国内期刊的优秀论文，中国科学技术信息研究所从2016年开始，采用中国卓越科技论文这一指标进行评价。

中国卓越科技论文，由中国科研人员发表在国际、国内的论文共同组成。其中，国际论文部分即为之前所说的表现不俗的论文，指的是各学科领域内被引次数超过均值的论文，即在每个学科领域内，按统计年度的论文被引次数世界均值画一条线，高于均线的论文入选，表示论文发表后的影响超过其所在学科的一般水平。在此基础上，2020年加入高质量国际论文、高被引论文、热点论文、各学科最具影响力论文、顶尖学术期刊论文等不同维度选出的国际论文。国内部分取近5年在中国科技论文与引文数据库（CSTPCD）中收录的发表在中国科技核心期刊上，且论文“累计被引用时序指标”超越本学科期望值的高影响力论文。

以下我们将对2022年度中国卓越科技论文的学科、地区、机构、期刊、基金和合著等方面进行统计与分析。

9.2　中国卓越国际科技论文的研究分析与结论

若在每个学科领域内，按统计年度的论文被引次数世界均值画一条线，则高于均线的论文为卓越论文，即论文发表后的影响超过其所在学科的一般水平。2009年，我们第一次公布了利用这一方法指标进行的统计结果，当时称为“表现不俗论文”，受到国内外学术界的普遍关注。2020年，首次加入高质量国际论文、高被引论文、热点论文、各学科最具影响力论文、顶尖学术期刊论文等不同维度选出的国际论文。

以科学引文索引数据库（SCI）统计，2022年，中国机构作者为第一作者的论文共68.19万篇，其中卓越论文为27.89万篇，占论文总数的40.90%。按文献类型分，中国卓越国际科技论文的91.65%是原创论文，8.35%是述评类文章。

9.2.1 学科影响力关系分析

2022 年，中国卓越国际论文主要分布在 39 个学科（表 9-1）。39 个学科的卓越国际论文数超过 100 篇；卓越国际论文达千篇及以上的学科数量为 26 个；500 篇以上的学科数量为 37 个。

表 9-1 2022 年中国卓越国际论文的学科分布

学科	卓越国际论文/篇	全部论文/篇	2022 卓越国际论文占全部论文的比例	2021 卓越国际论文占全部论文的比例
数学	8303	14 566	57.00%	45.77%
力学	5368	6553	81.92%	72.35%
信息、系统科学	1032	2325	44.39%	67.24%
物理学	14 065	39 868	35.28%	32.62%
化学	34 723	71 954	48.26%	47.39%
天文学	887	2882	30.78%	25.86%
地学	16 061	30 528	52.61%	43.79%
生物学	21 135	66 234	31.91%	30.97%
预防医学与卫生学	4139	16 553	25.00%	28.64%
基础医学	10 415	26 835	38.81%	33.03%
药物学	8912	18 693	47.68%	40.75%
临床医学	21 899	67 125	32.62%	24.46%
中医学	729	3388	21.52%	34.92%
军事医学与特种医学	1356	3563	38.06%	30.27%
农学	5275	10 162	51.91%	51.87%
林学	925	1828	50.60%	41.23%
畜牧、兽医	2534	3571	70.96%	29.47%
水产学	1313	2669	49.19%	58.83%
测绘科学技术	0	2	0.00%	16.67%
材料科学	24 065	53 225	45.21%	37.07%
工程与技术基础学科	579	3807	15.21%	13.75%
矿山工程技术	536	1522	35.22%	39.78%
能源科学技术	12 384	22 858	54.18%	50.92%
冶金、金属学	627	2357	26.60%	17.94%
机械、仪表	3336	8941	37.31%	30.61%
动力与电气	924	1182	78.17%	70.82%
核科学技术	593	1940	30.57%	16.81%
电子、通信与自动控制	12 139	42 273	28.72%	23.81%
计算技术	13 829	30 819	44.87%	44.23%
化工	12 190	20 385	59.80%	50.24%
轻工、纺织	864	1977	43.70%	43.18%
食品	7677	18 132	42.34%	44.73%
土木建筑	6904	11 670	59.16%	45.80%

续表

学科	卓越国际论文/篇	全部论文/篇	2022 卓越国际论文占全部论文的比例	2021 卓越国际论文占全部论文的比例
水利	590	2611	22.60%	37.82%
交通运输	1507	2454	61.41%	35.02%
航空航天	853	2203	38.72%	38.25%
安全科学技术	367	494	74.29%	51.01%
环境科学	18 516	36 211	51.13%	55.42%
管理学	1036	1653	62.67%	73.65%
其他	357	1057	33.77%	32.06%

数据来源：SCIE 2022。

卓越国际论文的数量在一定程度上可以反映学科影响力的大小，卓越国际论文越多，表明该学科的论文越受到关注，中国在该学科的影响力也就越大。如表 9-1 所示，卓越国际论文数达千篇的学科有 26 个。卓越国际论文占比最高的学科为力学，占比为 81.92%；其次为动力与电气，占比为 78.17%；再次为安全科学技术，占比为 74.29%。

9.2.2 中国各地区卓越国际科技论文的分布特征

2022 年，中国 31 个省份卓越国际科技论文的发表情况如表 9-2 所示。

表 9-2 卓越国际科技论文的地区分布及增长情况（据 SCIE 2022）

地区	卓越国际论文数/篇	年增长率	全部论文数/篇	比例	地区	卓越国际论文数/篇	年增长率	全部论文数/篇	比例
北京	38 939	33.95%	87 573	44.46%	湖北	15 808	28.45%	35 076	45.07%
天津	8064	23.08%	17 877	45.11%	湖南	10 499	32.63%	24 344	43.13%
河北	3414	55.46%	10 619	32.15%	广东	21 831	24.04%	48 930	44.62%
山西	2571	42.36%	7472	34.41%	广西	3024	42.57%	7944	38.07%
内蒙古	887	39.03%	2899	30.60%	海南	1100	74.60%	2939	37.43%
辽宁	9685	29.10%	23 157	41.82%	重庆	6443	36.82%	15 096	42.68%
吉林	5395	37.73%	13 282	40.62%	四川	12 970	37.83%	31 196	41.58%
黑龙江	7025	38.97%	16 282	43.15%	贵州	1864	71.17%	5530	33.71%
上海	21 136	23.97%	47 267	44.72%	云南	2723	43.54%	7556	36.04%
江苏	29 681	30.93%	66 697	44.50%	西藏	50	138.10%	184	27.17%
浙江	14 851	27.37%	36 220	41.00%	陕西	15 418	34.63%	35 331	43.64%
安徽	7149	30.01%	18 376	38.90%	甘肃	3841	43.43%	9069	42.35%
福建	6140	32.41%	14 243	43.11%	青海	277	77.56%	1004	27.59%
江西	3391	37.07%	9085	37.33%	宁夏	509	52.85%	1563	32.57%
山东	15 674	29.22%	36 722	42.68%	新疆	1476	53.59%	4390	33.62%
河南	7109	37.64%	19 147	37.13%					

数据来源：SCIE 2022。

按发表数量计，100篇以上的省份有30个；1000篇以上的省份有27个。从卓越国际论文的总量来看，多数地区较2021年有不同程度的增加。

从卓越国际论文数占全部论文数（所有文献类型）的百分比看，高于40%的省份共有17个，占所有地区数量的54.84%。卓越国际论文的比例居前3位的分别是：天津、湖北和上海，分别为45.11%、45.07%和44.72%。

9.2.3 不同机构卓越国际论文的分布特征

2022年中国27.89万篇卓越国际论文中，高等学校发表245 597篇，研究机构发表23 924篇，医疗机构发表5730篇，其他部门发表3693篇，机构分布如图9-1所示。与2021年相比，医疗机构的卓越国际论文占总数的比例有所下降，由2021年的2.50%，降为2.05%；高等院校的卓越国际论文占总数的比例有所上升，由2021年的87.40%，升为88.05%；研究机构的卓越国际论文占总数的比例有所上升，由2021年的8.57%，升为8.58%。

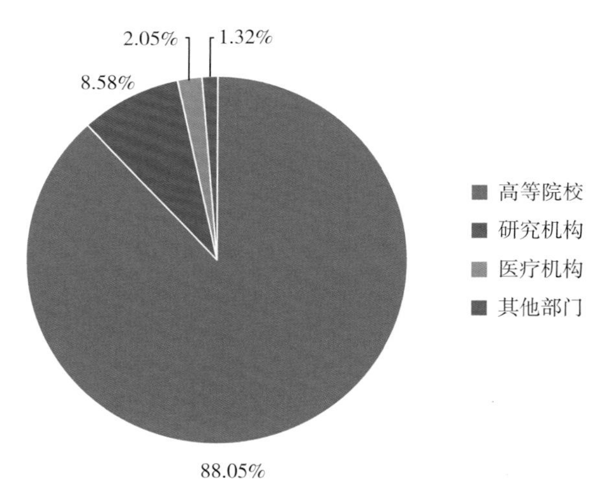

图9-1 2022年中国卓越国际论文的机构分布

（1）高等院校

2022年，共有987所高等院校有卓越国际论文产出，与2021年的648所高等院校相比有所增长。其中，卓越国际论文超过1000篇的有70所高校，与2021年的48所相比，增加了22所。卓越国际论文数超过3000篇的高等院校有14所，分别是：浙江大学、上海交通大学、四川大学、中南大学、华中科技大学、清华大学、中山大学、西安交通大学、哈尔滨工业大学、北京大学、武汉大学、复旦大学、天津大学和山东大学。卓越国际论文数居前20位的高等院校如表9-3所示，卓越国际论文占全部论文（Article和Review两种文献类型）的比例均已超过43%。其中，清华大学、西北工业大学和重庆大学的卓越国际论文比例排在前三。

表 9-3 发表卓越国际论文数居前 20 位的高等院校

高等院校	卓越国际论文/篇	全部论文/篇	卓越国际论文占全部论文的比例
浙江大学	5483	11 683	46.93%
上海交通大学	5123	11 044	46.39%
四川大学	4360	9697	44.96%
中南大学	4271	9341	45.72%
华中科技大学	3983	8463	47.06%
清华大学	3762	6800	55.32%
中山大学	3744	8400	44.57%
西安交通大学	3552	7588	46.81%
哈尔滨工业大学	3528	6779	52.04%
北京大学	3461	7836	44.17%
武汉大学	3166	6315	50.13%
复旦大学	3151	7334	42.96%
天津大学	3123	6153	50.76%
山东大学	3109	7109	43.73%
吉林大学	2825	6581	42.93%
同济大学	2762	5701	48.45%
东南大学	2670	5587	47.79%
华南理工大学	2531	5030	50.32%
重庆大学	2428	4616	52.60%
西北工业大学	2390	4456	53.64%

数据来源：SCIE 2022。

（2）研究机构

2022 年，共有 318 个研究机构有卓越国际论文产出，比 2021 年的 246 个增加了 72 个。其中，产出卓越国际论文数大于 100 篇的有 69 个。卓越国际论文数居前 20 位的研究机构如表 9-4 所示，卓越国际论文占全部论文数（Article 和 Review 两种文献类型）的比例超过 50% 的有 10 个。其中，中国科学院化学研究所的卓越国际论文占全部论文的比例最高，为 63.69%。

表 9-4 发表卓越国际论文数居前 20 位的研究机构

单位名称	卓越国际论文/篇	全部论文/篇	卓越国际论文占全部论文的比例
中国科学院地理科学与资源研究所	551	944	58.37%
中国科学院化学研究所	414	650	63.69%
中国科学院空天信息创新研究院	402	871	46.15%
中国科学院生态环境研究中心	394	634	62.15%
中国科学院大连化学物理研究所	380	622	61.09%
中国科学院长春应用化学研究所	347	566	61.31%
中国水产科学研究院	341	736	46.33%

续表

单位名称	卓越国际论文/篇	全部论文/篇	卓越国际论文占全部论文的比例
中国科学院海西研究院	313	508	61.61%
中国林业科学研究院	312	690	45.22%
中国科学院西北生态环境资源研究院	305	677	45.05%
中国科学院合肥物质科学研究院	303	905	33.48%
中国科学院深圳先进技术研究院	296	611	48.45%
中国科学院金属研究所	293	527	55.60%
中国工程物理研究院	290	860	33.72%
中国科学院地质与地球物理研究所	281	591	47.55%
中国科学院宁波材料技术与工程研究所	280	506	55.34%
中国医学科学院肿瘤研究所	274	779	35.17%
中国科学院兰州化学物理研究所	259	416	62.26%
中国科学院过程工程研究所	246	439	56.04%
中国科学院海洋研究所	241	506	47.63%

数据来源：SCIE 2022。

（3）医疗机构

2022年，共有783个医疗机构有卓越国际论文产出，与2021年的341个相比有较大增加。其中，大于100篇的有87个。卓越国际论文数居前20位的医疗机构如表9-5所示，卓越国际论文最多的医疗机构是四川大学华西医院，共产出论文1384篇，而南方医院的卓越国际论文占全部论文的比例最高，为43.89%。

表9-5 发表卓越国际论文数居前20位的医疗机构

单位名称	卓越国际论文/篇	全部论文/篇	卓越国际论文占全部论文的比例
四川大学华西医院	1384	3399	40.72%
华中科技大学同济医学院附属同济医院	560	1436	39.00%
中南大学湘雅医院	533	1379	38.65%
华中科技大学同济医学院附属协和医院	498	1171	42.53%
郑州大学第一附属医院	460	1294	35.55%
中南大学湘雅二医院	425	1125	37.78%
北京协和医院	424	1299	32.64%
解放军总医院	403	1405	28.68%
浙江大学医学院附属第一医院	390	1110	35.14%
浙江大学医学院附属第二医院	380	950	40.00%
武汉大学人民医院	361	829	43.55%
复旦大学附属中山医院	358	923	38.79%
江苏省人民医院	348	955	36.44%
南方医院	345	786	43.89%

续表

单位名称	卓越国际论文/篇	全部论文/篇	卓越国际论文占全部论文的比例
上海交通大学医学院附属第九人民医院	325	836	38.88%
上海交通大学医学院附属瑞金医院	321	818	39.24%
重庆医科大学附属第一医院	303	857	35.36%
南京鼓楼医院	290	718	40.39%
上海交通大学医学院附属仁济医院	289	675	42.81%
中国医科大学附属盛京医院	287	800	35.88%

数据来源：SCIE 2022。

9.2.4 卓越国际论文的期刊分布

2022 年，中国的卓越国际论文共发表在 6421 种期刊中，比 2021 年的 6220 种增加了 3.23%。其中，在中国大陆编辑出版的期刊 235 种，共 15 223 篇，占全部卓越国际论文数的 5.46%。2022 年，在发表卓越国际论文的全部期刊中，发表 1000 篇以上的期刊有 31 种，前 20 位如表 9-6 所示。发表卓越国际论文数大于 100 篇的中国科技期刊共 15 种，如表 9-7 所示。

表 9-6 发表卓越国际论文 1000 篇以上的前 20 位国际科技期刊

期刊名称	论文数/篇
Chemical Engineering Journal	4904
Science of the Total Environment	4025
Journal of Cleaner Production	2331
IEEE Transactions on Geoscience and Remote Sensing	2158
Journal of Alloys and Compounds	2093
Construction and Building Materials	2000
Remote Sensing	1964
Energy	1940
Acs Applied Materials & Interfaces	1791
Frontiers in Immunology	1786
Separation and Purification Technology	1743
Nature Communications	1708
Food Chemistry	1681
Frontiers in Oncology	1617
Angewandte Chemie-International Edition	1614
Chemosphere	1563
Mathematics	1557
Ocean Engineering	1554
Frontiers in Pharmacology	1537
Journal of Colloid and Interface Science	1517

数据来源：SCIE 2022。

表9-7 发表卓越国际论文100篇以上的前20位中国科技期刊

期刊名称	论文数/篇
Nano Research	805
Journal of Energy Chemistry	525
Chinese Journal of Catalysis	240
Rare Metals	227
Chinese Physics B	221
Chinese Journal of Aeronautics	165
Nano-Micro Letters	165
Science Bulletin	141
Chinese Journal of Chemical Engineering	137
Journal of Advanced Ceramics	135
Journal of Magnesium and Alloys	115
Petroleum Exploration and Development	115
Petroleum Science	108
Journal of Rare Earths	105
Acta Mechanica Sinica	104
Advanced Fiber Materials	99
International Journal of Mining Science and Technology	96
Chinese Optics Letters	81
Acta Physica Sinica	79
Journal of Iron and Steel Research International	79

数据来源：SCIE 2022。

9.2.5 卓越国际论文的国际国内合作情况分析

2022年，合作（包括国际国内合作）研究产生的卓越国际论文为193 397篇，占全部卓越国际论文的63.0%，比2021年的81.9%减少了18.9个百分点。其中，高等院校合作产生卓越国际论文164 755篇，占合作产生的85.2%；研究机构合作产生21 434篇，占11.1%。高等院校合作产生的卓越国际论文占高等院校卓越国际论文（265 613篇）的62.0%，而研究机构的合作卓越国际论文占研究机构卓越国际论文（28 976篇）的74.0%。与2021年相比，高等院校和研究机构的合作卓越国际论文在全部合作卓越国际论文中所占的比例均有所下降，高等院校和研究机构的合作卓越国际论文分别占高等院校和研究机构全部卓越国际论文的比例均有所上升。

2022年，以中国为主的国际合作卓越国际论文共有62 437篇，地区分布如表9-8所示。其中，数量超过100篇的省份为28个，北京和江苏的国际合作卓越国际论文数较多，均超过7000篇，这两个地区的国际合作的卓越国际论文数分别为9438篇、7493篇。国际合作卓越国际论文占卓越国际论文比大于20%的省份有12个（均只计卓越国际论文数大于100篇的省份）。

表 9-8 以中国为主的卓越国际合作论文的地区分布

地区	国际合作卓越国际论文篇数/篇	卓越国际论文总篇数/篇	卓越国际合作论文占卓越国际论文比例
北京	9438	38 939	24.24%
天津	1598	8064	19.82%
河北	495	3414	14.50%
山西	405	2571	15.75%
内蒙古	137	887	15.45%
辽宁	1686	9685	17.41%
吉林	964	5395	17.87%
黑龙江	1206	7025	17.17%
上海	4874	21 136	23.06%
江苏	7493	29 681	25.25%
浙江	3549	14 851	23.90%
安徽	1389	7149	19.43%
福建	1591	6140	25.91%
江西	574	3391	16.93%
山东	3015	15 674	19.24%
河南	1306	7109	18.37%
湖北	3640	15 808	23.03%
湖南	2274	10 499	21.66%
广东	6255	21 831	28.65%
广西	540	3024	17.86%
海南	207	1100	18.82%
重庆	1363	6443	21.15%
四川	2910	12 970	22.44%
贵州	342	1864	18.35%
云南	581	2723	21.34%
西藏	8	50	16.00%
陕西	3649	15 418	23.67%
甘肃	622	3841	16.19%
青海	40	277	14.44%
宁夏	69	509	13.56%
新疆	217	1476	14.70%

数据来源：SCIE 2022。

从以中国为主的国际合作的卓越国际论文学科分布看（表 9-9），数量超过 100 篇的学科为 38 个；超过 300 篇的学科为 24 个。其中，数量最多的为化学，国际合作卓越国际论文数为 6443 篇，其后为环境科学，地学，材料科学，生物学，计算技术，电子、通信与自动控制，临床医学，能源科学技术，物理学，国际合作卓越国际论文数均在 2000 篇以上。国际合作卓越国际论文占卓越国际论文比例大于 20% 的有 24 个学科。

表 9-9 以中国为主的卓越国际合作论文学科分布

学科	国际合作卓越国际论文数/篇	卓越国际论文总数/篇	卓越国际合作论文占卓越国际论文比例
数学	2031	8303	24.46%
力学	1201	5368	22.37%
信息、系统科学	252	1032	24.42%
物理学	2830	14 065	20.12%
化学	6443	34 723	18.56%
天文学	374	887	42.16%
地学	4963	16 061	30.90%
生物学	4768	21 135	22.56%
预防医学与卫生学	973	4139	23.51%
基础医学	1615	10 415	15.51%
药物学	1221	8912	13.70%
临床医学	3415	21 899	15.59%
中医学	72	729	9.88%
军事医学与特种医学	222	1356	16.37%
农学	1331	5275	25.23%
林学	273	925	29.51%
畜牧、兽医	407	2534	16.06%
水产学	160	1313	12.19%
测绘科学技术	0	0	—
材料科学	4771	24 065	19.83%
工程与技术基础学科	208	579	35.92%
矿山工程技术	109	536	20.34%
能源科学技术	2968	12 384	23.97%
冶金、金属学	116	627	18.50%
机械、仪表	651	3336	19.51%
动力与电气	195	924	21.10%
核科学技术	120	593	20.24%
电子、通信与自动控制	3895	12 139	32.09%
计算技术	4700	13 829	33.99%
化工	2232	12 190	18.31%
轻工、纺织	119	864	13.77%
食品	1447	7677	18.85%
土木建筑	1724	6904	24.97%
水利	136	590	23.05%
交通运输	654	1507	43.40%
航空航天	121	853	14.19%
安全科学技术	136	367	37.06%
环境科学	5023	18 516	27.13%
管理学	449	1036	43.34%
其他	112	357	31.37%

数据来源：SCIE 2022。

9.2.6 卓越国际论文的创新性分析

中国实行的科学基金资助体系是为了扶持中国的基础研究和应用研究，但要获得基金的资助，科技项目的立意就要求具有新颖性和前瞻性，即要有创新性。下面，我们将从由各类基金（此处基金是指广泛意义的、各省部级以上的各类资助项目和各项国家大型研究和工程计划）资助产生的论文来了解科学研究中的一些创新情况。

2022 年，中国的卓越国际论文中得到基金资助的论文为 253 433 篇，占卓越国际论文数的 90.8%，比 2021 年的 92.4% 下降 1.6 个百分点。

从卓越国际基金论文的学科分布看（表 9–10），数量最多的学科是化学，其卓越国际基金论文数超过 33 000 篇，超过 10 000 篇的学科还有材料科学，生物学，环境科学，临床医学，地学，物理学，计算技术，化工，电子、通信与自动控制和能源科学技术。

表 9–10 卓越国际基金论文的学科分布

学科	卓越国际基金论文数/篇	卓越国际论文总数/篇	卓越国际基金论文比例	
			2022 年	2021 年
数学	7264	8303	87.49%	89.01%
力学	5015	5368	93.42%	91.44%
信息、系统科学	941	1032	91.18%	91.72%
物理学	13 226	14 065	94.03%	95.19%
化学	33 192	34 723	95.59%	97.16%
天文学	869	887	97.97%	96.73%
地学	15 026	16 061	93.56%	95.21%
生物学	19 461	21 135	92.08%	93.16%
预防医学与卫生学	3416	4139	82.53%	84.71%
基础医学	8574	10 415	82.32%	84.11%
药物学	7754	8912	87.01%	90.62%
临床医学	16 580	21 899	75.71%	79.27%
中医学	637	729	87.38%	91.30%
军事医学与特种医学	1085	1356	80.01%	77.97%
农学	5017	5275	95.11%	95.98%
林学	862	925	93.19%	98.31%
畜牧、兽医	2186	2534	86.27%	97.56%
水产学	1255	1313	95.58%	96.67%
测绘科学技术	0	0	—	100.00%
材料科学	23 028	24 065	95.69%	96.04%
工程与技术基础学科	497	579	85.84%	86.09%
矿山工程技术	506	536	94.40%	84.91%
能源科学技术	11 208	12 384	90.50%	94.02%
冶金、金属学	606	627	96.65%	89.28%
机械、仪表	3103	3336	93.02%	94.12%
动力与电气	827	924	89.50%	91.84%

续表

学科	卓越国际基金论文数/篇	卓越国际论文总数/篇	卓越国际基金论文比例	
			2022年	2021年
核科学技术	523	593	88.20%	88.48%
电子、通信与自动控制	11 248	12 139	92.66%	94.16%
计算技术	12 492	13 829	90.33%	89.66%
化工	11 654	12 190	95.60%	97.35%
轻工、纺织	817	864	94.56%	94.71%
食品	6995	7677	91.12%	96.86%
土木建筑	6404	6904	92.76%	93.64%
水利	559	590	94.75%	91.90%
交通运输	1446	1507	95.95%	90.89%
航空航天	751	853	88.04%	87.35%
安全科学技术	331	367	90.19%	88.67%
环境科学	16 886	18 516	91.20%	95.00%
管理学	927	1036	89.48%	90.28%
其他	265	357	74.23%	73.27%

数据来源：SCIE 2022。

卓越国际基金论文数居前的地区仍是科技资源配置丰富、高等学校和研究机构较为集中的地区。例如，卓越国际基金论文数居前6位的地区分别是北京、江苏、广东、上海、湖北和陕西。2022年，卓越国际基金论文比例在90%以上的地区有22个。从表9-11所列数据也可看出，各地区基金论文比例的差距不是很大。

表9-11 卓越国际基金论文的地区分布

地区	卓越国际基金论文数/篇	卓越国际论文总数/篇	卓越国际基金论文比例	
			2022年	2021年
北京	35 350	38 939	90.78%	92.73%
天津	7431	8064	92.15%	93.41%
河北	2907	3414	85.15%	84.34%
山西	2331	2571	90.67%	91.31%
内蒙古	809	887	91.21%	92.48%
辽宁	8793	9685	90.79%	92.46%
吉林	4891	5395	90.66%	91.01%
黑龙江	6344	7025	90.31%	91.79%
上海	19 282	21 136	91.23%	92.85%
江苏	27 273	29 681	91.89%	93.47%
浙江	13 325	14 851	89.72%	91.90%
安徽	6654	7149	93.08%	94.31%
福建	5616	6140	91.47%	94.07%
江西	3074	3391	90.65%	92.20%

续表

地区	卓越国际基金论文数/篇	卓越国际论文总数/篇	卓越国际基金论文比例	
			2022 年	2021 年
山东	14 047	15 674	89.62%	90.16%
河南	6277	7109	88.30%	89.24%
湖北	14 219	15 808	89.95%	91.65%
湖南	9591	10 499	91.35%	93.00%
广东	20 070	21 831	91.93%	93.73%
广西	2793	3024	92.36%	93.78%
海南	981	1100	89.18%	90.95%
重庆	5831	6443	90.50%	92.33%
四川	11 527	12 970	88.87%	90.26%
贵州	1739	1864	93.29%	95.22%
云南	2520	2723	92.55%	93.89%
西藏	45	50	90.00%	90.48%
陕西	14 148	15 418	91.76%	92.78%
甘肃	3532	3841	91.96%	93.99%
青海	241	277	87.00%	89.74%
宁夏	452	509	88.80%	95.50%
新疆	1340	1476	90.79%	93.03%

数据来源：SCIE2022。

9.3　中国卓越国内科技论文的研究分析与结论

根据学术文献的传播规律，科技论文发表后在 3～5 年形成被引用的峰值。这个时间窗口内高质量科技论文的学术影响力会通过论文的引用水平表现出来。为了遴选学术影响力较高的论文，我们为近 5 年中国科技核心期刊收录的每篇论文计算了“累计被引用时序指标”——n 指数。

n 指数的定义方法是：若一篇论文发表 n 年之内累计被引次数达到 n 次，同时在 $n+1$ 年累计被引次数不能达到 $n+1$ 次，则该论文的“累计被引用时序指标”的数值为 n。

对各个年度发表在中国科技核心期刊上的论文被引次数设定一个 n 指数分界线，各年度发表的论文中，被引次数超越这一分界线的就被遴选为“卓越国内科技论文”。我们经过数据分析测算后，对近 5 年的“卓越国内科技论文”分界线定义为：论文 n 指数大于发表时间的论文是“卓越国内科技论文”。例如，论文发表 1 年之内累计被引用次数达到 1 次的论文，n 指数为 1；发表 2 年之内累计被引用次数达到 2 次的论文，n 指数为 2。以此类推，发表 5 年之内累计被引用次数达到 5 次，n 指数为 5。

按照这一统计方法，我们据近5年（2018—2022年）的中国科技论文与引文数据库（CSTPCD）统计，共遴选出“卓越国内科技论文”31.69万篇，占这5年CSTPCD收录全部论文的比例约为12.75%。

9.3.1 卓越国内科技论文的学科分布

2022年，中国卓越科技国内论文主要分布在39个学科中（表9-12），论文数最多的学科是临床医学，发表了60 205篇卓越国内论文，说明中国的临床医学在国内和国际均具有较大的影响力；其次是电子、通信与自动控制，为21 404篇，卓越国内科技论文数超过万篇的学科还有农学、中医学、计算技术、环境科学、食品，分别为20 887篇、20 508篇、17 898篇、15 120篇、14 100篇和10 138篇。

表9-12 卓越国内科技论文的学科分布

学科	卓越国内论文数/篇	学科	卓越国内论文数/篇
数学	456	工程与技术基础学科	1544
力学	743	矿山工程技术	5124
信息、系统科学	132	能源科学技术	5441
物理学	1372	冶金、金属学	4603
化学	3118	机械、仪表	4778
天文学	57	动力与电气	1839
地学	14 100	核科学技术	185
生物学	6518	电子、通信与自动控制	21 404
预防医学与卫生学	9468	计算技术	17 898
基础医学	5108	化工	4050
药物学	5502	轻工、纺织	928
临床医学	60 205	食品	10 138
中医学	20 508	土木建筑	8001
军事医学与特种医学	847	水利	2515
农学	20 887	交通运输	5793
林学	3931	航空航天	2706
畜牧、兽医	4823	安全科学技术	252
水产学	1535	环境科学	15 120
测绘科学技术	2029	管理学	993
材料科学	2488		

数据来源：CSTPCD。

9.3.2 中国各地区卓越国内论文的分布特征

2022年，中国31个省份卓越国内科技论文的发表情况如表9-13所示，其中北京发表的卓越国内论文数最多，达到46 923篇。卓越国内论文数能达到2万篇以上的地区有北京和江苏。卓越国内论文数排前10位的有北京、江苏、上海、广东、陕西、湖北、四川、山东、河南和浙江。对比卓越国际科技论文的地区分布，可以看出，排在前 10 位的地区的卓越国际论文数较多，说明这些地区无论是国际科技产出还是国内科技产出，其影响力均较国内其他地区大。

表 9-13 2022 年中国卓越国内科技论文的地区分布

地区	卓越国内论文数/篇	地区	卓越国内论文数/篇
北京	46 923	湖北	13 701
天津	7358	湖南	8542
河北	8238	广东	15 090
山西	4687	广西	4489
内蒙古	2642	海南	1818
辽宁	9028	重庆	6217
吉林	4127	四川	13 208
黑龙江	6192	贵州	4168
上海	15 340	云南	4664
江苏	23 219	西藏	257
浙江	9844	陕西	14 782
安徽	6798	甘肃	5943
福建	4849	青海	1179
江西	4180	宁夏	1481
山东	11 728	新疆	4227
河南	11 227		

数据来源：CSTPCD。

9.3.3 卓越国内科技论文的机构分布特征

2022 年中国 316 851 篇卓越国内科技论文中，高等院校发表 224 309 篇，研究机构发表 42 797 篇，医疗机构发表 23 331 篇，公司企业发表 14 288 篇，其他部门发表 12 126 篇，机构分布如图 9-2 所示。

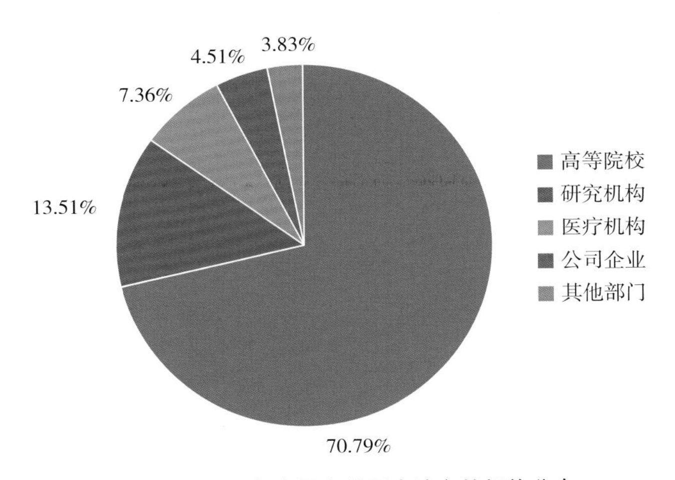

图 9-2 2022 年中国卓越国内论文的机构分布

（1）高等院校

2022年，发表卓越国内科技论文数居前20位的高等院校如表9－14所示。其中，北京大学、首都医科大学和武汉大学位列前三，其卓越国内论文数分别为3795篇、3245篇和3031篇。

表9－14　发表卓越国内科技论文数居前20位的高等院校

单位名称	卓越国内论文数/篇	单位名称	卓越国内论文数/篇
北京大学	3795	华北电力大学	2109
首都医科大学	3245	中南大学	2014
武汉大学	3031	中山大学	1966
上海交通大学	2989	同济大学	1934
四川大学	2735	郑州大学	1879
浙江大学	2593	中国矿业大学	1856
华中科技大学	2253	西安交通大学	1834
清华大学	2211	吉林大学	1775
北京中医药大学	2153	南京大学	1766
复旦大学	2109	中国地质大学	1735

数据来源：CSTPCD。

（2）研究机构

2022年，发表卓越国内科技论文数居前20位的研究机构如表9－15所示。其中，中国中医科学院、中国科学院地理科学与资源研究所和中国疾病预防控制中心位列前三，卓越国内论文数分别为1728篇、1079篇和934篇。论文数超过300篇的研究机构有中国中医科学院、中国科学院地理科学与资源研究所、中国疾病预防控制中心、中国林业科学研究院、中国水产科学研究院、中国环境科学研究院、中国农业科学院机关、广东省农业科学院、中国医学科学院肿瘤研究所、中国科学院生态环境研究中心、中国地质科学院、中国热带农业科学院、中国食品药品检定研究院和中国科学院西北生态环境资源研究院。

表9－15　发表卓越国内科技论文数居前20位的研究机构

单位名称	卓越国内科技论文数/篇	单位名称	卓越国内科技论文数/篇
中国中医科学院	1728	中国地质科学院	325
中国科学院地理科学与资源研究所	1079	中国热带农业科学院	305
中国疾病预防控制中心	934	中国食品药品检定研究院	303
中国林业科学研究院	691	中国科学院西北生态环境资源研究院	301
中国水产科学研究院	508	中国水利水电科学研究院	299
中国环境科学研究院	460	江苏省农业科学院	295
中国农业科学院机关	429	中国科学院地质与地球物理研究所	271
广东省农业科学院	384	河南省农业科学院	267
中国医学科学院肿瘤研究所	376	中国科学院空天信息创新研究院	263
中国科学院生态环境研究中心	327	福建省农业科学院	235

数据来源：CSTPCD。

（3）医疗机构

2022 年，发表卓越国内科技论文数居前 20 位的医疗机构如表 9-16 所示。其中，解放军总医院、四川大学华西医院和北京协和医院位列前三，卓越国内论文数分别为 1091 篇、871 篇和 735 篇。

表 9-16 发表卓越国内科技论文数居前 20 位的医疗机构

单位名称	卓越国内科技论文数/篇	单位名称	卓越国内科技论文数/篇
解放军总医院	1091	北京大学第一医院	405
四川大学华西医院	871	江苏省人民医院	403
北京协和医院	735	华中科技大学同济医学院附属协和医院	390
郑州大学第一附属医院	676	北京中医药大学东直门医院	384
北京大学第三医院	504	北京大学人民医院	359
武汉大学人民医院	486	复旦大学附属中山医院	345
中国医科大学附属盛京医院	484	西安交通大学医学院第一附属医院	345
华中科技大学同济医学院附属同济医院	477	江苏省中医院	340
中国中医科学院广安门医院	430	首都医科大学宣武医院	338
河南省人民医院	409	南京鼓楼医院	335

数据来源：CSTPCD。

9.3.4 卓越国内科技论文的期刊分布

2022 年，中国的卓越国内科技论文共发表在 2577 种中国期刊上。其中，《生态学报》发表的卓越国内论文数最多，为 2336 篇，其后为《食品科学》和《中国中药杂志》，发表卓越国内论文数分别为 2274 篇和 1997 篇。2022 年，在发表卓越国内科技论文的全部期刊中，1000 篇以上的期刊有 24 种，比 2021 年增加 7 种，如表 9-17 所示。

表 9-17 发表卓越国内论文大于 1000 篇的国内科技期刊

期刊名称	论文数/篇
生态学报	2336
食品科学	2274
中国中药杂志	1997
中国电机工程学报	1934
农业工程学报	1861
食品工业科技	1848
中国实验方剂学杂志	1836
中草药	1805
环境科学	1764
电力系统自动化	1699

续表

期刊名称	论文数/篇
电力系统保护与控制	1613
电网技术	1550
中华中医药杂志	1404
电工技术学报	1386
科学技术与工程	1368
食品与发酵工业	1232
农业机械学报	1230
动物营养学报	1152
应用生态学报	1138
高电压技术	1118
中国全科医学	1090
中国环境科学	1088
现代预防医学	1033
激光与光电子学进展	1001

数据来源：CSTPCD。

9.4 小结

2022年，中国机构作者为第一作者的SCI论文共68.19万篇，其中卓越国际论文数为27.89万篇，占论文总数的40.90%，较2021年有所增加。合作（包括国际国内合作）研究产生的卓越国际论文为19.34万篇，占全部卓越国际论文的63.0%，比2021年的81.9%下降了18.9个百分点。

2018—2022年，中国的卓越国内论文为31.69万篇，占这5年CSTPCD收录全部论文的比例为12.75%。卓越国内论文的机构分布与卓越国际论文相似，高等院校均为论文产出最多的机构类型。地区分布也较为相似，发表卓越国际论文较多的地区，其发表卓越国内论文也较多，说明这些地区无论是国际科技产出还是国内科技产出，其影响力均较国内其他地区大。从学科分布来看，优势学科稍有不同，但中国的临床医学在国内和国际均具有较大的影响力。

从SCI、EI、CPCI-S等重要国际检索系统收录的论文数来看，中国经过多年的努力，已经成为论文的产出大国。2022年，SCI收录中国内地科技论文（不包括港澳地区）68.19万篇，占世界的比重为26.75%，超过美国，排在世界第1位。中国已进入论文产出大国的行列，但是论文的影响力还有待进一步提高。

卓越论文，主要是指在各学科领域，论文被引次数高于世界或国内均值的论文，2020年国际部分首次加入高质量国际论文、高被引论文、热点论文、各学科最具影响力论文、顶尖学术期刊论文等不同维度选出的国际论文。因此要提高这类论文的数量，关键是继续加大对基础研究工作的支持力度，以产生好的创新成果，从而产生优秀论文和有影响力的论文，增加国际和国内同行的引用次数。从文献计量角度来看，文献能不能获得引用，与很多因素有关，如文献类型、语种、期刊的影响、合作研究情况等。

我们深信，在中国广大科技人员不断潜心钻研和锐意进取的过程中，中国论文的国际国内影响力会越来越大，卓越论文会越来越多。

参考文献

[1] 张玉华，潘云涛．科技论文影响力相关因素研究［J］．编辑学报，2007（1）：1－4.

10　领跑者 5000 论文情况分析

为了进一步推动中国科技期刊的发展，提高其整体水平，更好地宣传和利用中国的优秀学术成果，推动更多的科研成果走向世界，参与国际学术交流，扩大国际影响，起到引领和示范的作用，中国科学技术信息研究所利用科学计量指标和同行评议结合的方法，在中国精品科技期刊中遴选优秀学术论文，建设了领跑者 5000（F5000）——中国精品科技期刊顶尖学术论文平台，用英文长文摘的形式，集中对外展示我国的优秀学术论文。通过与国际重要信息服务机构和国际出版机构的合作，将 F5000 论文集中链接和推送给国际同行。为用中文发表的论文、中国作者和中文学术期刊融入国际学术共同体提供了一条高效渠道。

2000 年以来，中国科学技术信息研究所承担科技部中国科技期刊战略相关研究任务，在国内首先提出了精品科技期刊战略的概念，2005 年研制完成中国精品科技期刊评价指标体系，并承担了建设中国精品科技期刊服务与保障系统的任务，该项目领导小组成员来自科技部、国家新闻出版总署、中央宣传部、国家卫生健康委、中国科协、教育部等科技期刊的管理部门。2008 年、2011 年、2014 年、2017 年和 2020 年公布了五届“中国精品科技期刊”的评选结果，对提升优秀学术期刊质量和影响力，带动中国科技期刊整体水平进步起到了推动作用。

在前五届“中国精品科技期刊”的基础上，2023 年我们公布了新一届的“中国精品科技期刊”的评选结果，并以此为基础遴选了 2023 年的 F5000 论文。

本研究是以 2023 年 F5000 提名论文为基础，分析 F5000 论文的学科、地区、机构、基金及被引用等情况。

10.1　引言

中国科学技术信息研究所于 2012 年集中力量启动了领跑者 5000（F5000）——中国精品科技期刊顶尖学术论文平台建设项目，同时为此打造了向国内外展示的 F5000 平台（http：//f5000.istic.ac.cn），并已与国际专业信息服务提供商科睿唯安（Clarivate）、爱思唯尔集团（Elsevier）、约翰威立国际出版集团（Wiley & Sons Inc.）、泰勒弗朗西斯集团（Taylor & Francis Group）、TrendMD 公司等展开深入合作。

F5000 平台的总体目标是充分利用精品科技期刊评价成果，形成面向宏观科技期刊管理和科研评价工作直接需求，具有一定社会显示度和国际国内影响力的新型论文数据平台。平台通过与国际知名信息服务商的合作，最终将国内优秀的科研成果和科研人才推向世界。

10.2 2023 年 F5000 论文遴选方式

① 强化单篇论文定量评估方法的研究和实践。在中国科技论文与引文数据库（CSTPCD）的基础上，采用定量分析和定性分析相结合的方法，从第六届“中国精品科技期刊”中择优选取 2018—2022 年发表的学术论文作为 F5000 的提名论文，每刊最多 20 篇。

具体评价方法为：

——以中国科技论文与引文数据库（CSTPCD）为基础，计算每篇论文在 2018—2022 年这个 5 年时间窗口内累计被引用的次数。

——根据论文发表时间的不同和论文所在学科的差异，分别进行归类，并且对论文按照累计被引次数排序。

——对各个学科类别每个年度发表的论文，分别计算前 1% 高被引论文的基准线（表 10-1）。

——在各个学科领域各年度基准线以上的论文中，遴选各种精品期刊的提名论文。如果一种期刊在基准线以上的论文数量超过 20 篇，则根据累计被引次数相对基准线标准的情况，择优选取其中 20 篇作为提名论文；如果一种核心期刊在基准线以上的论文不足 20 篇，则只有过线论文为提名论文。最终通过定量分析方式获得 2023 年精品期刊顶尖论文提名的论文共有 3312 篇。

② 中国科学技术信息研究所将继续与各精品科技期刊编辑部协作配合推进 F5000 平台建设项目工作。各精品科技期刊编辑部通过同行评议或期刊推荐的方式遴选 2 篇 2023 年发表的学术水平较高的研究论文，作为提名论文。

提名论文的具体条件包括：

——在 2023 年期刊上发表的学术论文，增刊的论文不列入遴选范围。已经收录并且确定在 2023 年正刊出版，但是尚未正式印刷出版的论文，可以列入遴选范围。

——论文内容科学、严谨，报道原创性的科学发现和技术创新成果，能够反映期刊所在学科领域的最高学术水平。

③ 为非精品科技期刊提供入选 F5000 的渠道。期刊可参照提名论文的具体条件，提交经过编委会评审认可的 2 篇当年发表的论文，F5000 平台组织专家评审后确认入选，给予证书。

④ 中国科学技术信息研究所依托各精品科技期刊编辑部的支持和协作，联系和组织作者，补充获得提名论文的详细完整资料（包括全文或中英文长摘要、其他合著作者的信息、论文图表、编委会评价和推荐意见等），提交到 F5000 平台参加综合评估。

⑤ 中国科学技术信息研究所进行综合评价，根据定量分析数据和同行评议结果，从信息完整的提名论文中评定出 2023 年 F5000 论文，颁发入选证书，并收录至领跑者 5000——中国精品科技期刊顶尖学术论文展示平台。

表10－1 2018—2022年中国各学科1%高被引论文基准线 单位：次

学科名称	2018年	2019年	2020年	2021年	2022年
数学	7	8	6	3	2
力学	14	12	9	5	2
信息、系统科学	14	14	8	6	4
物理学	11	10	11	6	2
化学	11	11	9	6	2
天文学	8	8	6	3	2
地学	26	23	17	11	4
生物学	21	20	13	8	2
预防医学与卫生学	19	17	16	8	3
基础医学	14	14	12	6	2
药物学	15	12	11	6	2
临床医学	14	14	11	6	2
中医学	21	20	18	10	3
军事医学与特种医学	13	14	13	5	2
农学	24	22	15	9	3
林学	22	19	14	9	3
畜牧、兽医	17	17	13	8	3
水产学	17	14	11	7	2
测绘科学技术	25	23	15	10	2
材料科学	13	12	9	5	2
工程与技术基础学科	13	12	10	5	2
矿山工程技术	23	22	20	11	3
能源科学技术	33	33	27	15	4
冶金、金属学	12	12	10	6	2
机械、仪表	14	14	12	7	2
动力与电气	17	15	10	9	3
核科学技术	8	9	7	4	2
电子、通信与自动控制	29	26	21	12	4
计算技术	20	20	15	8	3
化工	11	10	8	6	2
轻工、纺织	12	11	10	7	2
食品	19	18	14	9	3
土木建筑	19	18	12	7	2
水利	20	19	17	10	3
交通运输	15	14	11	7	2
航空航天	14	14	11	6	2
安全科学技术	28	28	12	11	2
环境科学	27	25	20	12	4
管理学	40	21	23	10	4

10.3 数据与方法

2023 年 F5000 提名论文包括定量评估的论文和编辑部推荐的论文，后者由于时间（报告编写时间为 2024 年 1 月）关系，并不完整，为此，后续 F5000 论文的分析仅基于定量评估的 3312 篇论文。

论文归属：按国际文献计量学研究的通行做法，论文的归属按照第一作者所在第一地区和第一单位确定。

论文学科：依据《学科分类与代码》（GB/T 13745—1992），在具体进行分类时，一般依据刊载论文期刊的学科类别和每篇论文的具体内容。由于学科交叉和细分，论文的学科分类问题十分复杂，先暂仅分类至一级学科，共划分了 40 个学科类别，且是按主分类划分，一篇文献只做一次分类。

10.4 研究分析与结论

10.4.1 F5000 论文学科分布

学科建设与发展是科学技术发展的基础，了解论文的学科分布情况是十分必要的。论文学科的划分一般依据刊载论文的期刊的学科类别进行。在 CSTPCD 统计分析中，论文的学科除依据论文所在期刊进行划分外，还会进一步根据论文的具体研究内容进行区分。

在 CSTPCD 中，所有的科技论文被划分为 40 个学科，包括数学、力学、物理学、化学、天文学、地学、生物学、药物学、农学、林学、水产学、化工、食品等。在此基础上，40 个学科被进一步归并为 5 个领域，分别是基础学科、医药卫生、农林牧渔、工业技术和管理及其他。

如图 10–1 所示，2023 年 F5000 论文主要来自工业技术和医药卫生两大领域。其中工业技术领域的论文数最多，为 1259 篇，占全部论文数的 38.01%；其次为医药卫生领域，论文数为 1200 篇，占全部论文数的 36.23%，两大领域的 F5000 论文数量占全部论文数的 74.25%，与上一年相比，工业技术论文占比降低 8.50 个百分点，医药卫生领域论文占比上升 8.45 个百分点。管理及其他领域的 F5000 论文数最少，为 201 篇，占总论文数的 6.07%，与上一年基本保持一致。基础学科（388 篇）和农林牧渔（264 篇）领域 F5000 论文数量分别占全部论文数的 11.71% 和 7.97%。

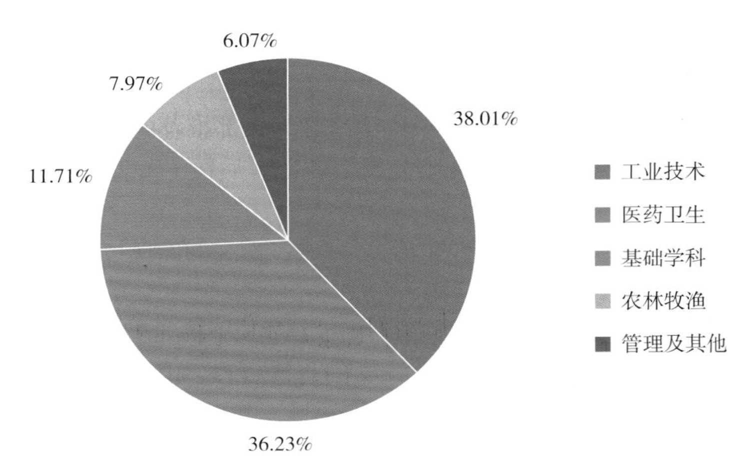

图 10-1　2023 年 F5000 论文领域分布

对 2023 年 F5000 论文进行学科分析发现，3312 篇论文广泛分布在各个学科领域，表 10-2 展示 2023 年 F5000 论文数居前 10 位的学科，该 10 位学科 F5000 论文数合计占论文总数的 61.84%。从表 10-2 可以看出，临床医学的论文数明显高于其他学科，共发表 F5000 论文 862 篇，占比为 26.03%；其次是计算技术，共发表 F5000 论文 192 篇，占比为 5.80%；排名第三的是农学，共发表 F5000 论文 167 篇，占比为 5.04%。

F5000 论文量较少的 3 个学科，分别为天文学（4 篇），管理学（2 篇），信息、系统科学（1 篇），这 3 个学科的论文数仅占 F5000 论文总量的 0.21%。

表 10-2　2023 年 F5000 论文数居前 10 位的学科

排名	学科	论文数/篇	占比	学科领域
1	临床医学	862	26.03%	医药卫生
2	计算技术	192	5.80%	工业技术
3	农学	167	5.04%	农林牧渔
4	地学	163	4.92%	基础学科
5	土木建筑	139	4.20%	工业技术
6	中医学	114	3.44%	医药卫生
7	冶金、金属学	111	3.35%	工业技术
8	交通运输	102	3.08%	工业技术
9	预防医学与卫生学	102	3.08%	医药卫生
10	环境科学	96	2.90%	工业技术

10.4.2　F5000 论文地区分布

对全国各地区的 F5000 论文进行统计，可以从一个侧面反映出中国具体地区的科研实力、技术水平，而这也是了解区域发展状况及区域科研优劣势的重要参考。

2023 年的 F5000 论文广泛分布在 31 个省份，其中，论文数排名居前 10 位的地区分布如表 10-3 所示。可以看出，北京以论文数 846 篇位居首位，占 F5000 论文总数的

25.54%；排在第 2 位的是江苏，论文数为 271 篇，占比为 8.18%；排名在第 3 位的是上海，论文数为 181 篇，占比为 5.46%。宁夏、内蒙古、青海和西藏 4 个省份的 F5000 论文数较少，分别为 13 篇、12 篇、9 篇和 2 篇。

表 10-3 2023 年 F5000 论文数排名居前 10 位的地区

排名	地区	论文数/篇	占比
1	北京	846	25.54%
2	江苏	271	8.18%
3	上海	181	5.46%
4	陕西	180	5.43%
5	广东	178	5.37%
6	湖北	168	5.07%
7	四川	157	4.74%
8	浙江	109	3.29%
9	辽宁	104	3.14%
10	河南	103	3.11%

10.4.3 F5000 论文机构分布

2023 年 F5000 论文的机构分布情况如图 10-2 所示。高等院校（包括其附属医院）共发表了 2275 篇论文，占比为 68.69%，相比上年上升了 2.70 个百分点；科研院所发表的论文数排第二，共发表 553 篇，占比为 16.70%；排名第三的为医疗机构，共发表 190 篇，占比为 5.74%。

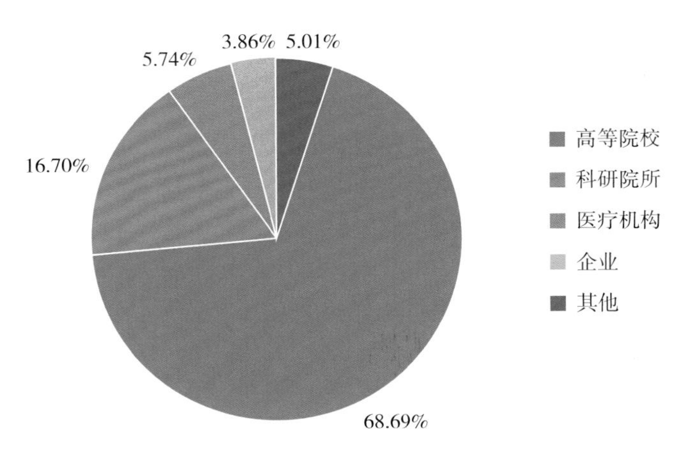

图 10-2 2023 年 F5000 论文的机构分布情况

2023 年 F5000 论文分布在多所高等院校中，表 10-4 为 2023 年 F5000 论文数居前 5 位的高等院校。其中，排第一的是清华大学，发表 F5000 论文 45 篇。北京大学位居第二，发表 F5000 论文 38 篇。中国矿业大学位居第三，发表 F5000 论文 27 篇。

表 10-4 2023 年 F5000 论文数居前 5 位的高等院校

排名	高等院校	论文数/篇
1	清华大学	45
2	北京大学	38
3	中国矿业大学	27
4	武汉大学	25
5	浙江大学	23

在医疗机构方面，将高校附属医院和普通医疗机构进行统一排序比较。北京协和医院发表 F5000 论文数最多，共 13 篇；其后是解放军总医院，共 9 篇；北京医院排第三，共 6 篇（表 10-5）。

表 10-5 2023 年 F5000 论文数居前 3 位的医疗机构

排名	医疗机构	论文数/篇
1	北京协和医院	13
2	解放军总医院	9
3	北京医院	6

在科研院所方面，中国科学院地理科学与资源研究所发表 F5000 论文数最多，共发文 29 篇；其次依次是中国疾病预防控制中心和中国石油勘探开发研究院，分别发表 28 篇、19 篇；居第 4 位的是中国科学院地质与地球物理研究所，发表 15 篇；居第 5 位的是中国地质科学院，发表 14 篇（表 10-6）。

表 10-6 2023 年 F5000 论文数居前 5 位的科研院所

排名	科研院所	论文数/篇
1	中国科学院地理科学与资源研究所	29
2	中国疾病预防控制中心	28
3	中国石油勘探开发研究院	19
4	中国科学院地质与地球物理研究所	15
5	中国地质科学院	14

10.4.4 F5000 论文基金分布情况

基金资助课题研究一般都是在充分调研论证的基础上展开的，是属于某个学科当前或者未来一段时间内的研究热点或者研究前沿。本小节主要分析 2023 年 F5000 论文的基金资助情况。

2023 年产出的 F5000 论文被资助最多的基金项目是国家自然科学基金委员会基金项目，包括国家自然科学基金委员会其他基金项目、国家自然科学基金青年科学基金项目、国家自然科学基金重点项目、国家杰出青年科学基金、国家自然科学基金创新研究群体科学基金等，共产出 1068 篇，占 F5000 论文总数的 32.25%；排第二的是科学技术部基金项目，共产出 578 篇，占 F5000 论文总数的 17.45%（表 10-7）。

表 10－7 2023 年 F5000 论文数居前 5 位的基金项目

排名	基金名称	论文数/篇
1	国家自然科学基金委员会基金项目	1068
2	科学技术部基金项目	578
3	国内大学、研究机构和公益组织资助基金项目	142
4	国家社会科学基金基金项目	51
5	广东省基金项目	44

10.4.5 F5000 论文被引情况

论文被引情况，可以用来评价一篇论文的学术影响力。F5000 论文被引情况指的是论文从发表当年到 2022 年的累计被引情况，亦即 F5000 论文定量遴选时的累计被引次数。其中，被引次数为 3 次的论文数最多，为 219 篇，之后则是被引次数为 15 次和 7 次，其论文量分别为 192 篇和 174 篇（图 10－3）。

鉴于 2023 年 F5000 论文是精品期刊发表于 2018—2022 年的高被引论文，故而发表年论文的统计时段是不同的。相对而言，发表较早的论文累计被引次数会相对较高。由表 10－8 可以看出，不同发表年份的 F5000 论文在被引次数方面有显著差异。2018 年发表 F5000 论文 612 篇，篇均被引次数为 27.10 次；2019 年发表 619 篇，篇均被引次数为 22.81 次。

表 10－8 不同年份 F5000 论文的发表数及被引情况

发表年份	论文数/篇	总被引次数/次	篇均被引次数/次
2018	612	16 585	27.10
2019	619	14 118	22.81
2020	649	11 867	18.29
2021	779	9159	11.76
2022	653	2899	4.44

由表 10－9 可以看出，电子、通信与自动控制的篇均被引次数远高于其他学科，为 40.94 次。F5000 论文数居前 3 位的学科分别为：临床医学，计算技术，农学；总被引次数居前 3 位的学科分别为：临床医学，电子、通信与自动控制，计算技术；篇均被引次数居前 3 位的学科分别为：电子、通信与自动控制，能源科学技术，环境科学。

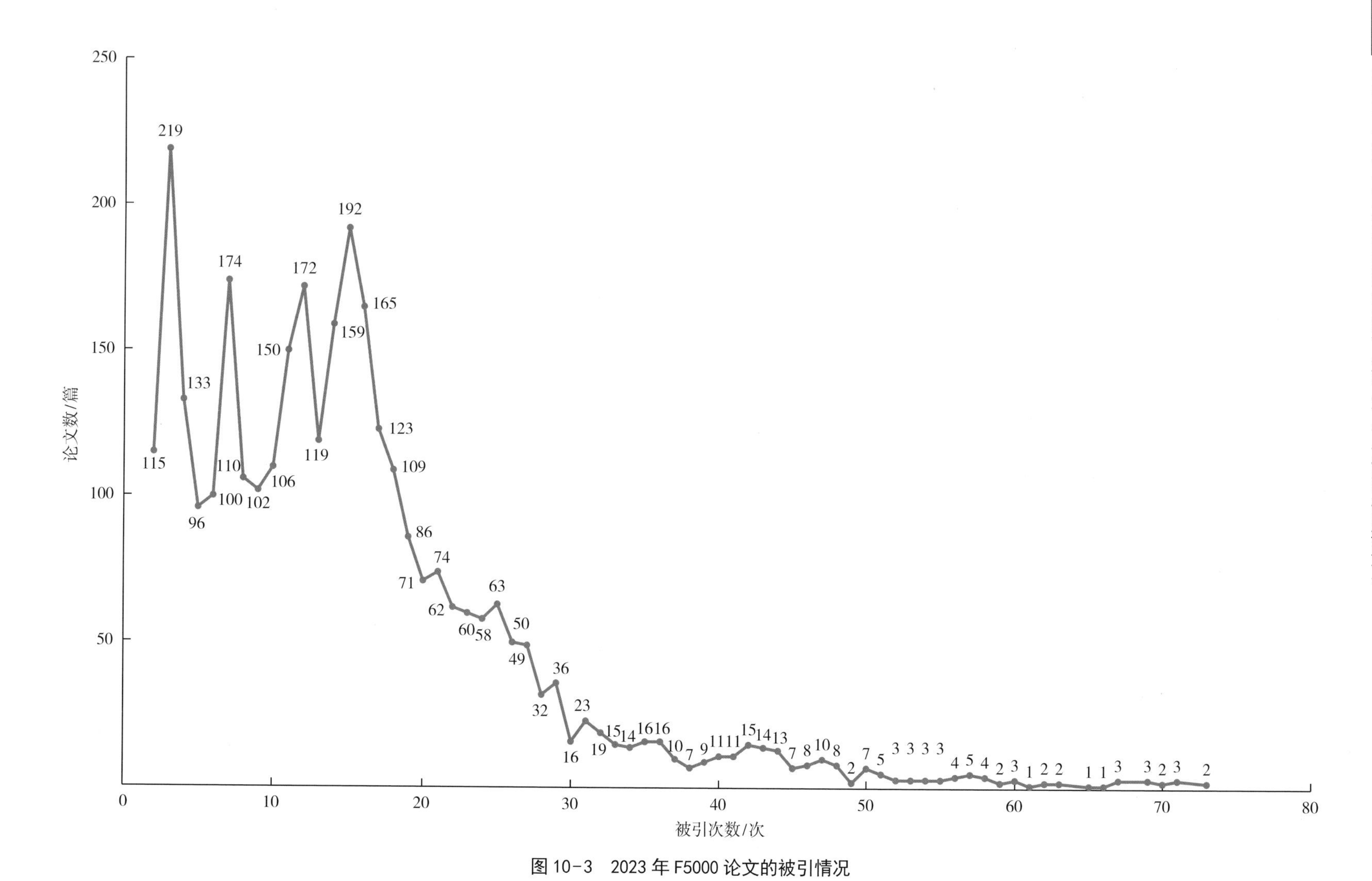

图 10-3 2023年F5000论文的被引情况

数据来源：CSTPCD。

表 10-9 2023 年 F5000 论文学科分布及被引情况（按篇均被引次数排序）

学科	论文数/篇	总被引次数/次	篇均被引次数/次
电子、通信与自动控制	88	3603	40.94
能源科学技术	45	1273	28.29
环境科学	96	2270	23.65
矿山工程技术	47	1038	22.09
中医学	114	2458	21.56
其他	7	141	20.14
农学	167	2881	17.25
地学	163	2769	16.99
食品	46	749	16.28
计算技术	192	3121	16.26
生物学	52	817	15.71
畜牧、兽医	51	780	15.29
预防医学与卫生学	102	1490	14.61
林学	33	480	14.55
管理学	2	29	14.50
土木建筑	139	1950	14.03
信息、系统科学	1	14	14.00
动力与电气	28	382	13.64
临床医学	862	11 589	13.44
水利	35	456	13.03
测绘科学技术	35	456	13.03
物理学	41	522	12.73
交通运输	102	1227	12.03
基础医学	52	624	12.00
军事医学与特种医学	10	117	11.70
机械、仪表	78	900	11.54
材料科学	45	488	10.84
水产学	13	140	10.77
工程与技术基础学科	20	209	10.45
冶金、金属学	111	1142	10.29
药物学	60	610	10.17
航空航天	53	528	9.96
化学	63	626	9.94
轻工、纺织	8	75	9.38
力学	24	222	9.25
化工	82	593	7.23
数学	40	277	6.93

10.5 小结

本书首先介绍了 2023 年 F5000 论文的遴选方式，重点是对 F5000 论文的定量评价指标体系进行了详细说明。在此基础上，本章对 2023 年定量选出来的 3312 篇 F5000 论文，从学科分布、地区分布、机构分布、基金分布、被引用情况等角度进行了统计分析。

在学科领域方面，工业技术和医药卫生仍然是产出 F5000 论文较多的，二者约占总量的 74.24%。具体来说，F5000 论文广泛分布在各学科领域，但在临床医学、计算技术和农学等学科发表的 F5000 论文数居前 3 位。

在地区和机构分布方面，F5000 论文主要分布在北京、江苏、上海、陕西等地，其中，清华大学、北京大学、中国矿业大学、武汉大学、浙江大学等发表的 F5000 论文数位居高等院校前列；北京协和医院、解放军总医院、北京医院等发表的 F5000 论文数位居医疗机构前列；中国科学院地理科学与资源研究所、中国疾病预防控制中心、中国石油勘探开发研究院、中国科学院地质与地球物理研究所、中国地质科学院等发表的 F5000 论文数位居科研院所前列。

在基金分布方面，F5000 论文主要是由国家自然科学基金委员会下各项基金资助发表的，占 F5000 论文总量的 32.25%，此外，科学技术部基金项目，国内大学、研究机构和公益组织资助基金项目等也是 F5000 论文主要的项目基金来源。

在被引方面，2023 年所有的 F5000 论文，其篇均被引次数为 16.49 次。论文的被引次数与其发表时间显著相关，其中，2018 年发表的 F5000 论文，篇均被引次数最多，为 27.10 次；而 2022 年发表的论文，篇均被引次数最少，为 4.44 次。不同学科的论文，其被引次数也有明显差异，电子、通信与自动控制学科的论文篇均被引次数最多，为 40.94 次；数学学科的论文篇均被引次数最少，为 6.93 次。

11 中国科技论文引用文献与被引文献情况分析

11.1 引言

在学术领域中，科学研究是具有延续性的，研究人员撰写论文，通常是对前人观念或研究成果的继承、改进和发展，完全自己原创的其实是少数。科研人员产出的学术作品，如论文和专著等，都会在末尾标注参考文献，表明对前人研究成果的借鉴、继承、修正、反驳、批判或是为读者进一步的研究提供参考线索等，于是引文与正文之间建立起一种引证关系。因此，科技文献的引用与被引用，既是科技知识和内容信息的一种继承与发展，也是科学不断发展的标志之一。

与此同时，一篇文章的被引情况也从某种程度上体现了文章的受关注程度，以及其影响和价值。随着数字化程度的不断加深，文献的可获得性越来越强，一篇文章被引用的机会也大大增加。因此，若能够系统地分学科领域、分地区、分机构和文献类型来分析引用文献，便能够弄清楚学科领域的发展趋势、机构的发展和知识载体的变化等。

本章根据 CSTPCD 2022 的引文数据，详细分析了中国科技论文的参考文献情况和中国科技文献的被引用情况，重点分析了不同文献类型、学科、地区、机构、作者的科技论文的被引用情况，还包括对图书文献被引情况的分析。

11.2 数据与方法

本书所涉及的数据主要来自 2022 年度 CSTPCD 论文数据库，在数据的处理过程中，对常年累积的数据进行了大量的清洗和处理工作，在信息匹配和关联过程中，由于 CSTPCD 收录的是中国科技论文统计源期刊，是学术水平较高的期刊，因而并没有覆盖所有的科技期刊，并且限于部分著录信息不规范、不完善等客观原因，并非所有的引用和被引信息都足够完整。

11.3 研究分析与结论

11.3.1 概况

CSTPCD 2022 共收录 438 336 篇中国科技论文，比 2021 年下降 4.50%；共引用 14 289 429 次各类科技文献，同比增长 22.35%；篇均引文数达到 32.60 篇，相比 2021 年度的 25.44 篇有所上升（图 11－1）。

从图 11－1 可以看出，1996—2022 年，除 2004 年、2007 年、2009 年、2013 年、2015 年有所下降外，中国科技论文的篇均引文数总体呈上升态势。2022 年的篇均引文数较 1996 年增加了 438.84%，可见这几十年来科研人员越来越重视对参考文献的引用。同时，各类学术文献可获得性的增加也是论文篇均被引数增加的一个原因。

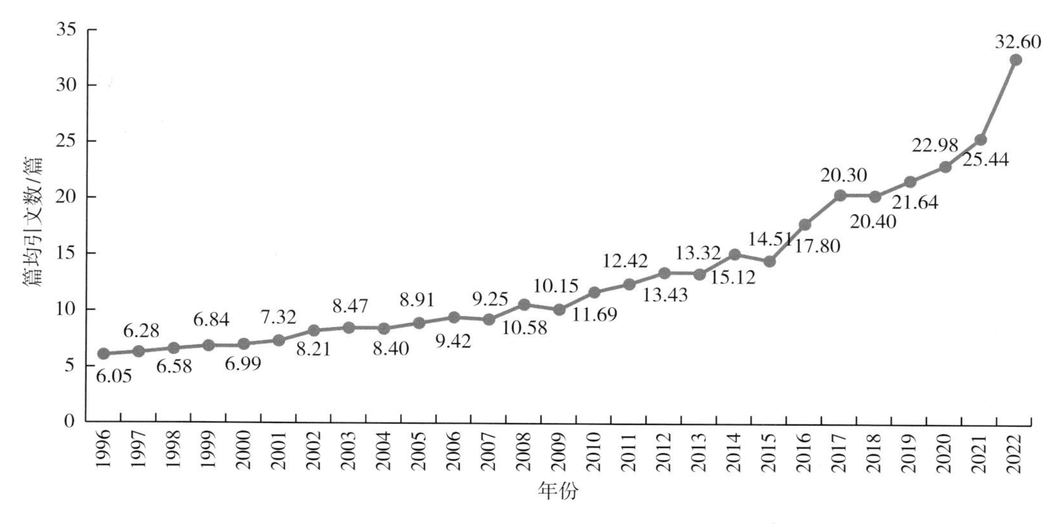

图 11-1 1996—2022 年 CSTPCD 论文篇均引文数

11.3.2 期刊论文引用文献的学科和地区分布情况

（1）学科分布

为了更清楚地看到中文文献与外文文献施引上的不同，将 SCI 2022 收录的中文论文施引情况与 CSTPCD 2022 收录的中文论文施引情况进行对比。

表 11－1 列出了 CSTPCD 2022 各学科的引文总数和篇均引文数。由表 11－1 可知，篇均引文数居前 5 位的学科是天文学（47.09 篇）、生物学（45.61 篇）、地学（42.83 篇）、材料科学（40.97 篇）和物理学（39.25 篇）。

表 11－1 CSTPCD 2022 各学科参考文献量

学科	论文数/篇	引文总数/篇	篇均引文数/篇
数学	3718	77 560	20.86
力学	1927	51 988	26.98
信息、系统科学	235	5794	24.66
物理学	4680	183 668	39.25
化学	7455	271 261	36.39
天文学	595	28 018	47.09
地学	14 143	605 763	42.83
生物学	9288	423 631	45.61
预防医学与卫生学	13 131	266 221	20.27
基础医学	10 371	294 662	28.41
药物学	11 076	278 196	25.12

续表

学科	论文数/篇	引文总数/篇	篇均引文数/篇
临床医学	118 562	2 868 373	24.19
中医学	21 968	586 562	26.70
军事医学与特种医学	1648	34 469	20.92
农学	21 961	706 189	32.16
林学	3692	125 051	33.87
畜牧、兽医	7872	261 318	33.20
水产	2214	83 923	37.91
测绘科学技术	3053	69 660	22.82
材料科学	7351	301 147	40.97
工程与技术基础学科	4803	144 254	30.03
矿山工程技术	6292	129 021	20.51
能源科学技术	5344	141 591	26.50
冶金、金属学	10 367	242 116	23.35
机械、仪表	10 184	196 350	19.28
动力与电气	4332	104 627	24.15
核科学技术	1649	32 587	19.76
电子、通信与自动控制	25 501	609 338	23.89
计算技术	27 496	667 108	24.26
化工	12 563	374 045	29.77
轻工、纺织	2830	60 958	21.54
食品	9104	303 411	33.33
土木建筑	13 984	308 184	22.04
水利	3341	74 809	22.39
交通运输	12 373	230 273	18.61
航空航天	5923	146 854	24.79
安全科学技术	304	7469	24.57
环境科学	15 936	528 853	33.19
管理学	878	26 981	30.73
其他	192	4564	23.77

如表11－2所示，2022年SCI收录的中国论文中各学科的篇均引文数均在30篇以上；篇均引文数排在前5位的学科是测绘科学技术（63.00篇）、天文学（58.17篇）、环境科学（55.47篇）、水产学（53.44篇）和化学（53.41篇）。

表11－2　2022年SCI和CSTPCD收录的中国学科论文和参考文献数量的对比

学科	SCI			CSTPCD		
	论文数/篇	引文总数/篇	篇均引文数/篇	论文数/篇	引文总数/篇	篇均引文数/篇
数学	14 566	455 210	31.25	3718	77 560	20.86
力学	6553	294 247	44.90	1927	51 988	26.98

续表

学科	SCI			CSTPCD		
	论文数/篇	引文总数/篇	篇均引文数/篇	论文数/篇	引文总数/篇	篇均引文数/篇
信息、系统科学	2325	83 332	35.84	235	5794	24.66
物理学	39 868	1 571 087	39.41	4680	183 668	39.25
化学	71 954	3 843 235	53.41	7455	271 261	36.39
天文学	2882	167 636	58.17	595	28 018	47.09
地学	30 528	1 602 706	52.50	14 143	605 763	42.83
生物学	66 234	3 489 795	52.69	9288	423 631	45.61
预防医学与卫生学	16 553	736 404	44.49	13 131	266 221	20.27
基础医学	26 835	1 266 993	47.21	10 371	294 662	28.41
药物学	18 693	991 342	53.03	11 076	278 196	25.12
临床医学	67 125	2 649 460	39.47	118 562	2 868 373	24.19
中医学	3388	147 424	43.51	21 968	586 562	26.70
军事医学与特种医学	3563	120 949	33.95	1648	34 469	20.92
农学	10 162	505 312	49.73	21 961	706 189	32.16
林学	1828	96 965	53.04	3692	125 051	33.87
畜牧、兽医	3571	158 740	44.45	7872	261 318	33.20
水产学	2669	142 619	53.44	2214	83 923	37.91
测绘科学技术	2	126	63.00	3053	69 660	22.82
材料科学	53 225	2 468 160	46.37	7351	301 147	40.97
工程与技术基础学科	3807	123 930	32.55	4803	144 254	30.03
矿山工程技术	1522	68 087	44.74	6292	129 021	20.51
能源科学技术	22 858	1 066 230	46.65	5344	141 591	26.50
冶金、金属学	2357	88 988	37.75	10 367	242 116	23.35
机械、仪表	8941	328 782	36.77	10 184	196 350	19.28
动力与电气	1182	50 070	42.36	4332	104 627	24.15
核科学技术	1940	68 483	35.30	1649	32 587	19.76
电子、通信与自动控制	42 273	1 446 842	34.23	25 501	609 338	23.89
计算技术	30 819	1 291 664	41.91	27 496	667 108	24.26
化工	20 385	1 004 407	49.27	12 563	374 045	29.77
轻工、纺织	1977	79 572	40.25	2830	60 958	21.54
食品	18 132	844 765	46.59	9104	303 411	33.33
土木建筑	11 670	523 525	44.86	13 984	308 184	22.04
水利	2611	123 384	47.26	3341	74 809	22.39
交通运输	2454	102 824	41.90	12 373	230 273	18.61
航空航天	2203	80 335	36.47	5923	146 854	24.79
安全科学技术	494	22 325	45.19	304	7469	24.57
环境科学	36 211	2 008 752	55.47	15 936	528 853	33.19
管理学	1653	77 953	47.16	878	26 981	30.73

（2）地区分布

统计 2022 年各省（自治区、直辖市，不含港澳台地区）发表期刊论文数以及引文数，并比较这些省份的篇均引文数，如表 11－3 所示。可以看到，各省份论文引文数存在一定的差异，从篇均引文数来看，居前 10 位的分别是北京、黑龙江、甘肃、吉林、云南、湖南、天津、福建、贵州和广东。

表 11－3 CSTPCD 2022 各地区参考文献量（按篇均引文数排名）

排名	地区	论文数/篇	引文数/篇	篇均引文数/篇
1	北京	60 776	1 796 882	29.57
2	黑龙江	9039	266 942	29.53
3	甘肃	8732	252 621	28.93
4	吉林	6205	176 615	28.46
5	云南	8215	232 977	28.36
6	湖南	12 272	347 083	28.28
7	天津	11 330	319 726	28.22
8	福建	7955	223 868	28.14
9	贵州	6099	170 808	28.01
10	广东	24 058	669 725	27.84
11	上海	26 791	745 517	27.83
12	江西	6046	168 216	27.82
13	青海	1978	54 253	27.43
14	西藏	429	11 701	27.28
15	浙江	16 423	443 848	27.03
16	山东	20 085	538 689	26.82
17	湖北	21 588	576 920	26.72
18	江苏	39 053	1 042 541	26.70
19	四川	20 952	557 594	26.61
20	宁夏	2339	61 289	26.20
21	广西	7903	206 323	26.11
22	陕西	24 646	638 544	25.91
23	内蒙古	4734	122 646	25.91
24	辽宁	14 870	385 128	25.90
25	重庆	9397	242 999	25.86
26	山西	8887	226 495	25.49
27	新疆	7339	183 402	24.99
28	安徽	12 749	308 901	24.23
29	海南	3542	85 609	24.17
30	河南	18 764	447 984	23.87
31	河北	15 140	351 001	23.18

11.3.3 期刊论文被引用情况

在被引文献中，期刊论文是目前最重要的一种学术科研知识传播和交流载体。CSTPCD 2022共引用期刊论文12 154 031篇，本节对被引用的期刊论文从学科分布、地区分布、机构分布等方面进行多角度分析，并分析基金论文、合著论文的被引情况。利用2022年中文引文数据库与1988—2022年统计源期刊中文论文数据库的累积数据进行分级模糊关联，从而得到被引用的期刊论文的详细信息，并在此基础上进行各项统计工作。由于统计源期刊的范围是各学科领域学术水平较高的刊物，并不能覆盖所有科技期刊，再加上部分期刊编辑著录不规范，因此并不能得到所有被引用期刊论文的详细信息。

（1）各学科期刊论文被引情况

由于各学科的发展历史和学科特点不同，论文数和被引次数都存在较大的差异。表11-4列出的是被CSTPCD 2022引用论文总次数居前10位的学科，其中，临床医学为被引最多的学科，其后是农学，中医学，地学，电子、通信与自动控制，计算技术，环境科学，土木建筑，生物学，预防医学与卫生学。

表11-4 被CSTPCD 2022引用论文总次数居前10位的学科

学科	被引用总次数	
	次数/次	排名
临床医学	589 931	1
农学	212 241	2
中医学	184 254	3
地学	181 819	4
电子、通信与自动控制	180 458	5
计算技术	152 637	6
环境科学	136 293	7
土木建筑	96 399	8
生物学	86 396	9
预防医学与卫生学	84 090	10

（2）各地区期刊论文被引情况

按照篇均被引次数来看，排在前10位的地区分别是北京、江苏、陕西、上海、广东、湖北、甘肃、新疆、四川和山东；按照被引论文数来看，排名在前10位的地区分别是北京、江苏、上海、广东、湖北、陕西、四川、山东、浙江和辽宁。北京的各项指标绝对值和相对值的排名都遥遥领先，这表明北京作为全国的科技中心，发表论文的数量和质量都位居全国之首，体现出其具备最强的科研综合实力（表11-5）。

表 11-5 被 CSTPCD 2022 引用的各地区论文情况（按篇均被引次数排名）

排名	地区	篇均被引次数/次	被引总次数/次	被引论文数/篇
1	北京	2.48	627 544	253 273
2	江苏	1.69	272 427	160 803
3	陕西	1.62	165 669	102 298
4	上海	1.54	191 830	124 836
5	广东	1.53	175 598	114 710
6	湖北	1.52	162 771	106 926
7	甘肃	1.52	60 676	39 864
8	新疆	1.51	42 908	28 388
9	四川	1.51	138 309	91 848
10	山东	1.46	130 917	89 771
11	河南	1.41	104 379	74 024
12	湖南	1.40	95 754	68 176
13	云南	1.39	46 032	33 067
14	辽宁	1.38	105 201	76 270
15	贵州	1.37	36 032	26 260
16	浙江	1.37	116 167	84 703
17	青海	1.37	10 756	7845
18	黑龙江	1.37	67 268	49 161
19	天津	1.35	84 009	62 032
20	河北	1.35	80 937	59 861
21	吉林	1.35	50 172	37 155
22	广西	1.31	43 355	33 145
23	内蒙古	1.31	24 672	18 897
24	重庆	1.30	70 241	53 889
25	福建	1.30	55 159	42 548
26	山西	1.29	44 614	34 657
27	江西	1.28	42 083	32 832
28	安徽	1.28	69 681	54 600
29	西藏	1.26	2379	1888
30	海南	1.26	17 325	13 762
31	宁夏	1.25	12 275	9842

（3）各类型机构的论文被引情况

从 CSTPCD 2022 所显示的各类型机构的论文被引情况来看，高等院校占比最高，为 67.92%；其后是研究机构（13.16%）和医疗机构（9.95%），二者相差不大（图 11-2）。

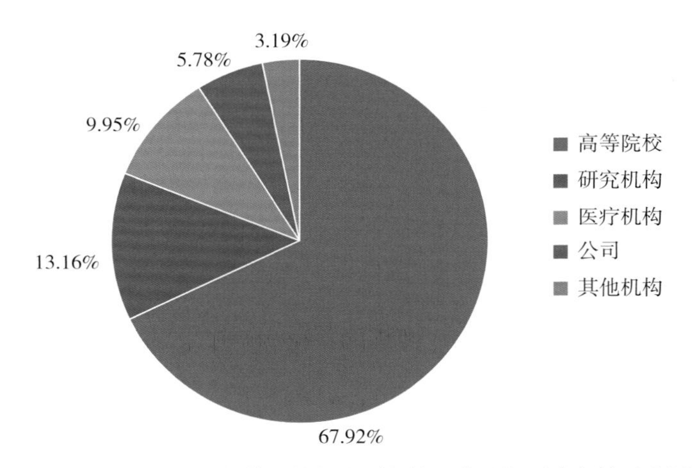

图 11-2　CSTPCD 2022 收录的各类型机构发表的期刊论文被引比例

根据 CSTPCD 2022 引文库，期刊论文被引次数排名居前 50 位的高等院校如表 11-6 所示。北京大学、上海交通大学和首都医科大学 2022 年论文发表篇数和被引次数都名列前茅。

由于高等院校产生的论文研究领域较为广泛，因此可以从宏观上反映科研的整体状况。通过比较可以看出，2022 年被引次数排在前 10 位的高等院校，在 2022 年发表的论文数据也大都排在前 10 位。

表 11-6　期刊论文被 CSTPCD 2022 引用次数居前 50 位的高等院校

高等院校	2022 年论文发表情况		2022 年论文被引情况	
	论文数/篇	排名	被引次数/次	排名
北京大学	5437	3	40 475	1
上海交通大学	5867	2	32 410	2
首都医科大学	6229	1	30 769	3
武汉大学	3822	7	29 005	4
浙江大学	4003	6	28 174	5
清华大学	2698	16	27 247	6
四川大学	4526	4	24 633	7
同济大学	2647	17	23 113	8
华中科技大学	3436	8	21 975	9
中南大学	2636	18	21 609	10
中国地质大学	1404	54	21 406	11
中山大学	3181	9	21 285	12
复旦大学	4055	5	21 227	13
北京中医药大学	3156	11	19 660	14
南京大学	2704	15	19 497	15
中国矿业大学	1604	38	19 161	16
西北农林科技大学	1434	50	18 523	17
吉林大学	2868	13	18 301	18

续表

高等院校	2022年论文发表情况		2022年论文被引情况	
	论文数/篇	排名	被引次数/次	排名
中国石油大学	1741	27	17 897	19
西安交通大学	2719	14	17 529	20
华北电力大学	1463	47	16 742	21
中国农业大学	1517	41	15 691	22
华南理工大学	2003	22	15 391	23
中国人民大学	1881	24	15 133	24
天津大学	2131	20	15 021	25
郑州大学	3170	10	14 445	26
重庆大学	1465	46	13 824	27
北京师范大学	1695	30	13 160	28
山东大学	2336	19	13 107	29
东南大学	1805	26	13 028	30
河海大学	2029	21	12 895	31
西南交通大学	1672	34	12 826	32
南京农业大学	1025	93	12 548	33
西南大学	1319	62	12 301	34
南京中医药大学	1476	45	11 851	35
南京医科大学	2943	12	11 622	36
兰州大学	1688	32	11 555	37
上海中医药大学	1577	39	11 121	38
大连理工大学	1483	44	10 858	39
南京航空航天大学	1689	31	10 648	40
安徽医科大学	1971	23	10 630	41
广州中医药大学	1655	36	10 562	42
哈尔滨工业大学	1260	67	10 457	43
贵州大学	1646	37	10 032	44
北京科技大学	1255	68	9885	45
湖南大学	1116	87	9875	46
长安大学	1397	55	9824	47
西北工业大学	1281	64	9563	48
北京航空航天大学	1152	81	9482	49
北京林业大学	891	112	9273	50

根据CSTPCD 2022引文库，期刊论文被引次数排名居前50位的研究机构如表11－7所示。排首位的是中国中医科学院，其被引次数达到了15 781次。与高等院校不同，被引次数比较多的研究机构，其论文数量并不一定排在前列。表11－7所列出的研究机构论文数和被引次数同时排在前50位的并不多。相比高等院校，由于研究机构的学科领域特点更突出，不同学科方向的研究机构在论文数和被引次数方面的差异十分明显。

表 11-7 期刊论文被 CSTPCD 2022 引用次数居前 50 位的研究机构

研究机构	2022 年论文发表情况		2022 年论文被引情况	
	论文数/篇	排名	被引次数/次	排名
中国中医科学院	2057	1	15 781	1
中国科学院地理科学与资源研究所	466	6	15 316	2
中国疾病预防控制中心	867	2	9159	3
中国林业科学研究院	530	4	7142	4
中国水产科学研究院	452	9	5481	5
中国科学院地质与地球物理研究所	165	46	5293	6
中国科学院西北生态环境资源研究院	337	14	4926	7
中国科学院生态环境研究中心	200	31	4213	8
中国医学科学院肿瘤研究所	459	7	4120	9
中国环境科学研究院	307	15	3788	10
中国热带农业科学院	357	13	3382	11
江苏省农业科学院	288	16	3216	12
中国水利水电科学研究院	263	19	3163	13
中国地质科学院矿产资源研究所	3	400	3050	14
中国农业科学院	98	98	2918	15
中国科学院南京土壤研究所	136	63	2879	16
中国地质科学院	603	3	2738	17
广东省农业科学院	389	11	2729	18
中国地质科学院地质研究所	6	369	2685	19
中国科学院南京地理与湖泊研究所	110	83	2645	20
中国科学院空天信息创新研究院	275	17	2576	21
中国农业科学院农业资源与农业区划研究所	156	50	2476	22
中国食品药品检定研究院	506	5	2286	23
中国科学院大气物理研究所	133	66	2234	24
山东省农业科学院	144	57	2205	25
福建省农业科学院	258	20	2205	26
中国工程物理研究院	454	8	2142	27
中国社会科学院研究生院	387	12	2133	28
云南省农业科学院	243	23	2089	29
中国科学院长春光学精密机械与物理研究所	213	28	2084	30
中国科学院新疆生态与地理研究所	105	90	2073	31
中国气象科学研究院	85	120	2073	32
河南省农业科学院	266	18	2035	33
中国科学院广州地球化学研究所	114	75	2032	34
北京市农林科学院	234	24	1983	35
中国科学院东北地理与农业生态研究所	92	105	1977	36
中国科学院武汉岩土力学研究所	92	104	1976	37
山西省农业科学院	3	399	1817	38
中国地震局地质研究所	88	113	1786	39

续表

研究机构	2022 年论文发表情况		2022 年论文被引情况	
	论文数/篇	排名	被引次数/次	排名
中国科学院沈阳应用生态研究所	68	149	1780	40
南京水利科学研究院	158	49	1759	41
广西农业科学院	252	22	1726	42
中国科学院植物研究所	83	122	1655	43
中国科学院地球化学研究所	72	144	1630	44
中国科学院海洋研究所	169	45	1605	45
中国科学院水利部成都山地灾害与环境研究所	93	103	1565	46
中国农业科学院作物科学研究所	109	85	1472	47
中国地震局地球物理研究所	72	143	1457	48
中国地质科学院地质力学研究所	1	414	1446	49
甘肃省农业科学院	119	73	1426	50

根据 CSTPCD 2022 引文库，期刊论文被引次数居前 50 位的医疗机构如表 11－8 所示。由表中数据可以看出，解放军总医院被引次数最多（11 878 次），其后是四川大学华西医院（7847 次）、北京协和医院（7131 次）。

表 11－8　期刊论文被 CSTPCD 2022 引用次数居前 50 位的医疗机构

医疗机构	2022 年论文发表情况		2022 年被引情况	
	论文数/篇	排名	被引次数/次	排名
解放军总医院	2018	1	11 878	1
四川大学华西医院	1555	2	7847	2
北京协和医院	1287	4	7131	3
郑州大学第一附属医院	1342	3	5107	4
中国中医科学院广安门医院	615	17	4589	5
北京大学第三医院	798	9	4551	6
华中科技大学同济医学院附属同济医院	843	7	4288	7
武汉大学人民医院	964	6	4267	8
中国医科大学附属盛京医院	576	25	4058	9
北京大学第一医院	610	19	3970	10
江苏省人民医院	1043	5	3852	11
北京中医药大学东直门医院	670	14	3532	12
北京大学人民医院	586	23	3458	13
首都医科大学宣武医院	649	16	3368	14
华中科技大学同济医学院附属协和医院	600	20	3243	15
河南省人民医院	818	8	3100	16
复旦大学附属中山医院	675	13	3086	17
空军军医大学第一附属医院（西京医院）	788	10	3008	18
海军军医大学第一附属医院（上海长海医院）	593	22	2989	19

续表

医疗机构	2022年论文发表情况		2022年被引情况	
	论文数/篇	排名	被引次数/次	排名
安徽医科大学第一附属医院	511	28	2903	20
首都医科大学附属北京友谊医院	733	11	2892	21
重庆医科大学附属第一医院	484	34	2858	22
南京鼓楼医院	651	15	2846	23
中国医学科学院阜外心血管病医院	403	51	2826	24
江苏省中医院	579	24	2774	25
广东省中医院	498	31	2742	26
西安交通大学医学院第一附属医院	593	21	2729	27
首都医科大学附属北京安贞医院	515	26	2724	28
中国人民解放军东部战区总医院	457	41	2714	29
上海中医药大学附属曙光医院	422	46	2671	30
南方医院	379	57	2669	31
上海交通大学医学院附属瑞金医院	613	18	2630	32
复旦大学附属华山医院	370	59	2624	33
哈尔滨医科大学附属第一医院	447	42	2619	34
新疆医科大学第一附属医院	698	12	2526	35
首都医科大学附属北京朝阳医院	490	33	2471	36
首都医科大学附属北京中医医院	390	55	2466	37
中国中医科学院西苑医院	438	44	2453	38
首都医科大学附属北京同仁医院	483	36	2388	39
中国医科大学附属第一医院	340	69	2371	40
北京医院	403	52	2319	41
中南大学湘雅医院	308	81	2312	42
安徽省立医院	443	43	2308	43
天津中医药大学第一附属医院	432	45	2270	44
中日友好医院	327	73	2255	45
上海中医药大学附属龙华医院	316	79	2240	46
上海交通大学医学院附属第九人民医院	503	30	2223	47
上海市第六人民医院	514	27	2188	48
首都医科大学附属北京儿童医院	469	38	2167	49
青岛大学附属医院	504	29	2154	50

（4）基金论文被引情况

表11-9列出了期刊论文被CSTPCD 2022引用次数排在前10位的基金项目。由表中数据可以看出，国家自然科学基金委员会基金项目被引次数最高（787 818次），其次是科学技术部基金项目（374 285次）。

表 11-9 期刊论文被 CSTPCD 2022 引用次数排在前 10 位的基金项目

基金项目	2022 年论文被引情况	
	被引次数/次	排名
国家自然科学基金委员会基金项目	787 818	1
科学技术部基金项目	374 285	2
国内高等院校、研究机构和公益组织资助基金项目	117 621	3
国家社会科学基金项目	99 712	4
教育部基金项目	52 183	5
江苏省基金项目	37 160	6
其他部委基金项目	36 671	7
广东省基金项目	34 054	8
北京市基金项目	33 104	9
上海市基金项目	32 070	10

（5）被引用最多的作者

根据被引用论文的作者名、机构来统计每个作者在 CSTPCD 2022 中被引用的次数。表 11-10 列出了期刊论文被 CSTPCD 2022 被引次数居前 20 位的作者。从作者机构所在地看，一半左右的机构在北京。从作者机构类型看，11 位作者来自高等院校，被引次数最高的是中国石油勘探开发研究院的邹才能，其发表的论文在 2022 年被引 968 次。

表 11-10 期刊论文被 CSTPCD 2022 引用次数居前 20 位的作者

作者	研究机构	被引次数/次	排名
邹才能	中国石油勘探开发研究院	968	1
温忠麟	华南师范大学	934	2
王劲峰	中国科学院地理科学与资源研究所	518	3
刘彦随	中国科学院地理科学与资源研究所	511	4
吴福元	中国科学院地质与地球物理研究所	505	5
陈悦	大连理工大学	466	6
郑荣寿	湖南省肿瘤医院	451	7
谢高地	中国科学院地理科学与资源研究所	439	8
方创琳	中国科学院地理科学与资源研究所	433	9
胡盛寿	中国医学科学院阜外心血管病医院	416	10
郭峰	上海财经大学	406	11
胡付品	复旦大学附属华山医院	392	12
张勋	北京师范大学	380	13
戚聿东	北京师范大学	369	14
陶飞	北京航空航天大学	366	15
彭建	北京大学	344	16
余泳泽	南京财经大学	342	17
崔杨	东北电力大学	335	18
李德仁	武汉大学	331	19
张杰	中国人民大学	327	20

11.3.4 图书文献被引用情况

图书文献是对某一学科或某一专门课题进行全面系统论述的著作，具有明确的研究性和系统连贯性，是非常重要的知识载体。尤其在年代较为久远时，图书文献在学术的继承和传播中有着十分重要和不可替代的作用。它有着较高的学术价值，可用来评估科研人员的科研能力及研究学科发展的脉络。但是由于图书的一些外在特征，如数量少、篇幅大、周期长等，使其在统计学意义上不占优势，并且较难阅读分析和快速传播。当今学术交流形式变化明显，图书文献的被引次数占所有类型文献总被引次数的比例虽不及期刊论文，但数量仍然巨大，是仅次于期刊论文的第二大文献。图书评价研究受到广泛关注。中国科学技术信息研究所自2012年起开拓了科技图书评价工作，打造了“图书评价、出版、推介一体化平台”。通过图书引文的统计数据，可以清楚地了解出版社和图书的被引用情况，为图书利用、推广及潜在作者的分析研究提供一个重要工具。同时，利用出版社的引用指标，还可以定量评价出版社的学术影响力，正确评估出版社和图书在科学交流体系中的作用和地位。出版社也可以利用它准确快速地评价已出版图书的学术影响力。据CSTPCD统计，2022年中国科技核心期刊发表的论文共引用科技图书文献74.18万次，比2021年引用次数下降了0.5%（表11－11）。

表11－11 被CSTPCD 2022引用居前10位的图书文献

排名	第一作者	图书文献	被引次数/次
1	鲍士旦	土壤农化分析	1305
2	鲁如坤	土壤农业化学分析方法	695
3	谢幸	妇产科学	581
4	李合生	植物生理生化实验原理和技术	501
5	葛均波	内科学	372
6	周志华	机器学习	357
7	邵肖梅	实用新生儿学	308
8	赵辨	中国临床皮肤病学	284
9	周仲瑛	中医内科学	260
10	杨世铭	传热学	254

11.4 小结

本章针对CSTPCD 2022收录的中国科技论文引用文献与被引文献，分别对CSTPCD 2022引用文献的学科分布、地区分布的情况分析，并分别对期刊论文和图书文献的引用与被引情况进行分析。2022年论文发表数量相比2021年下降4.50%，引用文献数量增长22.35%。期刊论文仍然是被引用文献的主要来源，图书文献和会议论文也是重要的引文来源。在期刊论文引用方面被引次数排前10位的学科分别是临床医学，农学，中医学，地学，电子、通信与自动控制，计算技术，环境科学，土木建筑，生物学，预防医学与卫生学，北京地区仍是科技论文发表数量和引用文献数量方面的领头羊。从论文被引的机构类型分布来看，高等院校占比最高，其后是研究机构和医疗机构，二者相差不大。从图书文献的引用情况来看，用于指导实践的辞书、方法手册及用于教材的指导综述类图书使用的频率较高，被引次数要高于基础理论研究类图书。

12 中国科技期刊统计与分析

12.1 引言

中国科学技术信息研究所受科技部委托，自 1987 年开始从事中国科技论文统计与分析工作，研制了中国科技论文与引文数据库（CSTPCD），并利用该数据库的数据，每年对中国科研产出状况进行各种分类统计和分析，以年度研究报告和新闻发布的形式定期向社会公布统计分析结果。由此出版的一系列研究报告，为政府管理部门和广大高等院校、研究机构提供了决策支持。

《中国科技期刊引证报告》（*CJCR*）的研制出版始于 1997 年，是一种专门用于期刊引用分析研究的重要检索评价工具。利用 *CJCR* 所提供的统计数据，可以清楚地了解期刊引用和被引用情况，以及进行引用效率、引用网络、期刊自引等统计分析。同时，利用 *CJCR* 中的期刊评价指标，还可以方便地定量评价期刊的相互影响和相互作用，正确评估某种期刊在科学交流体系中的作用和地位。自 *CJCR* 问世以来，在开展科研管理和科学评价期刊方面一直发挥着巨大的作用。

12.2 研究分析与结论

12.2.1 中国科技核心期刊

中国科技论文与引文数据库选择的期刊称为中国科技核心期刊（中国科技论文统计源期刊）。中国科技核心期刊的选取经过了严格的同行评议和定量评价，选取的是中国各学科领域中较重要的、能反映本学科发展水平的科技期刊。并且对中国科技核心期刊遴选设立动态退出机制。研究中国科技核心期刊（中国科技论文统计源期刊）的各项科学指标，可以从一个侧面反映中国科技期刊的发展状况，也可映射出中国各学科的研究力量。本章期刊指标的数据来源于中国科技核心期刊（中国科技论文统计源期刊）。2022 年，中国科技论文与引文数据库（CSTPCD）共收录中国科技核心期刊（中国科技论文统计源期刊）2151 种（表 12-1）。

表 12-1 2013—2022 年中国科技核心期刊收录情况

年份	中国科技核心期刊种数/种	年份	中国科技核心期刊种数/种
2013	1989	2018	2049
2014	1989	2019	2070
2015	1985	2020	2084
2016	2008	2021	2126
2017	2028	2022	2151

图 12-1 显示了 2022 年 2151 种中国科技核心期刊的学科领域分布情况，其中工程技术领域占比依旧最高，为 38.58%；其次为医学领域，占比 32.78%；理学领域排第 3 位，占比 15.43%；农学领域排第 4 位，占比 8.10%；另外，自然科学综合领域占 4.18%。与上一年度相比，收录的期刊总数增加 25 种，工程技术领域和医学领域的期刊数量依旧居前两位。

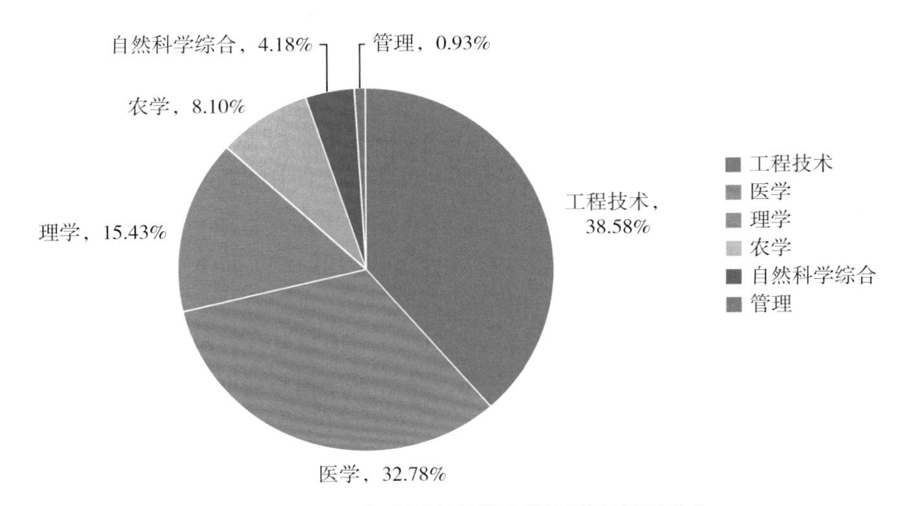

图 12-1 2022 年中国科技核心期刊学科部类分布

12.2.2 中国科技期刊引证报告

《中国科技期刊引证报告》（*CJCR*）选用的中国科技核心期刊（中国科技论文统计源期刊）是在经过严格定量和定性分析的基础上选取的各学科重要科技期刊。《2023 年版中国科技期刊引证报告（核心版）自然科学卷》中共收录自然科学与工程技术领域期刊 2151 种。中国科技核心期刊（中国科技论文统计源期刊）上刊发的论文构成了中国科技论文与引文数据库（CSTPCD），即中国科学技术信息研究所每年进行中国科技论文统计与分析的数据库。该数据库的统计结果编入国家统计局和科技部编制的《中国科技统计年鉴》，统计结果被科技管理部门和学术界广泛应用。

本项目在统计分析中国科技论文整体情况的同时，也对中国科技期刊的发展状况进行了跟踪研究，并形成了每年定期对中国科技核心期刊的各项计量指标进行公布的制度。此外，为了促进中国科技期刊的发展，为期刊界和期刊管理部门提供评估依据，同时为选取中国科技核心期刊做准备，自 1998 年起中国科学技术信息研究所还连续出版了《中国科技期刊引证报告（扩刊版）》，自 2007 年起，《中国科技期刊引证报告（扩刊版）》由中国科学技术信息研究所与万方公司共同出版，涵盖中国 6000 余种科技期刊。

12.2.3 中国科技期刊的整体指标分析

为了全面、准确、公正、客观地评价和利用期刊，在《中国科技期刊引证报告（核心版）》与国际评价体系保持一致的基础上，结合中国期刊的实际情况，《2023 年版中国科技期刊引证报告（核心版）自然科学卷》选取了 25 项用于公布的计量指标，这些指标基本涵盖了期刊的各个方面。指标如下。

① 期刊被引用计量指标：核心总被引频次、核心影响因子、核心即年指标、核心他引率、核心引用刊数、核心扩散因子、核心开放因子、核心权威因子和核心被引半衰期。

② 期刊来源计量指标：来源文献量、文献选出率、AI 论文量、篇均引文数、篇均作者数、地区分布数、机构分布数、海外论文比、基金论文比和引用半衰期。

③ 学科分类内期刊计量指标：综合评价总分、学科扩散指标、学科影响指标、核心总被引频次的离均差率和核心影响因子的离均差率、红点指标。

其中，期刊被引用计量指标主要显示该期刊被读者使用和重视的程度，以及在科学交流中的地位和作用，是评价期刊影响力的重要依据和客观标准。

期刊来源计量指标通过对来源文献方面的统计分析，全面描述了该期刊的学术水平、编辑状况和科学交流程度，也是评价期刊的重要依据。

表 12-2 显示了中国科技核心期刊 10 年（2013—2022 年）主要计量指标的变化情况。可以看到，除核心他引率基本保持稳定之外，其余各项指标整体呈上升态势。

表 12-2　2013—2022 年中国科技核心期刊主要计量指标平均值统计

年份	核心总被引频次/次	核心影响因子	核心他引率	基金论文比	篇均引文数/篇	核心即年指标	篇均作者数/人
2013	1180	0.523	0.81	0.56	15.9	0.072	4.0
2014	1265	0.560	0.82	0.54	17.1	0.070	4.1
2015	1327	0.594	0.82	0.59	15.8	0.084	4.3
2016	1361	0.628	0.82	0.58	19.6	0.087	4.2
2017	1381	0.648	0.82	0.63	20.3	0.091	4.3
2018	1410	0.689	0.82	0.62	21.9	0.099	4.4
2019	1429	0.740	0.82	0.64	23.2	0.113	4.5
2020	1523	0.869	0.83	0.62	24.7	0.188	4.6
2021	1576	0.973	0.82	0.62	26.8	0.163	4.7
2022	1683	1.048	0.83	0.66	28.3	0.183	4.9

核心总被引频次是指期刊自创刊以来所登载的全部论文在统计的当年被引用的总次数，可以显示该期刊被使用和受重视的程度，以及在科学交流中的绝对影响力。核心影响因子是指期刊评价前两年发表论文的篇均被引次数，用于测度期刊学术影响力。图 12-2 为 2013—2022 年中国科技核心期刊核心总被引频次和核心影响因子变化趋势，由图 12-2 可见，近 10 年间中国科技核心期刊的核心总被引频次和核心影响因子总体呈上升趋势。2013—2019 年，核心总被引频次整体呈现增长趋势，但增长幅度持续下降，2020 年相比上一年度增长幅度上升，2021 年相比上一年度增长幅度略平缓。10 年间核心影响因子持续增长，2019—2020 年增长幅度最大，2022 年核心影响因子达到 1.048。

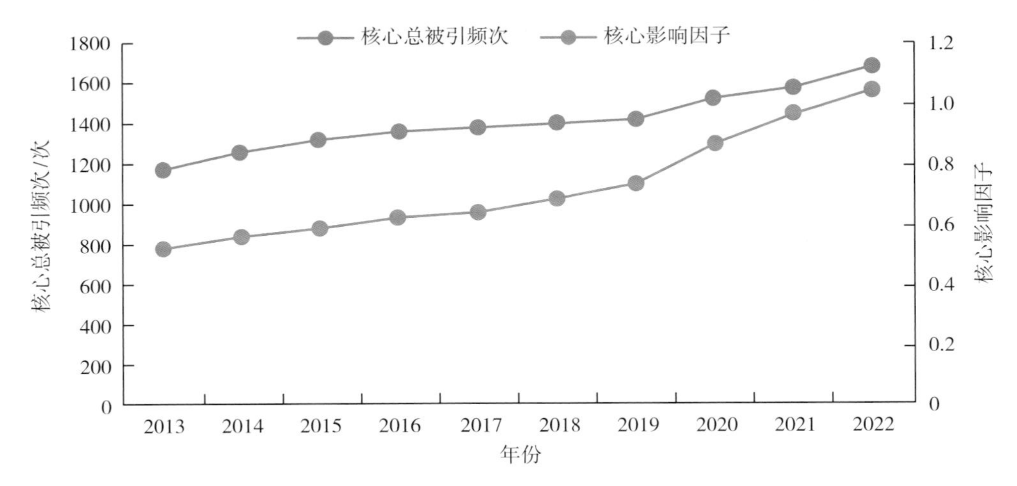

图 12-2 2013—2022 年中国科技核心期刊核心总被引频次和核心影响因子变化趋势

图 12-3 反映了 2013—2022 年中国科技核心期刊核心总被引频次及核心影响因子增长率的变化趋势。2013 年核心总被引频次增长率为 15.35%，2022 年核心总被引频次增长率为 6.80%，年均增长率为 4.0%。2013 年核心影响因子增长率为 6.09%，2022 年核心影响因子增长率为 7.69%，年均增长率为 8.0%。

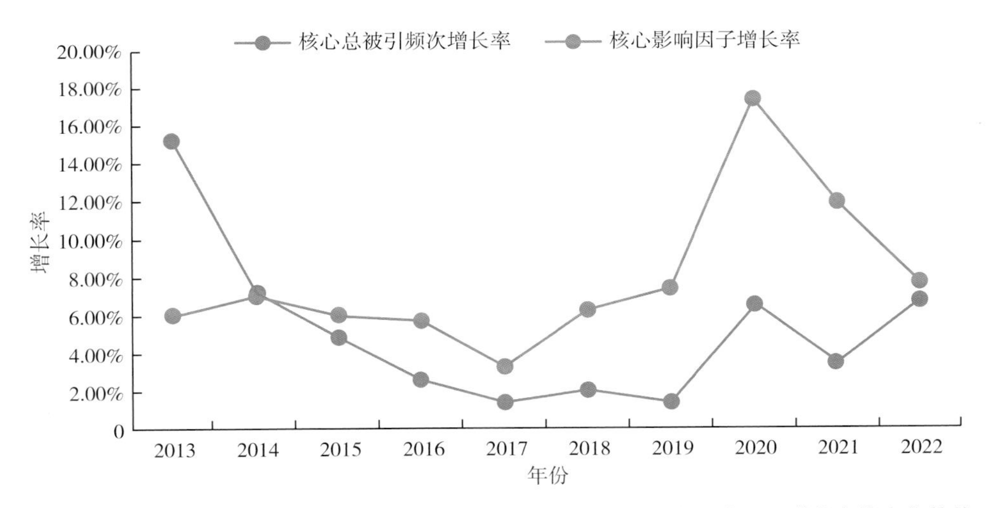

图 12-3 2013—2022 年中国科技核心期刊核心总被引频次和核心影响因子增长率的变化趋势

图 12-4 显示的是 2013—2022 年中国科技核心期刊核心即年指标、基金论文比及核心他引率的变化情况。核心即年指标是指期刊当年发表的论文在当年的被引用情况，表征期刊即时反应速率。由图 12-4 可见，10 年间核心即年指标整体呈上升趋势，2013—2019 年基本平稳增长，2020 年增长幅度最大，相比上年增长 66.37%。总体来说，中国科技核心期刊的即时反应速率在波动中逐步上升。

基金论文比是指期刊中国家级、省部级以上及其他各类重要基金资助的论文数量占全部论文数量的比例，是衡量期刊学术论文质量的重要指标。由图 12-4 可见，

2013—2022 年基金论文比整体呈上升趋势，10 年间基金论文比有涨有落，2017 年基金论文比首次超过 0.60，2020 年达到 0.62。2022 年相比上一年度有所增长，达 0.66。总体来说，中国科技核心期刊中的论文大部分是由省部级以上的项目基金资助产生的，且整体处于不断增长中，这与中国近年来加大科研投入密切相关。

核心他引率是指期刊总被引频次中，被其他期刊引用次数所占的比例，用来测度期刊学术传播力。10 年间中国科技核心期刊的核心他引率保持稳定，基本稳定在 0.82。

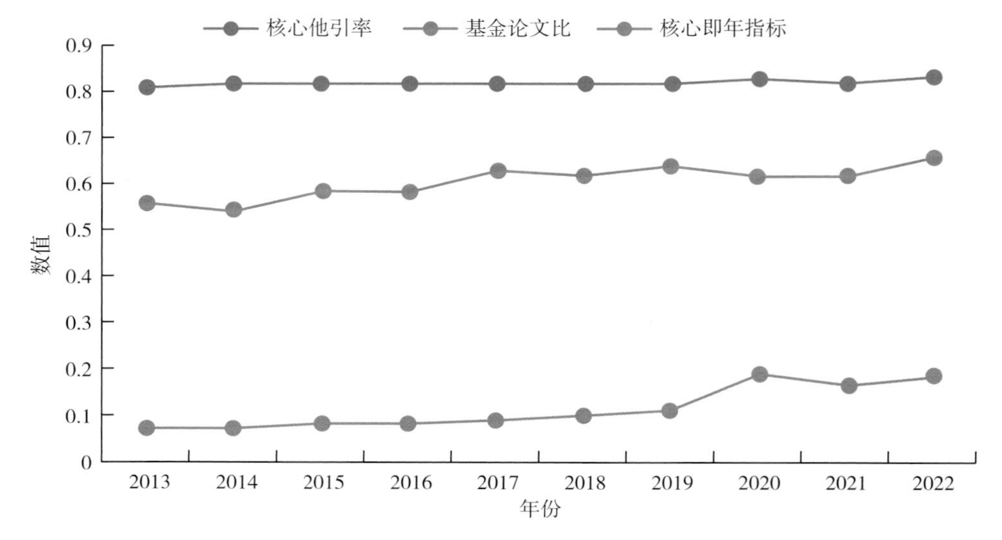

图 12-4　2013—2022 年中国科技核心期刊核心即年指标、基金论文比及核心他引率的变化情况

图 12-5 展示出 2013—2022 年中国科技核心期刊篇均作者数和篇均引文数的变化趋势。篇均引文数指标是指期刊每一篇论文平均引用的参考文献数，它是衡量科技期刊科学交流程度和吸收外部信息能力的相对指标，同时，参考文献的规范化标注，也是反映中国学术期刊规范化程度及与国际科学研究工作接轨的一个重要指标。由图 12-5 可知，10 年间中国科技核心期刊（中国科技论文统计源期刊）的篇均引文数总体呈上升趋势，在 2015 年有所下降，为 15.8 篇，到 2017 年首次超过 20 篇，为 20.3 篇，2022 年达到 28.3 篇，约是 2013 年的 1.78 倍。随着越来越多的中国科研人员加强与世界学术界的交往，科研人员在发表论文时越来越重视论文的完整性和规范性，意识到了参考文献著录的重要性。同时，广大科技期刊编辑工作者也日益认识到保留客观完整的参考文献是期刊领域进行学术交流的重要渠道。因此，中国论文的篇均引文数逐年提高。

篇均作者数是指期刊每一篇论文平均拥有的作者数，是衡量该期刊科学生产能力的一个指标。2013 年中国科技核心期刊的篇均作者数为 4.0 人，2014 年为 4.1 人，随后每年的篇均作者数均在 4.1 人以上，且逐年增加，2022 年达到 4.9 人。目前科学范式的转变、交流工具的进步及科学政策的影响等方面均在促使学术论文合作规模的逐渐增大。

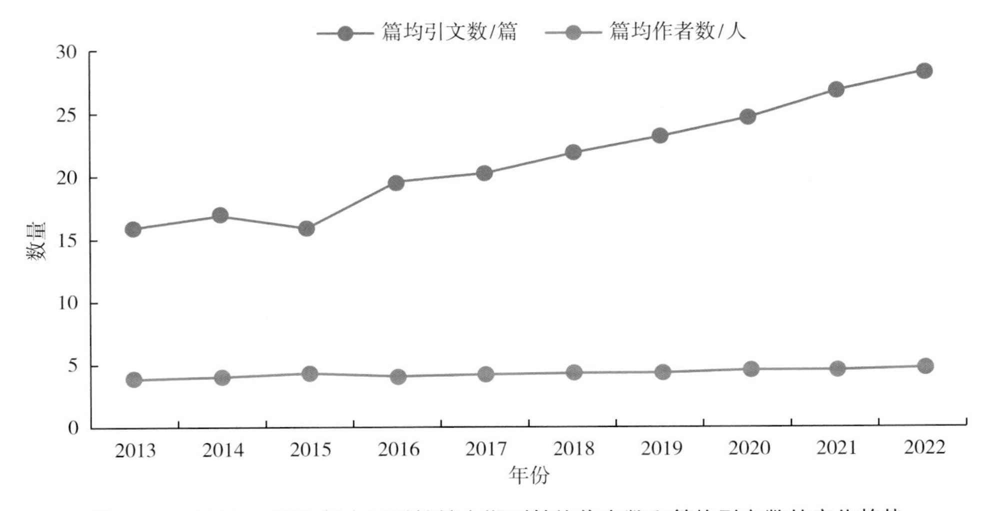

图 12-5 2013—2022 年中国科技核心期刊篇均作者数和篇均引文数的变化趋势

12.2.4 中国科技核心期刊的载文状况

来源文献量即期刊载文量，即指期刊所载信息量大小的指标，具体说就是一种期刊年发表论文的数量。需要说明的是，中国科技论文与引文数据库在收录论文时，是对期刊论文进行选择的，我们所指的期刊载文量是指学术性期刊中的科学论文和研究简报；技术类期刊中的科学论文和阐明新技术、新材料、新工艺和新产品的研究成果论文；医学类期刊中的基础医学理论研究论文和重要的临床实践总结报告及综述类文献。

2022 年 2151 种中国科技核心期刊共发表论文 456 715 篇，与 2021 年相比减少了 4419 篇，减少 0.96%；平均每刊的载文量约为 212 篇。2022 年中国科技核心期刊载文量最大值为 1945 篇，相比 2021 年减少了 157 篇；最小值为 18 篇，相比 2021 年增加了 1 篇。2022 年有 739 种期刊的载文量超过中国科技核心期刊载文量平均值，比 2021 年增加了 22 种。载文量大于 1500 篇的期刊有 3 种，分别为《科学技术与工程》（1945 篇）、《中华中医药杂志》（1667 篇）、《中国医药导报》（1627 篇）。

由表 12-3 和图 12-6 可见，2013—2022 年期刊载文量在 50 篇及以下的期刊数占期刊总数的比例一直是最低的，期刊占比最少，最高为 2018 年的 2.93%，2022 年相比上一年度减少 0.12 个百分点，从 2016 年开始载文量小于等于 50 篇的期刊数量在持续上升。2013—2022 年 100 < 载文量（P）≤ 200 篇的期刊所占的比例最高，10 年间均在 40.00% 左右浮动，2019 年超过 40.00%，2020 年又下降到 40.00% 以下。

表 12-3　2013—2022年中国科技核心期刊载文量占比变化情况

年份	载文量占比						
	$P>500$	$400<P\leqslant500$	$300<P\leqslant400$	$200<P\leqslant300$	$100<P\leqslant200$	$50<P\leqslant100$	$P\leqslant50$
2013	9.30%	5.03%	9.60%	18.85%	39.22%	16.39%	1.61%
2014	9.15%	5.58%	9.20%	18.45%	39.82%	16.29%	1.51%
2015	9.37%	4.99	9.27%	18.44%	38.59%	17.63%	1.71%
2016	7.85%	5.49%	9.34%	17.51%	39.05%	18.59%	2.18%
2017	8.08%	4.789%	9.36%	17.45%	38.84%	18.68%	2.81%
2018	7.42%	4.64%	8.20%	17.62%	39.58%	19.62%	2.93%
2019	7.29%	4.11%	8.16%	17.00%	40.48%	20.05%	2.90%
2020	7.25%	4.32%	8.11	18.09%	37.91%	21.83%	2.50%
2021	6.77%	4.09%	8.56%	17.97%	38.43%	21.50%	2.68%
2022	6.65%	3.72%	8.04%	18.41%	38.82%	21.80%	2.56%

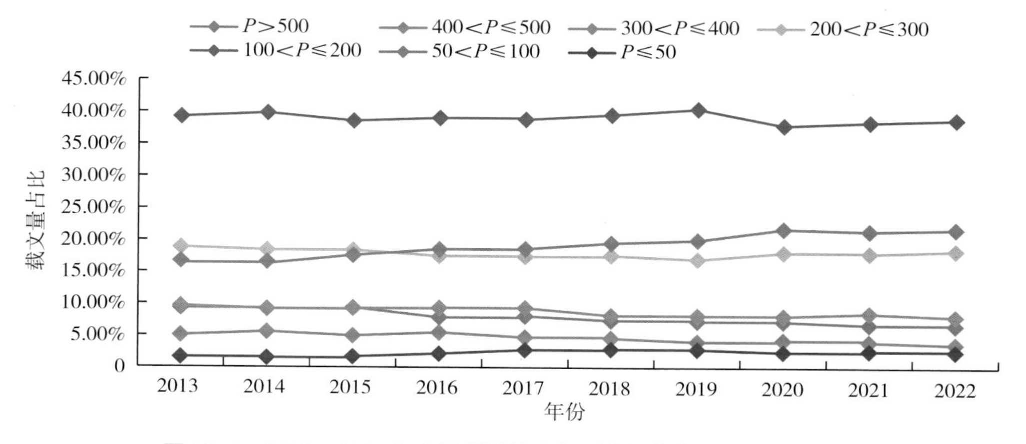

图 12-6　2013—2022年中国科技核心期刊来源载文量占比变化情况

对2022年中国科技核心期刊各领域载文量占比变化情况进行分析，如图12-7所示。由图12-7可知，在$P\leqslant50$篇的区间，理学领域期刊所占比例远高于其他5个学科，为35.71%，与2021年相比增加了0.71个百分点，说明理学领域载文量在50篇及以下的期刊数量在增多；在载文量大于500篇的区间，理学领域期刊所占比例下降至4.61%，与2021年相比下降1.23个百分点。

医学领域期刊在$300<P\leqslant400$区间占比最高，不同于2021年，2022年医学领域的期刊在$50<P\leqslant100$区间占比最少。

工程技术领域期刊在$400<P\leqslant500$区间占比最高，在$P\leqslant50$区间占比最少，均与2021年保持一致。

农学领域的期刊在$P\leqslant50$区间占比最高，与2021年保持一致；在$400<P\leqslant500$区间占比最少。管理学及自然科学综合在各载文量区间的期刊占比变化不大。

以上分析在一定程度上说明，医学及工程技术领域的期刊一般分布在载文量较大的范围内，理学、农学、管理学和自然科学综合领域的期刊一般分布在载文量较小的范围内。

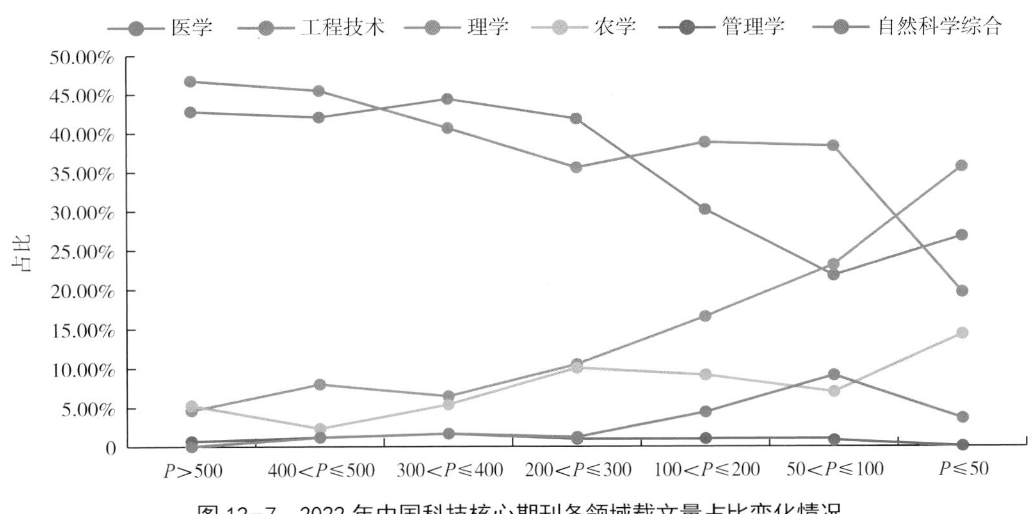

图 12-7 2022 年中国科技核心期刊各领域载文量占比变化情况

12.2.5 中国科技期刊的学科分析

从《2013 年版中国科技期刊引证报告（核心版）》开始，与前面的版本相比，期刊的学科分类发生较大变化，《2013 年版中国科技期刊引证报告（核心版）》的期刊分类参照的是《学科分类与代码》（GB/T13 745—2009），我们将中国科技核心期刊重新进行了学科认定（已修改），将原有的 61 个学科扩展为 112 个学科类别。《2023 版中国科技期刊引证报告（核心版）自然科学卷》根据每种期刊刊载论文的主要分布领域，将覆盖多学科和跨学科内容的期刊复分归入 2 个或 3 个学科分类类别。依据《学科分类与代码》（GB/T 13745—2009）和《中国图书资料分类法（第四版）》的学科分类原则，同时考虑到中国科技期刊的实际分布情况，《2023 版中国科技期刊引证报告（核心版）自然科学卷》将来源期刊分别归类到 112 个学科类别。该学科分类体系体现了科学研究学科之间的发展和演变，更加符合当前中国科学技术各方面的发展整体状况，以及中国科技期刊实际分布状况。

图 12-8 显示的是 2022 年中国科技核心期刊（2151 种）各学科的期刊数量。由图可见，工程技术大学学报、自然科学综合大学学报、医药大学学报数量占据期刊数量的前 3 位，期刊种数分别为 89 种、57 种、55 种。

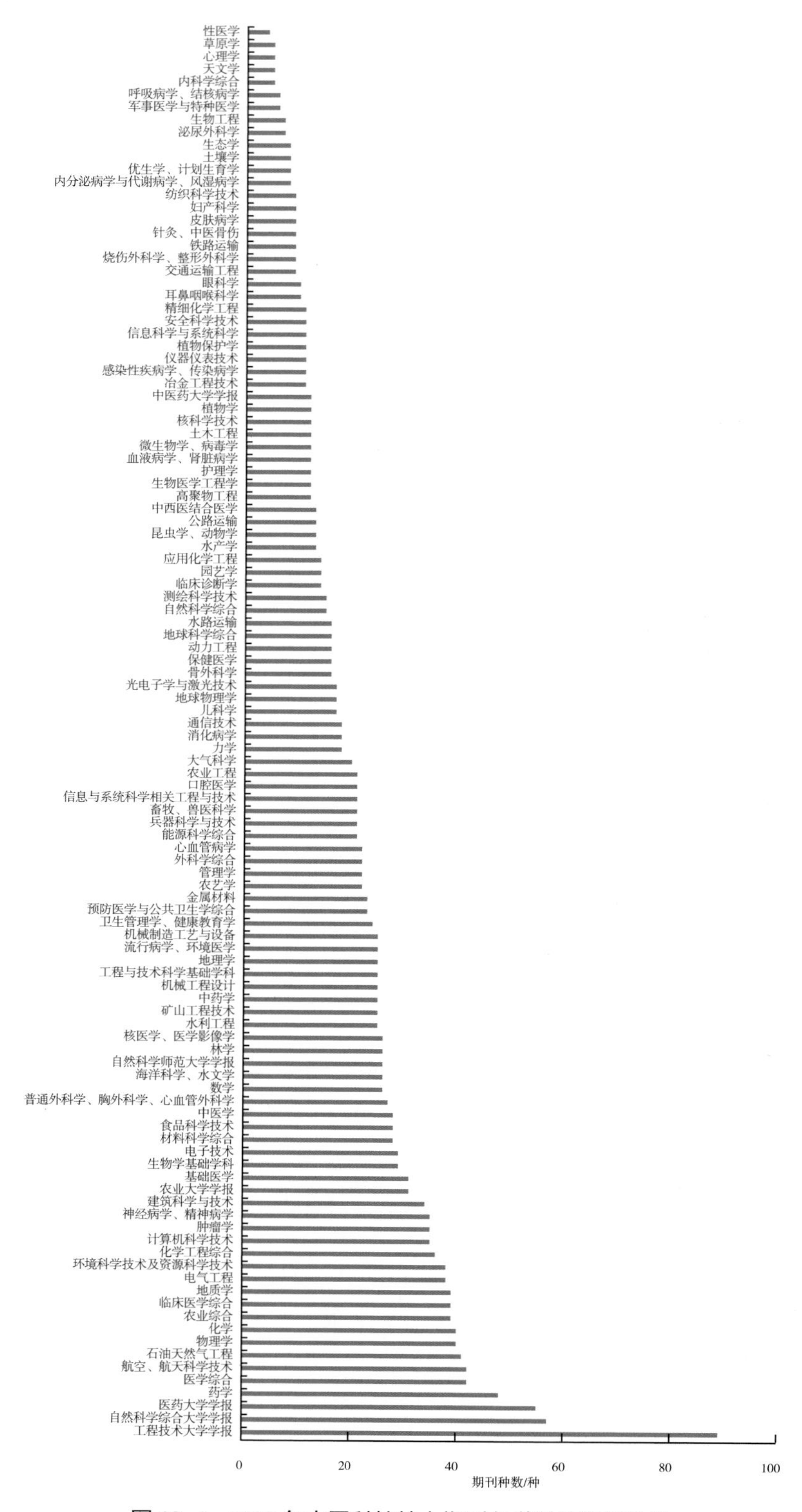

图 12-8　2022 年中国科技核心期刊各学科的期刊数量

2022年中国科技核心期刊的平均影响因子和平均被引次数分别为1.048和1683次，相比2021年均有所增长。其中，高于平均影响因子的学科有45个，有51个学科的平均影响因子高于1，比去年增加了2个。学科平均影响因子居前3位的是土壤学、管理学和电气工程，与2021年相比略有不同（2021年学科平均影响因子居前3位的是土壤学、电气工程和管理学）。2022年学科平均被引次数居前3位的是生态学、中药学和土木工程，与2021年略有不同（2021年学科平均被引次数居前3位的是生态学、中药学和护理学）。总被引频次及影响因子与学科领域的相关性很大，不同学科总被引频次及影响因子有很大的差异。

鉴于学科内各期刊的计量指标存在较大差异，本书以学科内期刊计量指标的中位数为分析基准，图12-9呈现了各学科核心总被引频次中位数与核心影响因子中位数的分布情况。可以看出，各学科的核心总被引次数中位数、核心影响因子中位数差异明显。2022年112个学科中核心总被频次数中位数超过1000的学科有59个，比2021年减少1个，排前3位的学科为土壤学、草原学和心理学，2021年核心总被引次数中位数排在前3位的学科是生态学、草原学和土壤学；2022年学科影响因子中位数排前3位的是草原学、土壤学和电气工程，与学科影响因子平均值排前3位的学科存在差异。

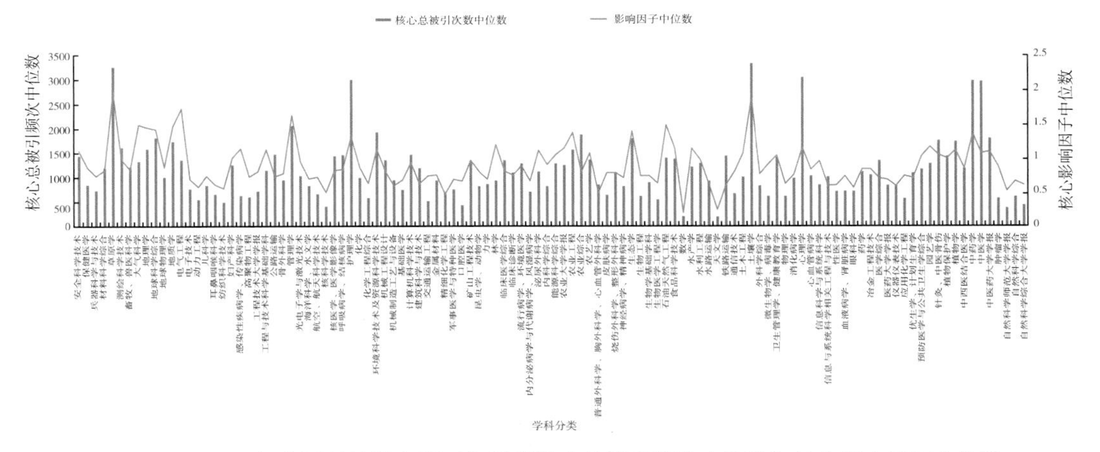

图12-9　2022年中国科技核心期刊各学科核心总被引频次中位数与核心影响因子中位数

12.2.6　中国科技期刊的地区分布数

地区分布数指来源期刊登载论文作者所涉及的地区数，按全国31个省（自治区、直辖市）计算。一般说来，用一种期刊的地区分布数可以判定该期刊是否为一个地区覆盖面较广的期刊，以及其在全国的影响力究竟如何。

如表12-4所示，2013—2022年中国科技核心期刊中地区分布数（D）大于或等于30个省（自治区、直辖市）的期刊数量总体呈增长态势，2013—2015年保持增长，2016—2017年较2015年有所下降，2018年及以后连续4年稍有上升，2022年又降至7.21%。

表 12-4　2013—2022 年中国科技核心期刊地区分布数占比

年份	地区（自治区、直辖市）分布数（D）/ 个				
	$D \geqslant 30$	$20 \leqslant D < 30$	$15 \leqslant D < 20$	$10 \leqslant D < 15$	$D < 10$
2013	5.03%	59.23%	19.71%	11.71%	4.32%
2014	5.68%	59.23%	20.11%	10.86%	3.82%
2015	6.05%	60.66%	18.39%	10.33%	4.57%
2016	5.03%	60.86%	20.17%	9.66%	4.28%
2017	5.72%	60.63%	19.27%	10.00%	4.44%
2018	6.00%	61.10%	18.25%	11.03%	3.61%
2019	7.10%	59.18%	20.05%	9.95%	3.72%
2020	7.20%	61.32%	18.91%	9.64%	2.93%
2021	7.29%	61.62%	19.52%	9.22%	3.10%
2022	7.21%	62.16%	19.01%	9.25%	2.37%

由图 12-10 可知，10 年间中国科技核心期刊论文作者所属地区覆盖 20 个及以上省（自治区、直辖市）的期刊总体呈现上涨趋势，2013—2022 年全国性科技期刊占中国科技核心期刊总量的比例均在 60% 以上，2022 年有 69.36% 的中国科技核心期刊属于全国性科技期刊，相比 2021 年增长 0.45 个百分点。地区分布数小于 10 个的期刊数在 10 年间整体呈下降趋势，从 2013 年起近 10 年占比均小于 5.00%，2022 年相比 2021 年降低 0.73 个百分点。2022 年地区分布数小于 10 的期刊有 51 种。

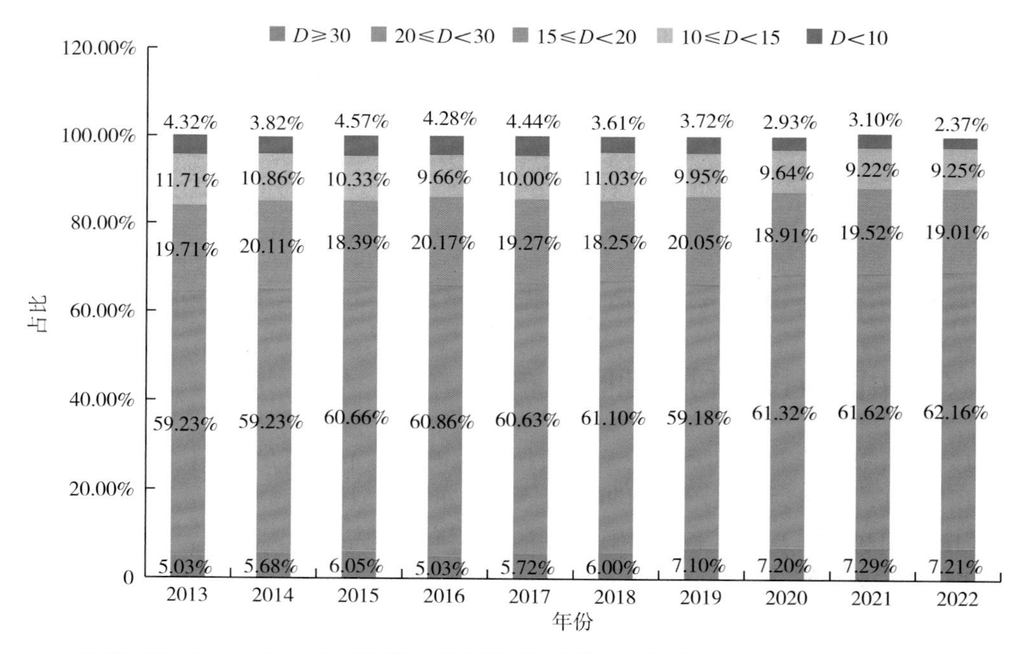

图 12-10　2013—2022 年中国科技核心期刊论文作者所属地区分布数占比及变化情况

12.2.7 中国科技期刊综合评分

中国科学技术信息研究所每年出版的《中国科技期刊引证报告（核心版）》定期公布 CSTPCD 收录的中国科技论文统计源期刊的各项科学计量指标。从 1999 年开始，以此指标为基础，研制了中国科技期刊综合评价指标体系。采用层次分析法，由专家打分确定了重要指标的权重，并分学科对每种期刊进行综合评定。2009—2022 年版《中国科技期刊引证报告（核心版）》连续公布了期刊的综合评分，即采用中国科技期刊综合评价指标体系对期刊指标进行分类、分层次、赋予不同权重后，求出各指标加权得分，定出期刊在本学科内的排名。

根据综合评分的排名，结合各学科的期刊数量及学科细分情况，自 2009 年起每年评选中国百种杰出学术期刊。

中国科技核心期刊（中国科技论文统计源期刊）实行动态调整机制，每年对期刊进行评价，通过定量及定性相结合的方式，评选出各学科较重要的、有代表性的、能反映本学科发展水平的科技期刊，评选过程中将淘汰连续两年公布的综合评分排在本学科末位的期刊。

科技期刊评价监测的主要目的是引导，中国科技期刊评价指标体系中的各指标是从不同角度反映科技期刊的主要特征，涉及期刊多个方面，为此要从整体上反映科技期刊的发展进程，必须对各项指标进行综合化处理，做出综合评价。期刊编辑出版者也可以从这些指标上找到自己的特点和不足，从而制定符合自身特点的期刊发展方向。

由科技部推动的精品科技期刊战略就是通过对科技期刊的整体评价和监测，发挥中国科学研究的优势学科，对科技期刊存在的问题进行政策引导，采取切实可行的措施，推动科技期刊整体质量和水平的提高，从而促进中国科技自主创新工作，在中国优秀期刊服务于国内广大科技工作者的同时，鼓励一部分顶尖学术期刊冲击世界先进水平。

12.3 小结

① 2013—2022 年中国科技核心期刊中，工程技术领域期刊所占比例最高，其次为医学领域。

② 中国科技期刊的平均核心总被引频次和平均核心影响因子在保持绝对数增长态势的同时，核心影响因子增速逐年提升。

③ 2022 年中国科技核心期刊的发文总数较上年有所减少，发文量集中在 100～200 篇的期刊数量占总发文数的比例最高，为 38.82%；发文量超过 500 篇的期刊相比 2021 年有所下降，发文量小于 50 篇的期刊数量较 2021 年略有下降。

④ 2022 年中国科技期刊的地区分布大于 20 个省（自治区、直辖市）的期刊数量与 2021 年基本保持一致，占比超过 60%，达到 69.36%；地区分布数小于 10 的期刊数量比 2021 年稍有增多。

参考文献

[1] 国家新闻出版署. 2020 年全国新闻出版业基本情况[EB/OL].[2024-05-19]. http://www.cnfaxie.org/webfile/upload/2021/12-17/07-56-280973-924401286.pdf.

13 CPCI-S 收录中国论文情况统计分析

Conference Proceedings Citation Index-Science（CPCI-S）数据库，即原来的 ISTP 数据库，涵盖了几乎所有科技领域的会议录文献，涉及领域包括农业、生物化学、生物学、生物技术学、化学、计算机科学、工程学、环境科学、医学和物理学等。

本章利用统计分析方法对 2022 年 CPCI-S 收录的 30 398 篇第一作者单位为中国机构（不包含港澳台地区）的科技会议论文的地区、学科、会议举办地、参考文献数量、被引频次分布等进行简单的计量分析。

13.1 引言

2022 年，CPCI-S 数据库收录世界重要会议论文为 16.42 万篇（以最终出版年统计），比 2021 年减少 26.3%，共收录了中国作者论文 3.35 万篇，比 2021 年减少了 15.2%，占收录世界重要会议论文总数的 20.4%，排在世界第 2 位（图 13-1）。排在世界前 5 位的国家分别是美国、中国、印度、德国和英国。CPCI-S 数据库收录美国论文 4.32 万篇，占收录世界重要会议论文的 26.3%。

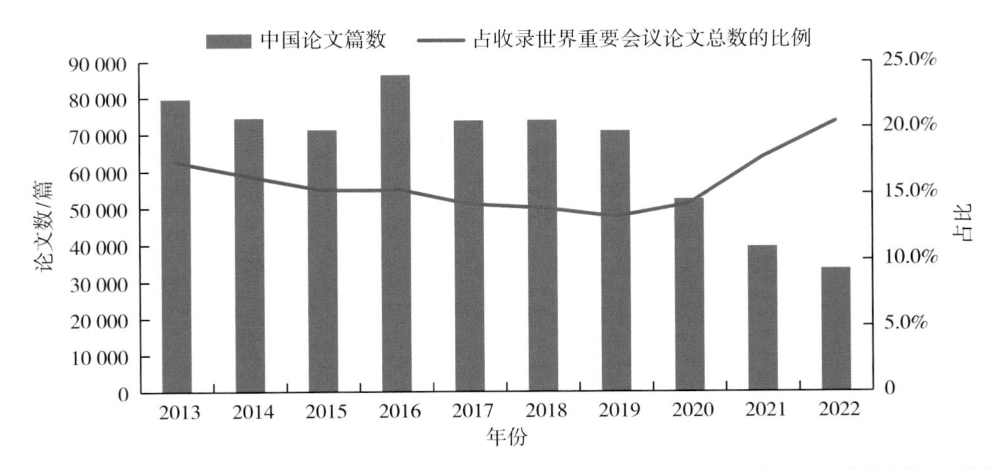

图 13-1 2013—2022 年 CPCI-S 收录中国作者论文篇数及占收录世界重要会议论文总数比例的变化趋势

若不统计港澳台地区的论文，2022 年 CPCI-S 收录第一作者单位为中国机构的科技会议论文共计 3.04 万篇，以下统计分析都基于此数据。

13.2 2022 年 CPCI-S 收录中国论文的地区分布

表 13-1 是 2021 年和 2022 年 CPCI-S 收录第一作者单位为中国机构的论文排名居前 10 位的地区及论文数。

表 13-1 2021 年和 2022 年 CPCI-S 收录的第一作者单位为中国机构的排名居前 10 位的地区及论文数

2022 年			2021 年		
地区	论文数/篇	排名	地区	论文数/篇	排名
北京	7067	1	北京	6327	1
上海	3117	2	上海	2636	2
广东	2816	3	广东	2447	3
江苏	2635	4	江苏	2217	4
四川	1712	5	陕西	1669	5
陕西	1663	6	浙江	1328	6
浙江	1598	7	湖北	1278	7
湖北	1386	8	四川	1265	8
山东	1150	9	山东	959	9
天津	976	10	天津	865	10

从表 13-1 可以看出，2022 年排名居前 3 位的地区是北京、上海和广东，分别产出 7067 篇、3117 篇和 2816 篇论文，分别占 CPCI-S 收录中国会议论文总数的 23.2%、10.3% 和 9.3%。2022 年，排名居前 10 位的地区作者共发表 CPCI-S 论文 24 120 篇，占 CPCI-S 收录中国会议论文总数的 79.3%。

13.3 2022 年 CPCI-S 收录中国论文的学科分布

表 13-2 是 2021 年和 2022 年 CPCI-S 收录第一作者单位为中国机构的论文排名居前 10 位的学科及论文数。

表 13-2 2021 年和 2022 年 CPCI-S 收录第一作者单位为中国机构的论文排名居前 10 位的学科及论文数

2022 年			2021 年		
排名	学科	论文数/篇	排名	学科	论文数/篇
1	计算技术	12 199	1	计算技术	10 833
2	电子、通信与自动控制	8524	2	电子、通信与自动控制	6568
3	临床医学	2655	3	物理学	2988
4	能源科学技术	1503	4	能源科学技术	1160
5	物理学	1258	5	临床医学	982
6	地学	970	6	工程与技术基础学科	527
7	基础医学	832	7	土木建筑	525
8	机械、仪表	536	8	基础医学	480
9	工程与技术基础学科	385	9	动力与电气	464
10	土木建筑	285	10	材料科学	385

从表 13-2 可以看出，2022 年 CPCI-S 收录中国论文分布排名居前 3 位的学科为计算技术，电子、通信与自动控制和临床医学。仅这 3 个学科的会议论文数就占了 CPCI-S 收录中国会议论文总数的 76.9%。

13.4 2022 年 CPCI－S 收录中国作者发表论文较多的会议

2022 年，CPCI－S 收录的第一作者单位为中国机构的论文发表在 1160 个会议上。表 13－3 为 2022 年 CPCI－S 收录中国论文数排名居前 10 位的会议。

表 13－3 2022 年 CPCI－S 收录中国论文数排名居前 10 位的会议

排名	会议名称	论文数 / 篇
1	41st Chinese Control Conference（CCC）	1264
2	IEEE/CVF Conference on Computer Vision and Pattern Recognition（CVPR）	881
3	IEEE International Geoscience and Remote Sensing Symposium（IGARSS）	797
4	47th IEEE International Conference on Acoustics，Speech and Signal Processing（ICASSP）	663
5	Annual Meeting of the American－Association－for－Cancer－Research（AACR）	612
6	36th AAAI Conference on Artificial Intelligence / 34th Conference on Innovative Applications of Artificial Intelligence / 12th Symposium on Educational Advances in Artificial Intelligence	535
7	17th European Conference on Computer Vision（ECCV）	524
8	IEEE International Conference on Fuzzy Systems（FUZZ－IEEE）/ IEEE World Congress on Computational Intelligence（IEEE WCCI）/ International Joint Conference on Neural Networks（IJCNN）/ IEEE Congress on Evolutionary Computation（IEEE CEC）	460
9	IEEE Global Communications Conference（GLOBECOM）	427
10	IEEE International Conference on Communications（ICC）	426

13.5 CPCI－S 收录中国论文的语种分布

基于 2022 年 CPCI－S 收录第一作者单位为中国机构（不包含港澳台地区）的 30 398 篇科技会议论文，以英文发表的论文共 30 396 篇，占 CPCI－S 收录中国科技会议论文总数的 99.99%。

13.6 2022 年 CPCI－S 收录中国论文的参考文献数量和被引频次分布

13.6.1 2022 年 CPCI－S 收录中国论文的参考文献数量分布

表 13－4 列出了 2022 年 CPCI－S 收录中国论文的参考文献数量分布。除 0 篇参考文献的论文外，排名居前 10 位的参考文献数均在 10 篇及以上，这些论文（包含 0 篇参考文献）共占 CPCI－S 收录中国科技会议论文总数的 70.2%。

表 13-4 2022 年 CPCI-S 收录中国论文的参考文献数分布（Top 10）

参考文献数/篇	论文数/篇	比例
0	15 976	52.6%
15	687	2.3%
10	686	2.3%
12	636	2.1%
13	588	1.9%
17	569	1.9%
14	565	1.9%
16	562	1.8%
11	535	1.8%
18	522	1.7%

13.6.2 2022 年 CPCI-S 收录论文的被引频次分布

2022 年，CPCI-S 收录论文的被引频次分布，如表 13-5 所示。从表 13-5 可以看出，大部分会议论文的被引频次为 0 次，有 26 608 篇，占比为 87.5%，占比高于 2021 年。被引 1 次及以上的论文共有 3790 篇，占比 12.4%；被引 5 次及以上的论文为 280 篇，比 2021 年的 328 篇减少了 14.6%。

表 13-5 2022 年 CPCI-S 收录论文的被引频次分布

频次	论文数/篇	占比
0	26 608	87.5%
1	2470	8.1%
2	632	2.1%
3	269	0.9%
4	139	0.5%
5	73	0.2%
6	46	0.2%
7	37	0.2%
8	18	0.1%
10	15	0.1%

13.7 小结

2022 年，CPCI-S 共收录了中国作者论文 3.35 万篇，比 2021 年减少了 15.2%，占收录世界重要会议论文总数的 20.4%，排在世界第 2 位。

2022 年，CPCI－S 收录中国（不包含港澳台地区）的会议论文中，以英文发表的论文共 30 396 篇。

2022 年，CPCI－S 收录中国论文参考文献数排名居前 10 位的参考文献数量均在 10 篇以上，这些论文（包含 0 篇参考文献）共占 CPCI－S 收录中国会议论文总数的 71.8%。

2022 年，CPCI－S 中国论文分布排名居前 3 位的学科为计算技术，电子、通信与自动控制和临床医学，占 CPCI－S 收录中国会议论文总数的 76.9%。

14 Medline 收录中国论文情况统计分析

14.1 引言

Medline 是美国国立医学图书馆（The National Library of Medicine，NLM）开发的当今世界上最具权威性的文摘类医学文献数据库之一。《医学索引》（Index Medicus，IM）为其检索工具之一，收录了全球生物医学方面的期刊，是生物医学方面较常用的国际文献检索系统。

本章统计了中国科研人员被 Medline 2022 收录论文的机构分布情况、论文发表期刊的分布及期刊所属国家和语种分布等情况，并在此基础上进行了分析。

14.2 研究分析与结论

14.2.1 Medline 收录论文的国际概况

Medline 2022 网络版共收录论文 1 624 870 篇（数据采集时间：2023 年 6 月），比 2021 年的 1 612 536 篇增加 0.76%，2017—2022 年 Medline 收录论文情况如图 14-1 所示。可以看出，2017—2022 年 Medline 收录论文数呈逐年递增的趋势。

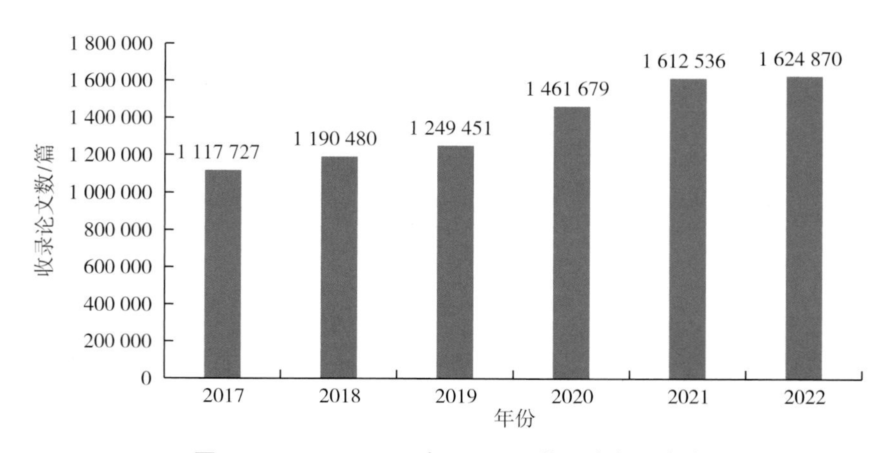

图 14-1 2017—2022 年 Medline 收录论文数统计

14.2.2 Medline 收录中国论文的基本情况

Medline 2022 网络版共收录中国科研人员发表的论文 441 609 篇（数据采集时间：2023 年 6 月），比 2021 年增长 41.75%。2017—2022 年，Medline 收录中国论文情况如图 14-2 所示（见附表 17）。

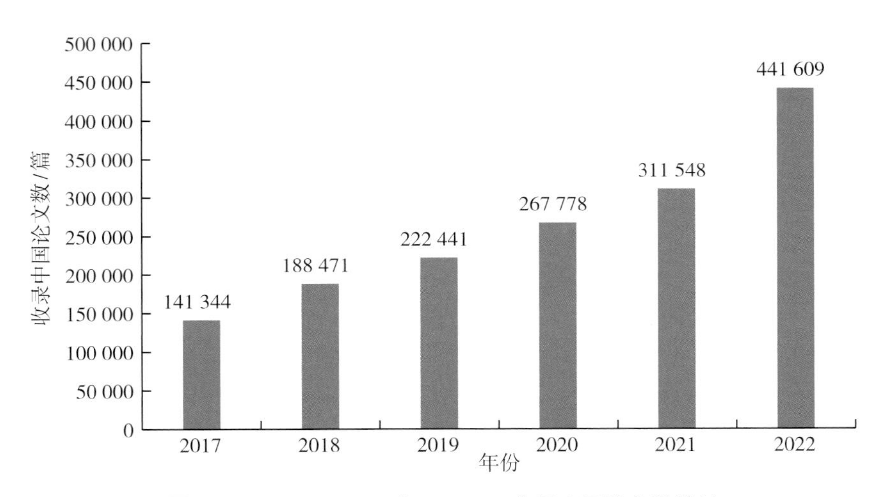

图 14-2　2017—2022 年 Medline 收录中国论文数统计

14.2.3　Medline 收录中国论文的机构分布情况

被 Medline 2022 收录的中国论文，以第一作者单位的机构类型分类，其统计结果如图 14-3 所示。其中，高等院校所占比例最多，包括其所附属的医院等医疗机构在内，产出论文数占总量的 71.10%。医疗机构中，高等院校所属医疗机构是非高等院校所属医疗机构产出论文数的 2.73 倍，二者之和在总量中所占比例为 27.75%。科研机构所占比例为 7.71%，与 2021 年相比有所提升。

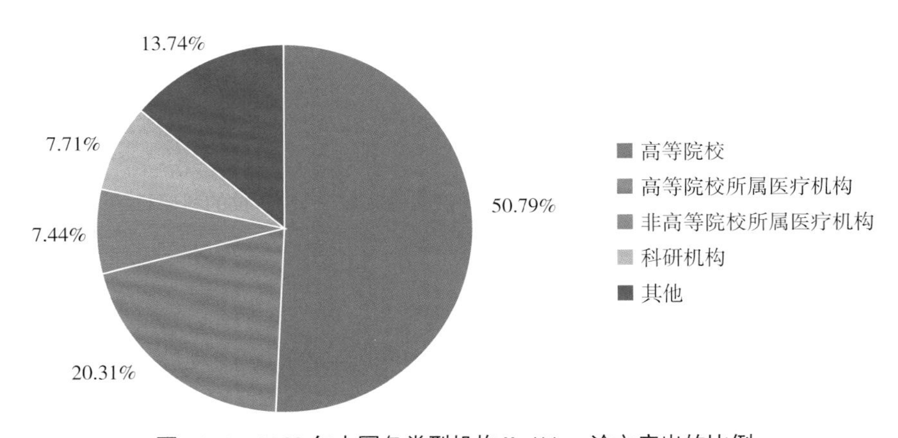

图 14-3　2022 年中国各类型机构 Medline 论文产出的比例

被 Medline 2022 收录的中国论文，以第一作者单位统计，高等院校、科研机构和医疗机构三类机构各自居前 20 位的单位分别如表 14-1 至表 14-3 所示。

从表 14-1 中可以看到，发表论文数较多的高等院校大多为综合类大学。

表 14-1　2022 年 Medline 收录中国论文数居前 20 位的高等院校

排名	高等院校	论文数/篇
1	四川大学	7818
2	上海交通大学	7621
3	浙江大学	7535
4	北京大学	6668
5	复旦大学	6484
6	中山大学	6328
7	首都医科大学	5857
8	中南大学	5406
9	华中科技大学	5247
10	山东大学	4262
11	吉林大学	3816
12	郑州大学	3287
13	武汉大学	3261
14	西安交通大学	3124
15	南京医科大学	3044
16	苏州大学	2992
17	重庆医科大学	2645
18	同济大学	2615
19	安徽医科大学	2567
20	清华大学	2477

注：高等院校数据包括其所附属的医院等医疗机构。

从表 14-2 中可以看到，发表论文数较多的科研机构中，中国科学院所属机构较多，在前 20 位中占据了 10 席。

表 14-2　2022 年 Medline 收录中国论文数居前 20 位的科研机构

排名	科研机构	论文数/篇
1	中国医学科学院肿瘤研究所	976
2	中国中医科学院	908
3	中国疾病预防控制中心	722
4	军事医学研究院	477
5	中国科学院生态环境研究中心	455
6	中国科学院深圳先进技术研究院	432
7	中国科学院化学研究所	426
8	中国水产科学研究院	413
9	中国科学院地理科学与资源研究所	330
10	中国科学院大连化学物理研究所	317
11	中国林业科学研究院	313
12	中国农业科学院北京畜牧兽医研究所	308
13	中国科学院动物研究所	308

续表

排名	科研机构	论文数/篇
14	中国科学院上海药物研究所	290
15	中国科学院合肥物质科学研究院	287
16	中国科学院长春应用化学研究所	281
17	中国科学院微生物研究所	280
18	浙江省农业科学院	261
19	山东省医学科学院	251
20	中国农业科学院植物保护研究所	246

由 Medline 2022 收录的中国医疗机构发表的论文数分析（表 14-3），2022 年四川大学华西医院发表论文数以 4406 篇高居榜首；其次为北京协和医院，发表论文 1843 篇；解放军总医院排在第 3 位，发表论文 1722 篇。在论文数居前 20 位的医疗机构中，除北京协和医院、解放军总医院外，其他全部是高等院校所属的医疗机构。

表 14-3　2022 年 Medline 收录中国论文数居前 20 位的医疗机构

排名	医疗机构	论文数/篇
1	四川大学华西医院	4406
2	北京协和医院	1843
3	解放军总医院	1722
4	中南大学湘雅医院	1630
5	华中科技大学同济医学院附属同济医院	1615
6	郑州大学第一附属医院	1585
7	华中科技大学同济医学院附属协和医院	1325
8	中南大学湘雅二医院	1324
9	浙江大学医学院附属第一医院	1278
10	南京医科大学第一附属医院	1168
11	复旦大学附属中山医院	1138
12	浙江大学医学院附属第二医院	1112
13	上海交通大学医学院附属瑞金医院	971
14	上海交通大学医学院附属第九人民医院	970
15	苏州大学附属第一医院	960
16	重庆医科大学附属第一医院	950
17	北京大学第三医院	936
18	南方医科大学南方医院	928
19	山东大学齐鲁医院	915
20	西安交通大学医学院第一附属医院	913

14.2.4 Medline 收录中国论文的学科分布情况

Medline 2022 收录的中国论文共分布在 80 个学科（该学科分类由科睿唯安提供）中。其中，有 38 个学科的论文数在 1000 篇以上，论文数量最多的学科是生物化学与分子生物学，共有论文 29 920 篇，占论文总量的 46.01%，超过 100 篇的学科数量为 75 个。论文数量排名前 10 位的学科如表 14–4 所示。

表 14–4 2022 年 Medline 收录中国论文数居前 10 位的学科

排名	学科	论文数/篇	论文比例
1	生物化学与分子生物学	29 920	6.78%
2	细胞生物学	13 214	2.99%
3	药理学和药剂学	13 158	2.98%
4	肿瘤学	10 561	2.39%
5	小儿科	10 520	2.38%
6	老年病学和老年医学	8564	1.94%
7	遗传学和遗传性	7300	1.65%
8	免疫学	6858	1.55%
9	传染病	5994	1.36%
10	微生物学	5941	1.35%

14.2.5 Medline 收录中国论文的期刊分布情况

Medline 2022 收录的中国论文，发表于 7844 种期刊上，期刊总数比 2021 年增长 27.19%。收录中国论文较多的期刊数量与收录的论文数均有所增加，其中，收录中国论文达到 100 篇及以上的期刊共有 790 种。

收录中国论文数居前 20 位的期刊如表 14–5 所示。可以看出，Medline 收录中国论文最多的 20 种期刊全部是国外期刊。其中，收录论文数最多的期刊为瑞士出版的 *Frontiers in Oncology*，2022 年该刊共收录中国论文 4854 篇。

表 14–5 2022 年 Medline 收录中国论文数居前 20 位的期刊

期刊名称	期刊出版国	论文数/篇
Frontiers in Oncology	瑞士	4854
Faseb Journal：Official Publication of the Federation of American Societies for Experimental Biology	美国	4806
The Science of the Total Environment	荷兰	4157
International Journal of Environmental Research and Public Health	瑞士	3860
Frontiers in Immunology	瑞士	3815
Scientific Reports	英国	3693
Frontiers in Psychology	瑞士	3669
Frontiers in Pharmacology	瑞士	3559

续表

期刊名称	期刊出版国	论文数/篇
Frontiers in Plant Science	瑞士	3329
International Journal of Molecular Sciences	瑞士	3209
Acs Applied Materials & Interfaces	美国	3180
Materials（Basel，Switzerland）	瑞士	3169
Frontiers in Microbiology	瑞士	3031
Environmental Science and Pollution Research International	德国	2973
Sensors（Basel，Switzerland）	瑞士	2899
Cureus	美国	2651
Computational Intelligence and Neuroscience	美国	2609
Frontiers in Public Health	瑞士	2584
Frontiers in Genetics	瑞士	2510
Nature	英国	2468

按照期刊出版地所在的国家（地区）进行统计，发表中国论文数居前 10 位的国家的情况如表 14-6 所示。

表 14-6 2022 年 Medline 收录中国论文数居前 10 位的所在国家相关情况统计

期刊出版地	期刊种数/种	论文数/篇	论文比例
美国	2824	139 425	31.57%
英国	1852	94 346	21.36%
瑞士	340	88 307	20.00%
荷兰	613	28 267	6.40%
德国	462	21 995	4.98%
中国	129	18 006	4.08%
新西兰	72	4485	1.02%
日本	138	4324	0.98%
澳大利亚	90	3026	0.69%
法国	103	3010	0.68%

中国 Medline 论文发表在 71 个国家（地区）出版的期刊上。其中，在美国的 2824 种期刊上发表 139 425 篇论文，英国的 1852 种期刊上发表 94 346 篇论文，中国的 129 种期刊上共发表 18 006 篇论文。

14.2.6 Medline收录中国论文的发表语种分布情况

Medline 2022收录的中国论文，其发表语种情况如表14-7所示。可以看出，几乎全部的论文都是用英文和中文发表的，而英文是中国科技成果在国际发表的主要语种，在全部论文中所占比例达到95.59%。

表14-7 2022年Medline收录中国论文发表语种情况统计

语种	论文数/篇	论文比例
英文	422 154	95.59%
中文	10 373	2.35%
其他	9082	2.06%

14.3 小结

Medline 2022收录中国科研人员发表的论文共计441 609篇，发表于7844种期刊上，其中95.59%的论文用英文撰写。

根据学科统计数据，Medline 2022收录的中国论文中，生物化学与分子生物学学科的论文数最多，其后是细胞生物学、药理学和药剂学、肿瘤学等学科。

2022年，Medline收录中国论文数比2021年增长41.75%，其中高等院校及其所属医疗机构产出论文数达到论文总数的71.10%，Medline 2022收录的中国论文发表的期刊数量持续增加。

15 SSCI 收录中国论文情况统计与分析

对 2022 年 SSCI（Social Science Citation Index）数据库收录中国论文进行统计分析，以了解中国社会科学论文的地区、学科、机构分布及发表论文的国际期刊和论文被引用等方面情况。并利用 SSCI 2022 和 SSCI JCR 2022 对中国社会科学研究的学科优势及在国际学术界的地位等情况做出分析。

15.1 引言

2022 年，反映社会科学研究成果的大型综合检索系统“社会科学引文索引”（SSCI）已收录世界社会科学领域期刊 3557 种。SSCI 覆盖的领域涉及人类学、社会学、教育、经济、心理学、图书情报、语言学、法学、城市研究、管理、国际关系和健康等 66 个学科门类。通过对该系统所收录的中国论文的统计和分析研究，可以从一个侧面了解中国社会科学研究成果的国际影响和所处的国际地位。为了帮助广大社会科学工作者与国际同行交流和沟通，也为促进中国社会科学和与之交叉的学科的发展，从 2005 年开始，笔者就对 SSCI 收录的中国社会科学论文情况做出统计和简要分析。2022 年，继续对中国大陆的 SSCI 论文情况及在国际上的地位做简要分析。

15.2 研究分析与结论

2022 年 SSCI 收录中国论文的简要统计

2022 年 SSCI 收录的世界论文共计 43.65 万篇，与 2021 年收录的 44.34 万篇相比，减少了 0.69 万篇。收录论文数居前 10 位的国家 SSCI 论文数所占份额如表 15－1 所示。中国被收录的论文数为 55 461 篇，比上一年增长了 16 704 篇，增长 43.10%，按收录论文数排序，中国位居世界第二。位居前 10 位的国家依次为：美国、中国、英国、澳大利亚、德国、加拿大、西班牙、意大利、荷兰和韩国。2022 年中国社会科学论文数占比虽有所上升，但与自然科学论文数在国际上的排名相比仍然有所差距。

表 15－1 收录论文数居前 10 位的国家 SSCI 论文数所占份额

国家	论文数/篇	占比	排名
美国	110 955	25.42%	1
中国	55 461	12.71%	2
英国	32 237	7.39%	3
澳大利亚	20 570	4.71%	4
德国	17 416	3.99%	5

续表

国家	论文数/篇	占比	排名
加拿大	16 397	3.76%	6
西班牙	12 203	2.80%	7
意大利	10 826	2.48%	8
荷兰	9280	2.13%	9
韩国	7102	1.63%	10

数据来源：SSCI 2022，截至2024年1月11日。

（1）第一作者论文的地区分布

若不计港、澳、台地区的论文，2022年SSCI共收录中国机构为第一署名单位的论文55 461篇，分布于31个省（自治区、直辖市）。论文数不低于500篇的地区包括北京、江苏、广东、上海、浙江、湖北、四川、山东、陕西、湖南、河南、辽宁、福建、重庆、安徽、天津、吉林、黑龙江、江西、河北和广西。这21个地区的论文数为52 813篇，占中国机构为第一署名单位论文（不包含港、澳、台地区）总数的95.23%。各地区的SSCI论文详情如表15-2、图15-1所示。

表15-2 中国第一作者论文的地区分布

地区	排名	论文数/篇	占比	地区	排名	论文数/篇	占比
北京	1	8704	15.69%	吉林	17	966	1.74%
江苏	2	5346	9.64%	黑龙江	18	791	1.43%
广东	3	4766	8.59%	江西	19	750	1.35%
上海	4	4676	8.43%	河北	20	517	0.93%
浙江	5	4007	7.22%	广西	21	500	0.90%
湖北	6	3391	6.11%	甘肃	22	495	0.89%
四川	7	2864	5.16%	云南	23	460	0.83%
山东	8	2596	4.68%	贵州	24	388	0.70%
陕西	9	2391	4.31%	山西	25	367	0.66%
湖南	10	2006	3.62%	新疆	26	309	0.56%
河南	11	1684	3.04%	海南	27	307	0.55%
辽宁	12	1478	2.66%	内蒙古	28	174	0.31%
福建	13	1477	2.66%	宁夏	29	83	0.15%
重庆	14	1467	2.65%	青海	30	58	0.10%
安徽	15	1258	2.27%	西藏	31	7	0.01%
天津	16	1178	2.12%				

数据来源：SSCI 2022。

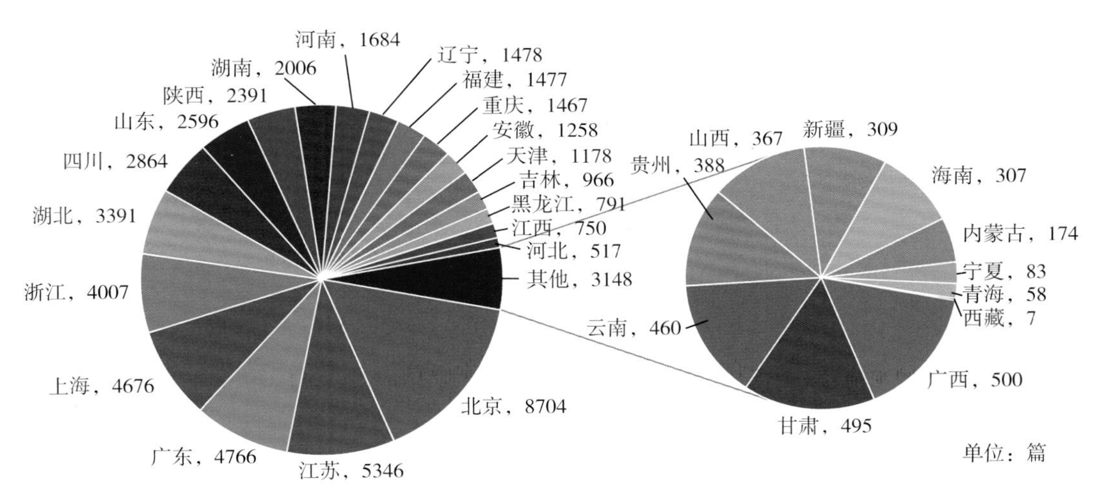

图 15-1　2022 年 SSCI 收录中国第一作者论文的地区分布情况

（2）第一作者的论文类型

2022 年，SSCI 收录的中国第一作者的 55 461 篇论文中：研究性论文（Article）49 348 篇、评述（Review）2267 篇、其他 3846 篇。

（3）第一作者论文的机构分布

中国 SSCI 论文主要由高校的作者产生，共计 50 280 篇，占比为 90.66%，如表 15-3 所示。其中，5.44% 的论文是研究机构作者所著。

表 15-3　中国 SSCI 论文的机构分布

机构类型	论文数/篇	占比
高校	50 280	90.66%
研究机构	3017	5.44%
医疗机构	854	1.54%
公司企业	175	0.32%
其他	1135	2.05%

注：医疗机构不含附属于大学的医院；高校含附属机构。

数据来源：SSCI 2022。

SSCI 2022 收录的中国第一作者论文分布于 1640 多家机构中。被收录 10 篇及以上的机构 621 家，其中高校 560 家、研究机构 45 家、医疗机构 16 家。表 15-4 列出了论文数居前 20 位的机构，全部产自高校。

表 15-4 SSCI 所收录的中国大陆论文数居前 20 位的机构

机构名称	论文数/篇	机构名称	论文数/篇
北京师范大学	1055	清华大学	541
浙江大学	950	东南大学	517
北京大学	826	华东师范大学	515
武汉大学	755	山东大学	497
中山大学	698	同济大学	494
西安交通大学	667	复旦大学	489
华中科技大学	555	西南财经大学	479
中国人民大学	551	厦门大学	453
中南大学	545	四川大学	425
上海交通大学	544	吉林大学	421

数据来源：SSCI 2022。

（4）第一作者论文当年被引用情况

发表当年就被引用的论文，一般来说研究内容都属于热点或大家较为关注的问题。2022 年中国的 55 461 篇第一作者论文中，当年被引用的论文为 30 745 篇，占总数的 55.44%，比 2021 年增长了 25.32%。

（5）中国 SSCI 论文的期刊分布

目前，SSCI 收录的国际期刊为 3557 种。2022 年中国以第一作者发表的 55 461 篇论文，分布于 3317 种期刊中，比上一年发表论文的范围减少 166 种；收录 5 篇（含 5 篇）以上论文的社会科学期刊为 1289 种，比 2021 年增加 214 种。

表 15-5 为 SSCI 收录中国作者论文数居前 15 位的社会科学期刊情况，数量最多的期刊是 *Sustainability*，为 5469 篇。

表 15-5 SSCI 收录中国作者论文数居前 15 位的社会科学期刊情况

论文数/篇	期刊名称
5469	Sustainability
3697	International Journal of Environmental Research and Public Health
3575	Frontiers in Psychology
2430	Frontiers in Public Health
2139	Psychiatria Danubina
1124	Land
942	Frontiers in Psychiatry
680	Current Psychology
572	Journal of Environmental and Public Health
463	Journal of Affective Disorders
452	Economic Research-Ekonomska Istrazivanja
412	Environmental Science and Pollution Research
326	Resources Policy

续表

论文数/篇	期刊名称
321	Emerging Markets Finance and Trade
298	Applied Economics Letters

注：此处论文不限文献类型。

数据来源：SSCI 2022。

（6）中国社会科学论文的学科分布

2022 年，SSCI 收录的中国机构作为第一作者单位的论文数居前 10 位的学科情况如表 15－6 所示。

表 15－6　SSCI 收录中国论文数居前 10 位的学科情况

排名	主题学科	论文数/篇	排名	主题学科	论文数/篇
1	经济	9464	6	图书、情报、文献	466
2	教育	8787	7	统计	434
3	社会、民族	2383	8	法律	351
4	管理	934	9	政治	103
5	语言、文字	613	10	历史、考古	76

15.3　小结

（1）增加社会科学论文数量，提高社会科学论文质量

中国科技和经济实力的发展速度已经引起世界瞩目，随着社会科学研究水平的提高，中国政府也进一步重视社会科学的发展。但与自然科学论文相比，无论是论文总数、国际数据库收录期刊数，还是期刊论文的影响因子、被引次数，社会科学论文都有比较大的差距，且与中国目前的国际地位和影响力并不相符。

2022 年，中国的社会科学论文被国际检索系统收录数较 2021 年有所增加，占 2022 年 SSCI 收录的世界论文总数的 12.71%，世界排名位居第二。而自然科学论文的该项值是 30.18%，排在世界第一。

（2）发展优势学科，加强支持力度

2022 年，中国论文数较多的学科为经济，教育，社会、民族，管理，语言、文字，共发表论文 22 181 篇。我们需要考虑的是如何进一步巩固优势学科的发展，并带动目前影响力稍弱的学科，如我们可以对优势学科的期刊给予重点资助，培育更多该学科的精品期刊等。

参考文献

[1] Web of Science [DB/OL]. [2024-05-06] .https://webofscience.clarivate.cn.
[2] Journal Citation Reports [DB/OL]. [2024-05-06]. https://jcr.clarivate.com/jcr/home.

16　科研机构创新发展分析

16.1　引言

《中共中央关于制定国民经济和社会发展第十四个五年规划和二〇三五年远景目标的建议》提出，强化国家战略科技力量。制定科技强国行动纲要，健全社会主义市场经济条件下新型举国体制，打好关键核心技术攻坚战，提高创新链整体效能。加强基础研究、注重原始创新，优化学科布局和研发布局，推进学科交叉融合，完善共性基础技术供给体系。制定实施战略性科学计划和科学工程，推进科研院所、高等院校（简称“高校”）、企业科研力量优化配置和资源共享。推进国家实验室建设，重组国家重点实验室体系。布局建设综合性国家科学中心和区域性创新高地。

科研机构作为科学研究的重要阵地，是国家创新体系的重要组成部分，增强自主创新能力，对于中国加速科技创新、建设创新型国家具有重要意义。为了进一步推动科研机构的创新能力和学科发展，提高其科研水平，中国科学技术信息研究所分别以高等院校、医疗机构作为研究对象，以其发表的论文和发明的专利数据为基础，从科研成果转化、学科发展布局、学科交叉融合、国际合作、医工结合到科教协同融合等多个维度进行深入分析、全景扫描和国际对比，以期对中国科研机构提升创新能力起到推动和引导作用。

全部 9 个评价研究报告，都以模块的形式集合到中国科学技术信息研究所的“ISTIC 科学评价之门”平台上，旨在为科研管理部门提供评价方法和参考工具，也欢迎大家参与研究，丰富理论和评价方法，同时提供更多的实践案例。

16.2　中国高校产学共创排行榜

16.2.1　数据与方法

高等院校科研活动与产业需求的密切联系，有利于促进创新主体将科研成果转化为实际应用的产品与服务，创造丰富的社会经济价值。从 2015 年开始，中国科学技术信息研究所开始评价和发布“中国高校产学共创排行榜”。“中国高校产学共创排行榜”评价关注高等院校与企业科研活动协作的全流程，设置指标表征高等院校和企业合作创新过程中 3 个阶段的表现：从基础研究阶段开始，经过企业需求导向的应用研究阶段，再到成果转化形成产品阶段。

“中国高校产学共创排行榜”采用以下 10 项指标进行评价。

① 校企合作发表论文数量。基于 2020—2022 年“中国科技论文与引文数据库”收录的中国高校论文统计高等院校和企业合作发表的论文数量。

② 校企合作发表论文占比。基于 2020—2022 年“中国科技论文与引文数据库”收录的中国高校论文统计高等院校和企业合作发表的论文数量与高等院校发表总论文数量的比值。

③ 校企合作发表论文总被引频次。基于 2020—2022 年“中国科技论文与引文数据库”收录的中国高校论文统计高校和企业合作发表的论文被引总频次。

④ 企业资助项目产出的高校论文数量。基于 2020—2022 年“中国科技论文与引文数据库”统计高校论文中获得企业资助的论文数量。

⑤ 高校与国内上市公司企业关联强度。基于 2019—2021 年中国上市公司年报数据库统计（基于 2023 年 9 月 8 日最新检索结果），从上市公司年报中的人员任职、重大项目、重要事项等内容中，利用文本分析方法测度高校与企业联系的范围和强度。

⑥ 校企合作发明专利数量。基于 2020—2022 年德温特创新平台收录的中国高等院校专利，统计高等院校和企业合作发明的专利数量。

⑦ 校企合作专利占比。基于 2020—2022 年德温特创新平台收录的中国高等院校专利，统计高等院校和企业合作发明专利数量与高等院校发明专利总量的比值。

⑧ 有海外同族的合作专利数量。基于 2020—2022 年德温特创新平台收录的中国高等院校专利，统计高等院校和企业合作发明的专利内容同时在海外申请的专利数量。

⑨ 校企合作专利施引专利数量。基于 2020—2022 年德温特创新平台收录的中国高等院校专利，统计高等院校和企业合作发明专利的施引专利数量。

⑩ 校企合作专利总被引频次。基于 2020—2022 年德温特创新平台收录的中国高等院校专利，统计高等院校和企业合作发明专利的总被引频次，用于测度专利学术传播能力。

16.2.2 研究分析与结论

统计中国高等院校上述 10 项指标，经过标准化转换后计算得出了十维坐标的矢量长度数值，用于测度各个高校的产学共创水平。表 16-1 为根据上述指标统计出的 2022 年中国高等院校产学共创排行榜（前 20 名）。

表 16-1 2022 年中国高等院校产学共创排行榜（前 20 名）

排名	高等院校名称	计分
1	清华大学	259.27
2	华北电力大学	186.25
3	中国石油大学	177.97
4	浙江大学	152.74
5	上海交通大学	143.73
6	西南交通大学	126.82
7	西南石油大学	122.80
8	中国矿业大学	120.01
9	西安交通大学	109.30
10	武汉大学	104.57
11	天津大学	103.52

续表

排名	高等院校名称	计分
12	北京大学	98.17
13	北京科技大学	98.06
14	同济大学	97.36
15	四川大学	97.14
16	中南大学	96.96
17	华中科技大学	96.80
18	中国地质大学	94.63
19	重庆大学	88.60
20	河海大学	88.53

16.3　中国高校学科发展矩阵分析报告——论文

16.3.1　数据与方法

高等院校的论文发表和引用情况是测度高等院校科研水平和影响力的重要指标。从 2016 年开始，中国科学技术信息研究所依据高等院校论文发表和引用情况对高等院校不同学科发展布局情况进行分析和评价。以中国主要高等院校为研究对象，采用各高等院校在 2018—2022 年发表论文数量和 2013—2017 年、2018—2022 年引文总量作为源数据，根据波士顿矩阵方法，分析各高等院校学科发展布局情况，构建学科发展矩阵。

按照波士顿矩阵方法的思路，我们以 2018—2022 年各高等院校在某一学科论文产出占全球论文的份额作为科研成果产出占比的测度指标；以各高等院校从 2013—2017 年到 2018—2022 年在某一学科论文被引用总量的增长率作为科研影响增长的测度指标。

根据高等院校各学科的占比和增长情况，我们以占比 0.5% 和增长 200% 作为分界线，划分了 4 个学科发展矩阵空间，如图 16-1 所示。

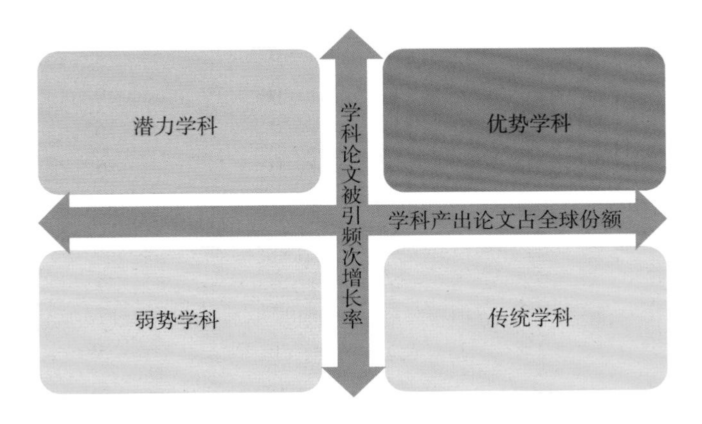

图 16-1　中国高等院校论文产出 4 个学科发展矩阵空间

第一区：优势学科（高占比高增长）：该区学科论文份额及引文增长率都处于较高水平，可明确产业发展引导的路径。

第二区：传统学科（高占比低增长）：该区学科论文份额占比较高、引文增长率较低，可完善管理机制以引导发展。

第三区：潜力学科（低占比高增长）：该区学科论文份额占比较低，引文增长率较高，可采用加大科研投入的方式进行引导。

第四区：弱势学科（低占比低增长）：该区学科论文份额及引文增长率都处较低水平，可考虑加强基础研究。

16.3.2 研究分析与结论

表16-2统计了中国“双一流”建设高等院校论文产出的学科发展矩阵，即学科发展布局情况，按高校名称拼音排序。

表16-2 中国“双一流”建设高等院校学科发展布局情况 单位：个

高等院校	优势学科数	传统学科数	潜力学科数	弱势学科数
安徽大学	0	0	82	39
北京大学	35	35	42	24
北京工业大学	9	0	71	39
北京航空航天大学	23	5	56	43
北京化工大学	5	1	55	56
北京交通大学	10	0	63	43
北京科技大学	13	1	64	42
北京理工大学	26	2	59	35
北京林业大学	5	1	57	48
北京师范大学	8	3	48	70
北京体育大学	0	0	16	57
北京外国语大学	0	0	12	31
北京协和医学院	28	5	53	35
北京邮电大学	5	2	54	35
北京中医药大学	1	0	49	55
长安大学	10	0	65	23
成都理工大学	7	0	63	28
成都中医药大学	1	0	52	60
重庆大学	31	0	70	33
大连海事大学	5	0	66	31
大连理工大学	34	2	47	45
电子科技大学	21	2	78	30
东北大学	25	1	59	41
东北林业大学	2	0	70	41
东北农业大学	4	0	73	33
东北师范大学	0	0	62	57
东华大学	4	0	55	58
东南大学	27	3	67	37

续表

高等院校	优势学科数	传统学科数	潜力学科数	弱势学科数
对外经济贸易大学	0	0	35	38
福州大学	0	2	87	38
复旦大学	30	18	53	34
广西大学	4	0	88	32
广州医科大学	9	0	66	34
广州中医药大学	2	0	63	39
贵州大学	2	0	84	39
国防科学技术大学	8	4	34	61
哈尔滨工程大学	8	0	60	30
哈尔滨工业大学	36	7	41	39
海军军医大学	2	3	33	75
海南大学	1	0	88	32
合肥工业大学	8	0	77	31
河北工业大学	0	0	70	40
河海大学	18	0	63	30
河南大学	0	0	93	37
湖南大学	22	1	57	44
湖南师范大学	0	0	96	34
华北电力大学	2	1	64	35
华东理工大学	5	3	50	60
华东师范大学	1	2	83	42
华南理工大学	34	3	61	34
华南农业大学	10	0	66	38
华南师范大学	1	1	80	42
华中科技大学	56	6	46	26
华中农业大学	11	2	63	39
华中师范大学	0	0	51	60
吉林大学	24	9	76	27
暨南大学	7	0	103	21
江南大学	8	2	77	43
空军军医大学	0	2	50	168
兰州大学	1	5	84	42
辽宁大学	0	0	52	50
南昌大学	4	0	101	28
南方科技大学	2	0	90	39
南京大学	17	12	62	44
南京航空航天大学	23	0	46	43
南京理工大学	16	1	53	50
南京林业大学	8	0	76	29
南京农业大学	8	5	62	42
南京师范大学	1	0	77	47

续表

高等院校	优势学科数	传统学科数	潜力学科数	弱势学科数
南京信息工程大学	7	0	63	38
南京医科大学	18	5	55	33
南京邮电大学	6	0	55	35
南京中医药大学	2	0	65	40
南开大学	6	4	70	51
内蒙古大学	0	0	62	46
宁波大学	4	0	101	27
宁夏大学	0	0	66	40
青海大学	0	0	76	48
清华大学	33	21	47	33
山东大学	36	13	56	30
山西大学	1	0	66	49
陕西师范大学	0	0	84	43
上海财经大学	0	0	36	45
上海大学	10	1	83	32
上海海洋大学	5	0	67	40
上海交通大学	61	30	29	15
上海科技大学	1	0	85	36
上海体育学院	0	0	26	51
上海外国语大学	0	0	14	38
上海音乐学院	0	0	0	4
上海中医药大学	2	0	48	50
石河子大学	0	0	72	53
首都师范大学	0	1	57	60
四川大学	36	14	72	14
四川农业大学	3	1	70	42
苏州大学	0	0	25	52
太原理工大学	2	0	72	34
天津大学	41	3	55	36
天津医科大学	8	1	45	54
天津中医药大学	1	0	43	47
同济大学	35	3	59	38
外交学院	0	0	0	11
武汉大学	33	2	75	25
武汉理工大学	17	0	69	33
西安电子科技大学	12	1	51	49
西安交通大学	40	3	62	28
西北大学	2	3	83	40
西北工业大学	29	1	59	34
西北农林科技大学	10	2	63	48
西南财经大学	0	0	37	39

续表

高等院校	优势学科数	传统学科数	潜力学科数	弱势学科数
西南大学	6	2	83	32
西南交通大学	8	0	73	46
西南石油大学	4	0	60	23
西藏大学	0	0	45	49
厦门大学	4	4	90	38
湘潭大学	0	0	58	41
新疆大学	0	0	65	44
延边大学	0	0	56	54
云南大学	1	1	80	41
浙江大学	74	21	27	13
郑州大学	29	3	85	17
中国传媒大学	0	0	20	39
中国地质大学	14	3	60	34
中国海洋大学	8	1	71	38
中国矿业大学	20	0	61	34
中国美术学院	0	0	0	30
中国农业大学	13	1	63	44
中国人民大学	0	1	51	63
中国人民公安大学	0	0	19	45
中国人民解放军海军军医大学	2	3	33	75
中国石油大学	15	0	55	34
中国药科大学	0	3	57	44
中国音乐学院	0	0	0	5
中国政法大学	0	0	16	49
中南财经政法大学	0	0	32	47
中南大学	54	3	63	15
中山大学	59	10	49	18
中央财经大学	0	0	31	40
中央美术学院	0	0	0	11
中央民族大学	0	0	45	58
中央戏剧学院	0	0	0	4
中央音乐学院	0	0	0	12

参照哈佛大学和麻省理工学院等国际一流高等院校的学科分布情况，并结合中国主要高等院校的学科发展分布状态，为中国高等院校设定了 4 类学科发展目标。

① 世界一流高等院校：优势学科与传统学科数量之和在 50 个以上，整体呈现繁荣状态。以建成世界一流高等院校为发展目标，夯实科技基础，在重要科技领域跻身世界领先行列。进入该行列的高等院校包括浙江大学、上海交通大学、北京大学、中山大学、清华大学、华中科技大学和中南大学。

② 中国领先高等院校：优势学科与传统学科数量之和在25个以上，潜力学科在50个以上。以成为中国领先高等院校为目标，致力于专业发展，跟上甚至引领世界科技发展新方向。

③ 区域核心高等院校：以成为区域核心高等院校为目标，以基础研究为主，力争在基础科技领域做出大的创新、在关键核心技术领域取得大的突破。

④ 学科特色高等院校：该类高等院校的传统学科和潜力学科都集中在该高等院校的特有专业中。该类高等院校可加大科研投入，发展优势学科，形成专业特色。

16.4 中国高校学科发展矩阵分析报告——专利

16.4.1 数据与方法

专利情况是测度高等院校知识创新与发展的一项重要指标。对高等院校专利情况的分析可以有效地帮助高等院校了解其在各领域的创新能力和发展情况，针对不同情况做出不同的发展决策。中国科学技术信息研究所从2016年开始依据高校专利和引用情况对高校不同专业发展布局情况进行分析和评价。采用各高校近5年在21个德温特分类的发表专利数量和前后5年期间的专利引用总量作为源数据构建中国高等院校专利产出矩阵。

同样按照波士顿矩阵方法的思路，我们以2018—2022年各高等院校在某一分类的专利产出数量作为科研成果产出的测度指标，以各高等院校从2013—2017年到2018—2022年在某一分类专利被引用总量的增长率作为科研影响增长的测度指标。并以专利数量1000和被引增长率100%作为分界点，将坐标图划分为4个象限，依次是“优势专业”“传统专业”“弱势专业” “潜力专业”（图16–2）。

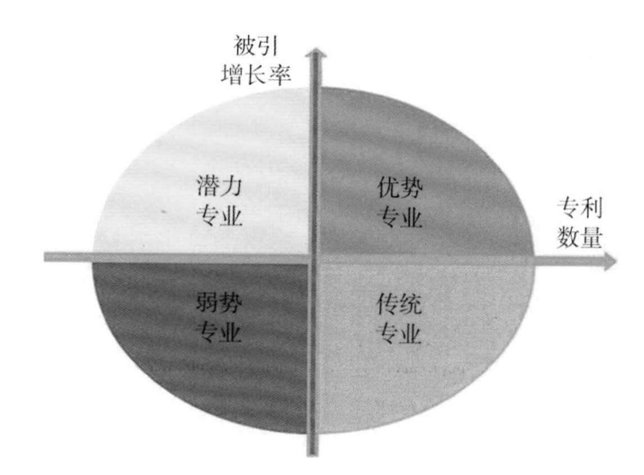

图16–2 中国高等院校专利产出矩阵

16.4.2 研究分析与结论

表16–3列出了中国“双一流”建设高校在德温特21个学科类别的发展布局情况，按高等院校名称拼音排序。

表 16-3　中国“双一流”建设高校在德温特 21 个学科类别的发展布局情况　单位：个

高等院校	优势专业数	潜力专业数	弱势专业数
安徽大学	1	4	16
北京大学	8	8	5
北京工业大学	6	10	5
北京航空航天大学	7	5	9
北京化工大学	3	6	12
北京交通大学	1	6	14
北京科技大学	6	9	6
北京理工大学	7	7	7
北京林业大学	0	3	18
北京师范大学	0	5	16
北京体育大学	0	0	13
北京外国语大学	0	0	1
北京协和医学院	4	7	10
北京邮电大学	2	1	16
北京中医药大学	0	0	17
长安大学	4	0	17
成都理工大学	3	8	10
成都中医药大学	0	0	18
重庆大学	6	4	11
大连理工大学	9	11	1
电子科技大学	9	2	10
东北大学	1	18	2
东北林业大学	2	2	17
东北农业大学	1	3	17
东北师范大学	0	5	16
东华大学	2	3	16
东南大学	11	4	6
福州大学	8	9	4
复旦大学	6	11	4
广西大学	0	3	18
广州医科大学	1	9	10
广州中医药大学	0	4	16
贵州大学	2	8	11
哈尔滨工程大学	4	3	14
哈尔滨工业大学	11	2	8
海军军医大学	0	7	11
海南大学	0	0	21
合肥工业大学	7	5	9
河北工业大学	5	3	13
河海大学	6	7	8
河南大学	0	5	16

续表

高等院校	优势专业数	潜力专业数	弱势专业数
湖南大学	2	9	10
湖南师范大学	0	5	15
华北电力大学	4	2	15
华东理工大学	2	7	12
华东师范大学	1	5	15
华南理工大学	14	5	2
华南农业大学	5	3	12
华南师范大学	1	8	12
华中科技大学	13	4	4
华中农业大学	4	2	15
华中师范大学	0	8	12
吉林大学	10	5	6
暨南大学	2	10	9
江南大学	8	11	2
空军军医大学	2	5	13
兰州大学	1	7	13
辽宁大学	0	2	19
南昌大学	4	3	14
南方科技大学	0	14	7
南京大学	4	12	5
南京航空航天大学	8	1	12
南京理工大学	6	6	9
南京林业大学	8	6	7
南京农业大学	3	8	10
南京师范大学	0	4	17
南京信息工程大学	4	1	16
南京医科大学	3	4	13
南京邮电大学	3	5	13
南京中医药大学	0	5	12
南开大学	0	14	7
内蒙古大学	0	0	21
宁波大学	1	10	10
宁夏大学	0	2	18
青海大学	0	3	17
清华大学	14	6	1
山东大学	12	6	3
山西大学	0	8	13
陕西师范大学	0	7	14
上海财经大学	0	0	10
上海大学	2	8	11
上海海洋大学	0	9	12

续表

高等院校	优势专业数	潜力专业数	弱势专业数
上海交通大学	11	5	5
上海科技大学	0	9	12
上海体育学院	0	0	15
上海外国语大学	0	0	4
上海音乐学院	0	0	6
上海中医药大学	0	0	17
石河子大学	1	12	8
首都师范大学	0	6	13
四川大学	9	4	8
四川农业大学	2	3	16
苏州大学	8	9	4
太原理工大学	3	6	12
天津大学	12	4	5
天津医科大学	0	4	16
天津中医药大学	0	0	15
同济大学	8	9	4
武汉大学	7	6	8
武汉理工大学	0	5	16
西安电子科技大学	4	5	12
西安交通大学	0	0	7
西北大学	0	5	16
西北工业大学	7	3	11
西北农林科技大学	2	3	15
西南大学	2	7	12
西南交通大学	4	5	12
西南石油大学	5	9	7
西藏大学	0	0	18
厦门大学	6	8	7
湘潭大学	1	1	19
新疆大学	0	0	21
延边大学	0	0	20
云南大学	0	6	15
浙江大学	14	4	3
郑州大学	8	5	8
中国传媒大学	0	0	12
中国地质大学	4	3	14
中国海洋大学	2	7	12
中国矿业大学	8	4	9
中国农业大学	5	6	10
中国人民大学	0	0	21
中国人民公安大学	0	0	13

续表

高等院校	优势专业数	潜力专业数	弱势专业数
中国石油大学	5	5	11
中国药科大学	1	3	16
中国政法大学	0	0	8
中南大学	13	5	3
中山大学	7	7	7
中央财经大学	0	0	2
中央美术学院	0	0	3
中央民族大学	0	0	18

16.5 中国高校学科融合指数

多学科交叉融合是高校学科发展的必然趋势，也是产生创新性成果的重要途径。高等院校作为知识创新的重要阵地，多学科交叉融合是提高学科建设水平、提升高校创新能力的有力支撑。对高等院校学科交叉融合的分析可以帮助高校结合实际调整学科结构、促进多学科交叉融合。

学科融合指数的计算方法如下：根据 Scopus 数据中论文的学科分类体系，重新构建了一个高度 $h=6$ 的学科树。学科树中每个节点代表一个学科，任意两个节点间的距离表示其代表的两个学科研究内容的相关性。距离越大表示学科相关性越弱，学科跨越程度越大。对一篇论文，根据其所属不同学科，在学科树中可以找到对应的节点并计算出该论文的学科跨越距离。统计各高等院校统计年度所有论文的学科跨越距离之和，定义为各高校的学科融合指数。

16.6 医疗机构医工结合排行榜

16. 6. 1 数据与方法

医学与工程学科交叉是现代医学发展的必然趋势。“医工结合”倡导学科间打破壁垒，围绕医学实际需求交叉融合、协同创新。医工结合不仅强调医学与医学以外的理工科的学科交叉，也包括医工与产业界的融合。从 2017 年开始，中国科学技术信息研究所开始评价和发布“中国医疗机构医工结合排行榜”。“中国医疗机构医工结合排行榜”设置 5 项指标表征“医工结合”创新过程中 3 个阶段的表现：从基础研究阶段开始，经过企业需求导向的应用研究阶段，再到成果转化形成产品阶段。5 项指标如下。

① 发表 EI 论文数。基于 2020—2022 年 EI 收录的医疗机构论文数。

② 发表工程技术类论文数。基于 2020—2022 年中国科技论文与引文数据库收录的医疗机构发表工程技术类的论文数。

③ 企业资助项目产出的论文数。基于 2020—2022 年中国科技论文与引文数据库统计医疗机构论文中获得企业资助的论文数。

④ 发明专利数。基于 2020—2022 年德温特创新平台收录的医疗机构专利数。

⑤ 与上市公司关联强度。基于 2019—2021 年中国上市公司年报数据库统计（基于 2023 年 9 月 8 日最新检索结果），从上市公司年报中的人员任职、重大项目、重要事项等内容中，利用文本分析方法测度医疗机构与企业联系的范围和强度。

16.6.2　研究分析与结论

统计各医疗机构上述 5 项指标，经过标准化转换后计算得出了五维坐标的矢量长度数值，用于测度各医疗机构的医工结合水平。表 16–4 为根据上述指标统计出的 2022 年医疗机构医工结合排行榜（前 20 名）。

表 16–4　2022 年医疗机构医工结合排行榜（前 20 名）

排名	医疗机构名称	计分
1	四川大学华西医院	187.79
2	解放军总医院	141.81
3	北京协和医院	124.14
4	青岛大学附属医院	111.93
5	武汉大学人民医院	108.02
6	南方医科大学南方医院	101.09
7	郑州大学第一附属医院	89.06
8	江苏省人民医院	82.50
9	华中科技大学同济医学院附属协和医院	79.76
10	上海交通大学医学院附属第九人民医院	75.00
11	华中科技大学同济医学院附属同济医院	70.75
12	复旦大学附属中山医院	67.60
13	空军军医大学第一附属医院（西京医院）	67.02
14	南京鼓楼医院	63.79
15	中南大学湘雅医院	59.96
16	四川大学华西口腔医院	59.43
17	中国中医科学院广安门医院	59.22
18	河南科技大学第一附属医院	54.79
19	西安交通大学医学院第一附属医院	54.40
20	北京大学第三医院	52.96

16.7　中国高校国际合作地图

16.7.1　数据与方法

科学研究的国际合作是国家科技发展战略的重要组成部分。加强国际合作，可以有效整合创新资源、提高创新效率。因此，国际合作在建设世界一流高校和一流学科中具有非常重要的作用，从一定程度上可以反映出高等院校理论研究的能力、科研合作的管理能力和吸引外部合作的主导能力。从2017年开始，中国科学技术信息研究所开始发布“中国高校国际合作地图”。

“中国高校国际合作地图”以中国高校与国外机构合作的论文数量作为合作强度的评价指标。同时，评价方法强调合作关系中的主导作用。中国高校主导的国际合作论文的判断标准：①国际合作论文第一作者的第一单位所属国家为中国；②论文完成单位至少有一个国外单位。某高等院校主导的国际合作论文数越多，说明该高等院校科研创新能力，以及国际合作强度越高。

16.7.2 研究分析与结论

“中国高校国际合作地图”基于2022年SCI收录的论文数据，从学科领域的角度展示以中国高校为主导的论文国际合作情况。分别选取了中国的综合类院校北京大学、浙江大学、中山大学，工科类院校清华大学、上海交通大学、哈尔滨工业大学，以及农科类院校中国农业大学、西北农林科技大学来进行对比分析。表16-5分别列出了各高等院校国际合作论文篇数排前三的学科领域及在相应学科领域中国际合作论文篇数排前三的国家。

表16-5 基于学科领域的中国高校国际合作情况

高等院校	排名	国际合作论文篇数排前三的学科领域	在相应学科领域中国际合作论文篇数排前三的国家
北京大学	1	临床医学（427篇）	美国（171篇），英国（56篇），澳大利亚（35篇）
	2	生物学（211篇）	美国（85篇），英国（18篇），德国（14篇）
	3	地学（193篇）	美国（71篇），英国（18篇），加拿大（15篇）
浙江大学	1	生物学（337篇）	美国（103篇），英国（35篇），巴基斯坦（18篇）
	2	电子、通信与自动控制（287篇）	美国（56篇），英国（33篇），新加坡（23篇）
	3	计算技术（274篇）	美国（84篇），新加坡（34篇），澳大利亚（18篇）
中山大学	1	临床医学（411篇）	美国（121篇），英国（42篇），澳大利亚（38篇）
	2	生物学（300篇）	美国（80篇），英国（24篇），澳大利亚（17篇）
	3	地学（277篇）	美国（63篇），澳大利亚（23篇），加拿大（22篇）
清华大学	1	电子、通信与自动控制（204篇）	美国（68篇），英国（30篇），加拿大（22篇）
	2	环境（183篇）	美国（47篇），英国（20篇），澳大利亚（10篇）
	3	化学（169篇）	美国（58篇），日本（15篇），德国（14篇）
上海交通大学	1	临床医学（342篇）	美国（106篇），德国（22篇），瑞典（20篇）
	2	化学（210篇）	美国（52篇），日本（25篇），澳大利亚（16篇）
	3	生物学（209篇）	美国（77篇），澳大利亚（24篇），巴基斯坦（12篇）
哈尔滨工业大学	1	电子、通信与自动控制（278篇）	加拿大（40篇），英国（39篇），美国（22篇）
	2	材料科学（188篇）	美国（27篇），德国（16篇），英国（16篇）
	3	化学（153篇）	美国（30篇），新加坡（18篇），澳大利亚（15篇）

续表

高等院校	排名	国际合作论文篇数排前三的学科领域	在相应学科领域中国际合作论文篇数排前三的国家
中国农业大学	1	生物学（277篇）	美国（87篇），澳大利亚（21篇），巴基斯坦（21篇）
	2	农学（212篇）	美国（53篇），澳大利亚（25篇），德国（19篇）
	3	环境（144篇）	美国（25篇），澳大利亚（18篇），英国（17篇）
西北农林科技大学	1	生物学（258篇）	美国（66篇），巴基斯坦（26篇），澳大利亚（22篇）
	2	农学（195篇）	美国（40篇），澳大利亚（39篇），丹麦（16篇）
	3	环境（158篇）	德国（15篇），澳大利亚（15篇），巴基斯坦（15篇）

16.8 中国高校科教协同融合指数

16.8.1 数据与方法

2018年6月11日，科技部、教育部召开科教协同工作会议，研究推动高校科技创新工作，加强新时代科教协同融合。中国高校作为科学研究和人才培养的重要阵地，是国家创新体系的重要组成部分。构建科学合理的高等院校科技创新能力评价体系是新时代科教协同融合的“指挥棒”，对提高高等院校科技创新能力、提升高等院校科研水平具有重要的推动和引导作用。从2018年开始，中国科学技术信息研究所开始评价和发布“中国高校科教协同融合指数”。“中国高校科教协同融合指数”在中国高校科技创新能力评价体系中融入科学研究和人才培养的要素，从学科层面基于创新投入、创新产出、学术影响力和人才培养4个方面设置10项指标。其中，创新投入用获批项目数和获批项目经费来表征，创新产出用发表论文数、授权发明专利数和获得国家自然科学奖及技术发明奖折合数来表征，学术影响力用论文被引频次和发明专利被引频次来表征，人才培养用活跃R&D人员数、国际合作强度和国际合作广度来表征。具体指标说明如下。

① 获批项目数。基于2022年度国家自然科学基金项目数据统计中国高校获批的项目数量，包括面上项目、重点项目、重大项目、基础科学中心项目、重大研究计划项目、国际（地区）合作与交流项目、青年科学基金项目、优秀青年科学基金项目、杰出青年科学基金项目、创新研究群体项目、地区科学基金项目、联合基金项目、专项基金项目、数学天元基金项目等。

② 获批项目经费。基于2022年度国家自然科学基金项目数据统计中国高校获批项目总经费。

③ 发表论文数。基于2022年SCI收录的论文数据，统计中国高校发表的论文数量。

④ 授权发明专利数。基于2022年德温特创新平台收录的中国高校专利，统计高等院校发明的专利数量。

⑤ 获得国家自然科学奖及技术发明奖折合数。基于2022年举行的国家科学技术奖励大会公布的最新国家自然科学奖及技术发明奖数据，统计中国高校获得的不同层次奖项折合数。

⑥ 论文被引频次。基于 2022 年 SCI 收录的论文数据，统计中国高校作为第一作者单位发表论文被引用的总频次。

⑦ 发明专利被引频次。基于 2022 年德温特创新平台收录的中国高校专利，统计高等院校作为第一专利权人发明专利的总被引频次。

⑧ 活跃 R&D 人员数。基于 2022 年 SCI 收录的论文数据，统计中国高校发表 SCI 论文的作者数量。

⑨ 国际合作强度。基于 2022 年 SCI 收录的论文数据，统计中国高校主导的国际合作论文篇数。

⑩ 国际合作广度。基于 2022 年 SCI 收录的论文数据，统计中国高校主导的国际合作涉及的国家数量。

16.8.2 研究分析与结论

统计各高校上述 10 项指标，经过标准化转换后计算得出高校在创新投入、创新产出、学术影响力和人才培养 4 个方面的得分，求和得到各高校的科教协同融合指数。表 16-6 为根据上述指标统计出的 2022 年中国高校科教协同融合指数排行榜（前 20 名）。

表 16-6 2022 年中国高校科教协同融合指数排行榜（前 20 名）

排序	高等院校名称	科教协同总分
1	浙江大学	96.54
2	上海交通大学	79.98
3	清华大学	62.43
4	四川大学	61.09
5	中山大学	61.06
6	北京大学	59.62
7	华中科技大学	58.71
8	复旦大学	57.29
9	中南大学	55.80
10	西安交通大学	55.61
11	武汉大学	54.06
12	东南大学	51.31
13	哈尔滨工业大学	49.58
14	华南理工大学	48.89
15	山东大学	48.37
16	电子科技大学	46.53
17	天津大学	46.03
18	吉林大学	44.96
19	同济大学	42.32
20	北京理工大学	37.64

16.9 中国医疗机构科教协同融合指数

16.9.1 数据与方法

医疗机构的可持续发展需要人才的培养与技术创新，创建研究型医院是中国医院可持续发展的成功模式，也是提高医疗机构核心竞争力的重要途径，更是建设国际一流医疗机构的必由之路。从2018年开始，中国科学技术信息研究所开始评价和发布“中国医疗机构科教协同融合指数”。“中国医疗机构科教协同融合指数”在科技创新能力评价体系中融入科学研究和人才培养的要素，从学科层面基于创新投入、创新产出、学术影响力和人才培养4个方面设置10项指标。其中，创新投入用获批项目数和获批项目经费来表征，创新产出用发表论文数、授权发明专利数和获得国家自然科学奖及技术发明奖折合数来表征，学术影响力用论文被引频次和专利被引频次来表征，人才培养用活跃R&D人员数、国际合作强度和国际合作广度来表征。具体指标说明如下。

① 获批项目数。基于2022年度国家自然科学基金项目数据统计中国医疗机构获批的项目数量，包括面上项目、重点项目、重大项目、基础科学中心项目、重大研究计划项目、国际（地区）合作与交流项目、青年科学基金项目、优秀青年科学基金项目、杰出青年科学基金项目、创新研究群体项目、地区科学基金项目、联合基金项目、专项基金项目、数学天元基金项目等。

② 获批项目经费。基于2022年度国家自然科学基金项目数据统计中国医疗机构获批的项目总经费。

③ 发表论文数。基于2022年SCI收录的论文数据，统计中国医疗机构作为第一作者单位发表的论文数量。

④ 授权发明专利数。基于2022年德温特创新平台收录的专利数据，统计中国医疗机构作为第一专利权人授权的发明专利数量。

⑤ 获得国家自然科学奖及技术发明奖折合数。基于2021年举行的国家科学技术奖励大会公布的最新国家自然科学奖及技术发明奖数据，统计中国医疗机构获得的不同层次奖项折合数。

⑥ 论文被引频次。基于2022年SCI收录的论文数据，统计中国医疗机构发表的论文被引用的总频次。

⑦ 专利被引频次。基于2022年德温特创新平台收录的中国医疗机构专利，统计医疗机构发明专利的总被引频次。

⑧ 活跃R&D人员数。基于2022年SCI收录的论文数据，统计中国医疗机构发表SCI论文的作者数量。

⑨ 国际合作强度。基于2022年SCI收录的论文数据，统计中国医疗机构主导的国际合作论文篇数。

⑩ 国际合作广度。基于2022年SCI收录的论文数据，统计中国医疗机构主导的国际合作涉及的国家数量。

16.9.2 研究分析与结论

统计各个医疗机构上述10项指标，经过标准化转换后计算得出医疗机构在创新投入、创新产出、学术影响力和人才培养4个方面的得分，求和得到各医疗机构的科教协同融合指数。表16-7为根据上述指标统计出的2022年中国医疗机构科教协同融合指数排行榜（前20名）。

表16-7 2022年中国医疗机构科教协同融合指数排行榜（前20名）

排名	医疗机构名称	科教协同总分
1	四川大学华西医院	75.00
2	解放军总医院	43.81
3	中南大学湘雅医院	26.73
4	华中科技大学同济医学院附属同济医院	23.25
5	郑州大学第一附属医院	22.83
6	广东省人民医院	22.61
7	华中科技大学同济医学院附属协和医院	21.86
8	中南大学湘雅二医院	19.98
9	浙江大学医学院附属第一医院	19.37
10	青岛大学附属医院	19.26
11	北京协和医院	18.82
12	福建医科大学附属第一医院	18.07
13	复旦大学附属中山医院	17.59
14	上海交通大学医学院附属第九人民医院	17.50
15	上海交通大学医学院附属瑞金医院	16.91
16	西安交通大学医学院第一附属医院	16.78
17	浙江大学医学院附属第二医院	16.72
18	中山大学附属第一医院	16.09
19	山东大学齐鲁医院	15.00
20	江苏省人民医院	14.50

16.10 中国高校国际创新资源利用指数

随着科学技术的不断进步，科学研究的范围逐渐扩展，科学研究的难度逐渐加大。高等院校的国际科技合作对于充分利用全球科技资源、提高自主创新能力具有积极作用。高等院校在探索和开展科技合作工作时会面临两个重要问题：①如何选择最理想的合作资源？②现有的合作资源是不是最好的？从2019年开始，中国科学技术信息研究所开始评价和发布“中国高校国际创新资源利用指数”，“中国高校国际创新资源利用指数”反映高校对国际创新资源的布局和利用能力，引导高校积极精准开展国际科技合作，提高科技创新效率和创新水平。

高校的国际创新资源利用指数用高校已开展国际合作的科研机构和学科内高校理想国际合作机构交集个数标准化后的数值来表示。其中，高校理想国际合作机构通过对全球科研机构的研究水平和合作可能性两个维度进行测度和筛选而得出。科研机构的研究水平用该机构在 2018—2022 年 5 年发表的高被引论文总数来表征，科研机构的合作可能性用该机构在 2018—2022 年与中国合著发表论文数来表征。指数的数值越高，说明高校在该学科对国际创新资源的利用能力越高。

16.11　基于代表作评价的高校学科实力评估

为贯彻落实中共中央办公厅、国务院办公厅发布的《关于深化项目评审、人才评价、机构评估改革的意见》《关于进一步弘扬科学家精神加强作风和学风建设的意见》的要求，改进科技评价体系，破除科技评价中过度看重论文数量多少、影响因子高低，忽视标志性成果的质量、贡献和影响等不良导向，中国科学技术信息研究所从 2020 年起开展“基于代表作评价的高校学科实力评估”研究。本研究主要是从学科领域的角度，给予一个评价代表作参考标尺。

评估过程分为 3 个步骤。首先，在学科领域内遴选高校代表作。遴选方式为：在某高校同时作为第一作者和通讯作者单位发表的论著（Article）集合中，分年度选择被引频次最高的 3 篇论著，作为该校标志性成果。其次，以 ESI 学科基准值作为标尺，根据代表作的被引频次确定其位于标尺中的位置，根据赋值表对代表作赋予得分。最后，对高校各年度各论著的得分进行求和，作为评价高校学科实力的指数。图 16-3 以生物材料科学领域为例，列出了高校在生物材料科学领域的实力评估流程。

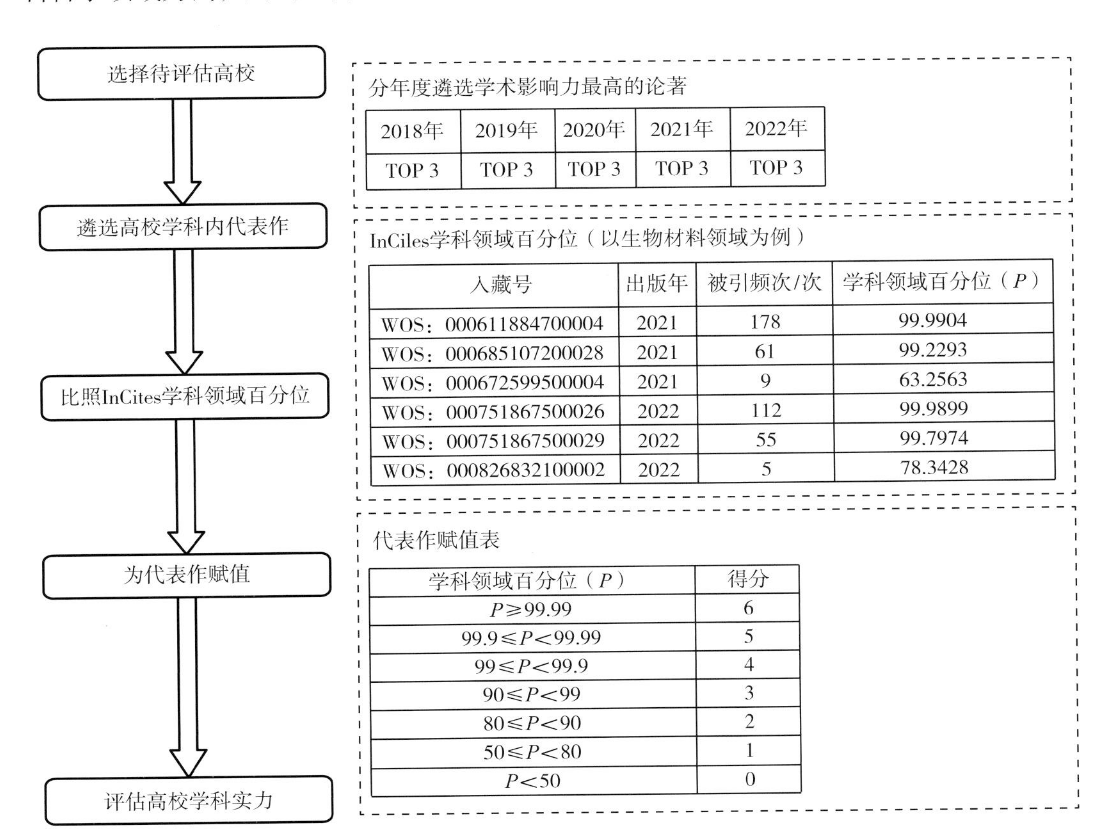

2018年	2019年	2020年	2021年	2022年
TOP 3	TOP 3	TOP 3	TOP 3	TOP 3

入藏号	出版年	被引频次/次	学科领域百分位（P）
WOS：000611884700004	2021	178	99.9904
WOS：000685107200028	2021	61	99.2293
WOS：000672599500004	2021	9	63.2563
WOS：000751867500026	2022	112	99.9899
WOS：000751867500029	2022	55	99.7974
WOS：000826832100002	2022	5	78.3428

学科领域百分位（P）	得分
$P\geqslant 99.99$	6
$99.9\leqslant P<99.99$	5
$99\leqslant P<99.9$	4
$90\leqslant P<99$	3
$80\leqslant P<90$	2
$50\leqslant P<80$	1
$P<50$	0

图 16-3　高校在生物材料科学领域的实力评估流程

表16-8列出了在材料科学学科领域中，学科实力排名居前3位的高等院校。

表16-8 材料科学学科领域学科实力表现排名居前3位的高等院校

学科领域	高等院校		
	第1位	第2位	第3位
生物材料科学	西安交通大学	苏州大学	四川大学
陶瓷材料科学	东华大学	中国科学院大学	西北工业大学
材料科学，表征与试验	中国矿业大学	重庆大学	电子科技大学
材料科学，涂料与薄膜	重庆大学	武汉理工大学	西南大学
材料科学，复合材料	西北工业大学	浙江大学	郑州大学
材料科学，多学科	中国科学院大学	清华大学	西安交通大学
材料科学，纸张与木材	南京林业大学	华南理工大学	东华大学
材料科学，纺织品	东华大学	南京林业大学	华南理工大学

16.12 小结

本章以中国科研机构作为研究对象，从中国高校科研成果转化、中国高校学科发展布局、中国高校学科交叉融合、中国高校国际合作地图、中国医疗机构医工结合、中国高校科教协同融合指数、中国医疗机构科教协同融合指数、中国高校国际创新资源利用指数、基于代表作评价的高校学科实力评估等多个角度进行了统计和分析，结论如下。

① 产学共创能力排前三的高校是清华大学、华北电力大学和中国石油大学。

② 科教协同融合指数排前三的高校是浙江大学、上海交通大学、清华大学。

③ 科教协同融合指数排前三的医疗机构是四川大学华西医学院、解放军总医院、中南大学湘雅医院。

④ 医工结合排前三的医疗机构是四川大学华西医学院、解放军总医院、北京协和医院。

参考文献

[1] 王璐，马峥，潘云涛．基于论文产出的学科交叉测度方法［J］．情报科学，2019，37（4）：17-21.

[2] 王璐，马峥．学术实体合作关系测度模型研究［J］．情报科学，2019，37（2）：14-18.

[3] 王璐，马峥，许晓阳，等．中国医工结合发展现状与对策研究报告（2019年版）［J］．实用临床医药杂志，2019，23（5）：1-6.

17　保持稳定的基础研究才会产生稳定的论文影响和质量

17.1　引言

国家对基础研究的重视已达到一个新的高度。国家领导多次组织会议研究商讨中国基础研究工作，给予基础研究较大的支持。高水平的科学家应该提供高水平的论文，但论文一定是自己科研活动的结晶。一篇好的论文应具备引领世界科学的发展、传播力大、时效性、影响力强持久等特征。2022 年中国 SCI 论文的产出达 681 884 篇，比 2021 年的 612 263 篇增加 69 621 篇，增长 11.4%。

17.2　中国具有国际影响力的各类论文简要统计与分析

17.2.1　被引数居世界各学科前 0.1% 的论文数有所增加

2022 年中国作者发表的论文中，被引数居世界各学科前 0.1% 的论文数为 9548 篇，其中，以中国为第一作者的论文数为 8335 篇。被引数居世界前 0.1% 的学科数保持在 39 个，具体如表 17－1、图 17–1 所示。

表 17－1　2022 年中国被引数居世界各学科前 0.1% 的论文数及占比

学科	论文数/篇	占比
化学	1685	20.22%
生物学	647	7.76%
环境科学	627	7.52%
材料科学	594	7.13%
电子、通信与自动控制	484	5.81%
计算技术	479	5.75%
化工	465	5.58%
能源科学技术	438	5.26%
地学	427	5.12%
物理学	351	4.21%
临床医学	350	4.20%
食品	256	3.07%
数学	231	2.77%
基础医学	185	2.22%
药物学	157	1.88%

续表

学科	论文数/篇	占比
土木建筑	132	1.58%
预防医学与卫生学	111	1.33%
农学	100	1.20%
信息、系统科学	91	1.09%
力学	67	0.80%
机械、仪表	62	0.74%
交通运输	42	0.50%
水利	41	0.49%
管理学	40	0.48%
工程与技术基础学科	36	0.43%
矿山工程技术	34	0.41%
水产学	31	0.37%
畜牧、兽医	27	0.32%
动力与电气	20	0.24%
林学	19	0.23%
军事医学与特种医学	15	0.18%
冶金、金属学	15	0.18%
安全科学技术	15	0.18%
其他	14	0.17%
航空航天	13	0.16%
天文学	11	0.13%
轻工、纺织	9	0.11%
中医学	7	0.08%
核科学技术	7	0.08%

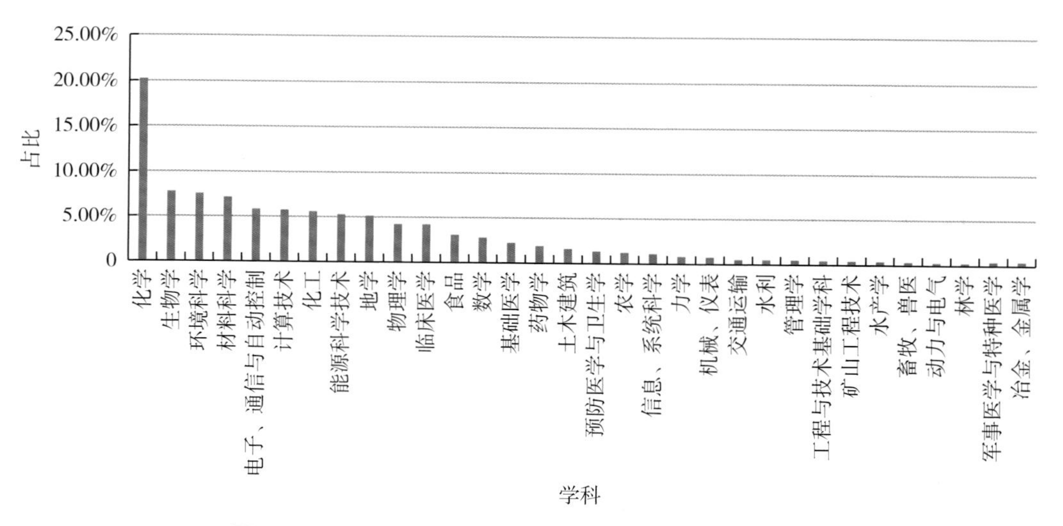

图 17-1 2022 年被引数居世界各学科前 0.1% 的论文占比

8335篇中国大陆第一作者论文中，共有798家单位发表。中国高等院校（仅计校园本部，不含附属机构）623所，共发表论文7613篇，占发表论文总数的91.3%；研究机构146家，共发表论文587篇，占比为7.0%；医院25家，共发表论文61篇，占比为0.7%；发表100篇以上的高等院校共9所，如表17-2所示；发表论文10篇以上的研究机构为15家，如表17-3所示；只有9家医疗机构发表论文2篇（含2篇）以上，如表17-4所示。另有4家公司共发表论文6篇。与上一年相比，中国论文中被引次数进入世界各学科前0.1%的论文数有所增加。表17-2至表17-4为2022年中国发表论文数居世界前0.1%的论文数排名居前的高等院校、研究机构、医疗机构。

表17-2　2022年中国发表论文被引数居世界前0.1%有100篇以上的高等院校

高等院校名称	论文数/篇
清华大学	120
中南大学	113
电子科技大学	112
青岛大学	106
湖南大学	104
哈尔滨工业大学	102
浙江大学	102
西北工业大学	102
重庆大学	101

表17-3　2022年中国发表论文被引数居世界前0.1%有10篇及以上的研究机构

研究机构名称	论文数/篇
中国科学院化学研究所	25
中国科学院长春应用化学研究所	19
中国科学院空天信息创新研究院	17
中国科学院地理科学与资源研究所	16
中国科学院北京纳米能源与系统研究所	14
中国科学院大学	14
中国科学院海西研究院	14
中国科学院大连化学物理研究所	13
中国科学院植物研究所	12
中国科学院深圳先进技术研究院	12
中国科学院物理研究所	11
中国科学院上海硅酸盐研究所	10
中国科学院上海药物研究所	10
中国科学院生态环境研究中心	10
中国科学院遗传与发育生物学研究所	10

表 17-4 2022 年我国发表论文被引数居世界前 0.1% 有 2 篇及以上的医疗机构

医疗机构名称	论文数/篇
北京协和医院	6
解放军总医院	6
中日友好医院	3
浙江省人民医院	3
浙江省台州医院	3
中国中医科学院广安门医院	2
河南省人民医院	2
深圳市第二人民医院	2
甘肃省人民医院	2

17.2.2 中国各学科影响因子居首位期刊发表论文数增加

2022 年，在 JCR 涵盖的 178 个学科中，期刊的影响因子排在首位的国家大多是科技发达的欧美国家，编辑出版的单位都是世界著名的大出版公司。我们不以发表论文期刊的影响因子高低作为评价论文的学术水平，但美国学者 Bornmann 和 Williams 的研究表明：在一定程度上，期刊影响因子可以用于评价青年学者。在缺乏有效的同行评议的学术环境中，期刊影响因子等定量指标除了承担学术评价的功能，还承担维持公平的功能。

在这类期刊中发表论文由于“马太效应”，发表以后会产生较大的影响。由于期刊的学科交叉，一种期刊可能交叉出现在多个学科中，因此，178 个学科影响因子居首位的期刊在 2022 年实际只有 159 种，2022 年中国在其中的 158 种刊上发表论文。由于国家对科技期刊的连续支持和鼓励，学科影响因子居首位的中国期刊有所增加，发表论文数总计 1015 篇，如表 17-5 所示。

表 17-5 2022 年学科影响因子居首位的中国期刊

期刊名称	论文数/篇
Chinese Journal of Catalysis	270
Journal of Magnesium and Alloys	217
Advanced Fiber Materials	153
Journal of Advanced Ceramics	145
Petroleum Exploration and Development	121
International Journal of Mining Science and Technology	109

2022 年，中国大陆作者在 SCIE 各主题学科影响因子居首位期刊中共发表论文 14 148 篇，比上一年的 8951 篇增加 5197 篇，分布于中国科学技术信息研究所划分的 35 个自然学科中，比上一年减少了 3 个学科。大于 100 篇的学科有 20 个；大于 1000 篇的学科有 4 个（化学、材料科学、能源科学技术和物理学），如表 17-6、图 17-2 所示。

表 17－6　2022 年 SCIE 影响因子居首位期刊的学科论文

学科	论文数/篇	占比
化学	3034	21.44%
材料科学	2068	14.62%
能源科学技术	1659	11.73%
物理学	1043	7.37%
电子、通信与自动控制	855	6.04%
水利	732	5.17%
生物学	525	3.71%
地学	488	3.45%
农学	461	3.26%
数学	461	3.26%
化工	419	2.96%
轻工、纺织	386	2.73%
中医学	330	2.33%
土木建筑	321	2.27%
临床医学	241	1.70%
食品	183	1.29%
交通运输	177	1.25%
基础医学	154	1.09%
冶金、金属学	116	0.82%
计算技术	101	0.71%
矿山工程技术	96	0.68%
核科学技术	80	0.57%
环境科学	69	0.49%
军事医学与特种医学	38	0.27%
药物学	33	0.23%
预防医学与卫生学	24	0.17%
管理学	23	0.16%
工程与技术基础学科	8	0.06%
航空航天	8	0.06%
天文学	5	0.04%
水产学	4	0.03%
其他	3	0.02%
力学	1	0.01%
林学	1	0.01%
畜牧、兽医	1	0.01%

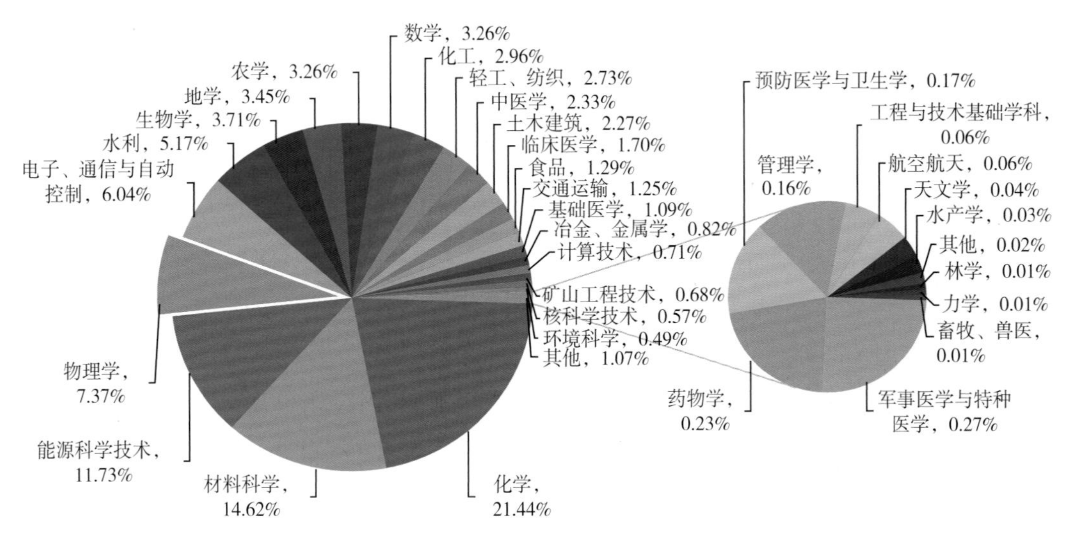

图 17-2 2022年SCIE期刊影响因子居首位的学科论文占比

2022年，影响因子居首位的158种国际期刊中，中国大陆作者只在其中的136种期刊（比上一年增加15种）上发表论文。发表论文数大于1000篇的期刊数量由1种增加到9种，论文数由1739篇增加到14 717篇，增加12 978篇，大于100篇的期刊由20种增加到78种，如表17-7所示。

表 17-7 2022年SCIE各学科影响因子居首位期刊中发表论文数大于100篇的期刊

期刊名称	论文数/篇
Applied Surface Science	3404
Bioresource Technology	1943
Sensors and Actuators B-Chemical	1803
International Journal of Energy Research	1566
Ieee Transactions on Cybernetics	1499
Water Research	1277
Nature	1095
Chaos Solitons & Fractals	1073
Applied Catalysis B-Environmental	1057
Computers and Electronics in Agriculture	828
Sustainable Cities and Society	815
Neuroimage	750
Composites Part B-Engineering	719
Cellulose	713
Phytomedicine	650
Global Change Biology	544
International Journal of Mental Health and Addiction	467
Coordination Chemistry Reviews	437
Bioactive Materials	413

续表

期刊名称	论文数/篇
Energy & Environmental Science	394
Ultrasonics Sonochemistry	372
Engineering Geology	338
Chemical Reviews	327
Polymer Testing	307
Transportation Research Part E-Logistics and Transportation Review	282
Geology	275
Horticulture Research	267
ISPRS Journal of Photogrammetry and Remote Sensing	266
Archives of Computational Methods in Engineering	260
Trac-Trends in Analytical Chemistry	260
Chinese Journal of Catalysis	257
Advanced Composites and Hybrid Materials	248
Circulation	242
Journal of Allergy and Clinical Immunology	235
Nature Medicine	234
Brain Structure & Function	224
Journal of Magnesium and Alloys	217
Academic Medicine	215
Radiology	214
Microscopy and Microanalysis	208
Ageing Research Reviews	196
British Journal of Sports Medicine	180
Nature Materials	179
Lancet	178
Ear and Hearing	177
Nature Ecology & Evolution	170
Journal of Applied Crystallography	169
Journal of the American Academy of Dermatology	155
Developmental Cell	152
Nature Methods	152
NPJ Digital Medicine	150
Advanced Fiber Materials	144
Journal of Advanced Ceramics	144
Journal of Heart and Lung Transplantation	142
Agriculture and Human Values	141
International Journal of Nursing Studies	138
NPJ Quantum Information	136
Jama Surgery	135
Anaesthesia	131
Regulatory Toxicology and Pharmacology	131

续表

期刊名称	论文数/篇
Technovation	130
Nature Climate Change	128
British Journal of General Practice	127
Nature Biomedical Engineering	125
Petroleum Exploration and Development	121
Journal of Hematology & Oncology	118
Jama Otolaryngology-Head & Neck Surgery	117
Agronomy for Sustainable Development	116
Nature Photonics	115
Nature Structural & Molecular Biology	113
Lancet Infectious Diseases	111
Infectious Diseases of Poverty	110
Nature Energy	110
International Journal of Mining Science and Technology	109
Natural Product Reports	106
Nature Machine Intelligence	104
Journal of Industrial Information Integration	101
Molecular Plant	100

2022 年，中国作者发表于学科影响因子首位期刊中的论文分布于中国大陆 904 家机构，其中高等院校（只计校园本部）683 家，比上一年增加 167 家，发表论文 12 781 篇，占比为 90.3%；研究机构 184 家，发表论文 1150 篇，占比为 8.1%；医疗机构 33 家，发表论文 70 篇，占比为 0.5%；另有公司等单位 4 家，发表论文 147 篇（图 17-3）。2022 年发表 50 篇及以上的大学有 75 所，其中，发表 100 篇以上的高校 35 所，浙江大学发表 225 篇，排在高校首位，如表 17-8 所示。在 184 家研究机构中，发表 10 篇及以上的研究机构有 36 家，中国科学院生态环境研究中心发表 38 篇居研究机构第 1 位，如表 17-9 所示。发表 5 篇及以上的医疗机构为 3 家，中日友好医院发表 6 篇居医院第 1 位，如表 17-10 所示。

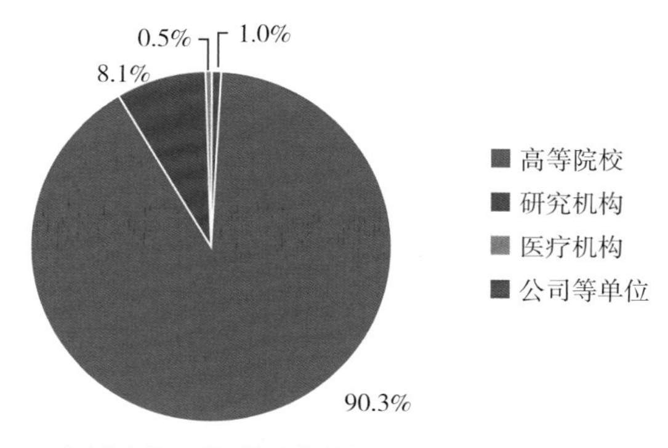

图 17-3 2022 年影响因子居学科首位期刊中中国大陆各类机构的论文占比

表 17-8 2022 年各学科影响因子居首位期刊中论文数大于 150 篇的高等院校

高等院校名称	论文数/篇
浙江大学	225
清华大学	219
哈尔滨工业大学	211
江苏大学	182
中国农业大学	178
吉林大学	176
华南理工大学	169
同济大学	166
天津大学	166
华中科技大学	164
西安交通大学	162
武汉大学	159

表 17-9 2022 年影响因子首位期刊中论文数 20 篇及以上的研究机构

研究机构名称	论文数/篇
中国科学院生态环境研究中心	38
中国科学院大连化学物理研究所	37
中国科学院大学	34
中国科学院地理科学与资源研究所	29
中国石油勘探开发研究院	24
中国科学院上海硅酸盐研究所	24
北京市农林科学院	21
中国科学院深圳先进技术研究院	20

表 17-10 2022 年影响因子居首位期刊中论文数 5 篇及以上的医疗机构

医院机构名称	论文数/篇
中日友好医院	6
中国医学科学院阜外心血管病医院	5
解放军总医院	5

17.2.3 发表于高影响力期刊中的论文数稍减

期刊的影响因子反映的是期刊论文的平均影响力，受期刊每年发表文献数的变化、发表评述性文献量的多少等因素制约，各年间的影响因子值会有较大的波动，甚至会产生大的跳跃，一些刚创刊不久的期刊，会因发表文献数少但已有文献被引用，从而出现较高的影响因子值，但实际的影响力和影响面都还不算大（广）。而期刊的总被引数会因期刊的规模、创刊时间等因素而有较大差别，有些期刊因发文量大而被引机会多从而被引数高，但篇均被引数并不高，总体影响力也不大。因此，同时考虑两个指标因素，还需考虑年发表的论文数规模才能表现期刊的影响，影响因子和总被引数同时位居学科前列的期刊，而且发表的论文数量已达到一定的规模才能算是真正影响大的期刊。

本书中的高影响论文是发表在影响因子和总被引数同时位居前 10% 各学科，且期刊论文（Article、Review）的年发表数大于 50 篇的论文。2022 年，国际上有这类自然科学期刊 290 种，比上一年的 371 种减少 81 种。

2022 年，290 种期刊中，第一作者来自中国大陆发表的论文数为 62 111 篇，比上一年的 73 955 篇减少 11 844 篇，降低 16.0%。62 111 篇论文，分布于中国大陆 31 个省份，如表 17－11 所示。

表 17－11　2022 年影响因子和总被引数同时位居各学科前 10% 的中国各地区论文数及占比

地区	论文数/篇	占比
北京	9404	15.141%
江苏	6908	11.122%
广东	5789	9.320%
上海	4863	7.830%
山东	3669	5.907%
湖北	3489	5.617%
浙江	3384	5.448%
陕西	3302	5.316%
四川	2490	4.009%
天津	2186	3.520%
湖南	2078	3.346%
辽宁	1974	3.178%
福建	1626	2.618%
安徽	1511	2.433%
重庆	1427	2.297%
黑龙江	1413	2.275%
河南	1196	1.926%
吉林	1177	1.895%
甘肃	695	1.119%
江西	609	0.981%
河北	564	0.908%
广西	543	0.874%
云南	470	0.757%
山西	373	0.601%
贵州	277	0.446%
海南	248	0.399%
新疆	219	0.353%
内蒙古	137	0.221%
宁夏	54	0.087%
青海	21	0.034%
西藏	15	0.024%

62 111 篇论文分布于 38 个学科，大于 10 000 篇的学科仅为化学，其论文数由上一年的 16 221 篇减少到 10 404 篇，减少 5817 篇，降低 35.9%，占比达 16.751%，另有 15 个（比上年减少 1 个）学科的论文数超 1000 篇，如表 17－12、图 17－4 所示。

表 17－12　2022 年影响因子和总被引数同时位居前 10% 的各学科论文数及占比

学科	论文数/篇	占比
化学	10 404	16.751%
环境科学	8286	13.341%
化工	7425	11.954%
生物学	4409	7.099%
数学	3186	5.130%
食品	3064	4.933%
材料科学	2708	4.360%
能源科学技术	2674	4.305%
计算技术	2481	3.994%
电子、通信与自动控制	2469	3.975%
临床医学	1525	2.455%
地学	1468	2.364%
农学	1194	1.922%
预防医学与卫生学	1050	1.691%
水利	1006	1.620%
交通运输	999	1.608%
畜牧、兽医	989	1.592%
基础医学	966	1.555%
药物学	954	1.536%
机械、仪表	927	1.492%
力学	807	1.299%
水产学	583	0.939%
信息、系统科学	530	0.853%
航空航天	450	0.725%
轻工、纺织	288	0.464%
物理学	272	0.438%
土木建筑	261	0.420%
林学	258	0.415%
军事医学与特种医学	192	0.309%
矿山工程技术	123	0.198%
管理学	73	0.118%
冶金、金属学	29	0.047%
动力与电气	24	0.039%
其他	16	0.026%
天文学	13	0.021%
中医学	4	0.006%

续表

学科	论文数/篇	占比
核科学技术	3	0.005%
安全科学技术	1	0.002%

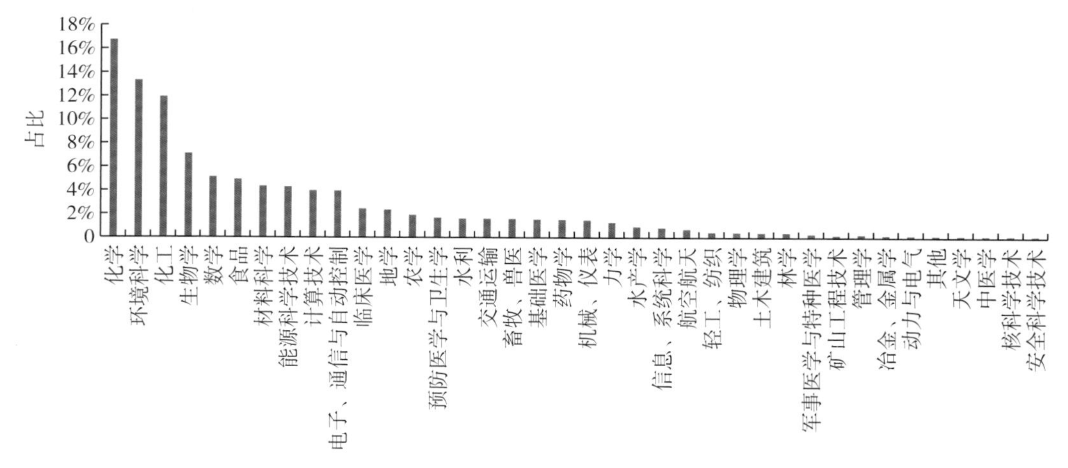

图 17-4　2022 年影响因子和总被引数同时位居前 10% 的各学科论文占比

62 111 篇论文产生于中国大陆 1223 家单位，其中，高校 54 725 篇（比上一年减少 9444 篇），占全部这类论文的 88.1%（比上一年增加 1.3 个百分点）；研究机构 6431 篇（比上一年减少 1514 篇），占比为 10.4%（比上一年减少 0.4 个百分点）；医疗机构 282 篇（增减数量大，比上一年减少 2146 篇），占比为 0.5%；公司等部门 673 篇，占比为 1.1%。各类机构发文数居前 10 位的机构如表 17-13 至表 17-15 所示。

表 17-13　2022 年发表论文数排名居前 10 位的高等院校

高等院校名称	论文数/篇
浙江大学	1275
清华大学	1237
哈尔滨工业大学	888
上海交通大学	837
天津大学	825
北京大学	790
华中科技大学	777
华南理工大学	767
四川大学	751
中山大学	748

表 17-14 2022 年发表论文数居前 10 位的研究机构

研究机构名称	论文数/篇
中国科学院生态环境研究中心	276
中国科学院地理科学与资源研究所	221
中国科学院化学研究所	168
中国科学院大连化学物理研究所	163
中国水产科学研究院	158
中国科学院大学	148
中国科学院长春应用化学研究所	122
中国科学院海西研究院	108
中国科学院南京土壤研究所	99
中国科学院过程工程研究所	98

表 17-15 2022 年发表论文数居前 10 位的医疗机构

医疗机构名称	论文数/篇
北京协和医院	33
解放军总医院	30
中国医学科学院阜外心血管病医院	17
深圳市第二人民医院	9
上海市皮肤病医院	8
河南省人民医院	8
上海市口腔病防治院	7
广东省第二人民医院	7
上海交通大学附属同仁医院	6
中国人民解放军北部战区总医院	6

17.2.4 中国作者的国际论文吸收外部信息的能力继续增强

论文的引文数，即参考文献数，是论文吸收外部信息量大小的标识，也是评价论文内容翔实的指标，了解的外部信息越多，吸收外部信息的能力越强，才能正确评价自己的论文在同学科中的位置。参考文献事关出版伦理和学术道德，表现科学研究的水平、严谨性和延续性，参考文献还事关作者的写作素养和写作态度，因此，重视参考文献的数量和将其列入文献中是件很重要的事情。

2022 年，中国作者发表国际论文的引文数已达 3000 多万篇，针对中国科技人员 2018—2022 年所发表国际论文的引文数统计结果如下。

① 篇均引文数呈逐年增长之势。以中国国际科技论文中的论著（Article）统计，2018—2022 年篇均引文数分别为 39.0 篇、40.3 篇、41.6 篇、43.7 篇和 42.4 篇。评述性论文的篇均引文数分别是 92.3 篇、97.1 篇、101.2 篇、108.6 篇和 105.1 篇。

② 引用的国际期刊的学科分布与中国作者发表论文居前的学科一致，中国论文引用的期刊学科数居前 5 位的学科仍是化学、生物学、临床医学、材料科学和环境科学。

③ 中国论文引用次数超过10万次的国际期刊数量，2018—2022年分别是9种、11种、13种、14种和29种，呈逐步上升趋势。

④ 中国论文引用次数居前的300种国际期刊，主要由各大国际出版企业出版，这些大出版企业是Elservier、Amer Chemical Soc、Springer、Nature、Wiley等。由于中国出版英文期刊还普遍存在发文数量低、创刊时间短的情况，因此，中国作者引用中国期刊的次数相对较少，各年度均仅有少量几种中国期刊能进入中国论文引用次数居前的300种国际期刊行列。

⑤ 中国论文对国际著名期刊*Nature*、*Science*、*Cell*的引用数逐年增加。中国作者引用这类高影响期刊论文数逐年增加的同时，在这类期刊上的发文量也同期增长，显示出中国高水平的科学研究是与世界同步发展的。

2022年，中国大陆作者共发表了657 070篇论文，其中，Article 619 053篇，篇均引文数为42.4篇，与上一年发表的论文相比，Article的篇均引文数减少了1.0篇；Review 38 017篇，篇均引文数达105.1篇，与上一年发表的论文相比，Review的篇均引文数减少3.5篇。就2018—2022年看，Article的篇均引文数依次为39.0篇、40.3篇、41.6篇、43.4篇和42.4篇；Review的篇均引文数依次为92.3篇、97.1篇、101.2篇、108.6篇和105.1篇，如图17-5所示。Article、Review的篇均引文数都呈直线上升。以中国科学技术信息研究所对自然科学科技论文划分的40个学科看，2022年发表的Article论文中，除社会科学交叉外，所有学科的篇均引文数都已超过30篇，如表17-16所示。2022年发表的Review论文中，篇均引文数超100篇的学科由上一年的28个减少到17个（表17-17）。不管是Article的数据还是Review的数据，显示出中国作者SCI论文吸收外部信息的能力持续增高，论文可读性不断提升。

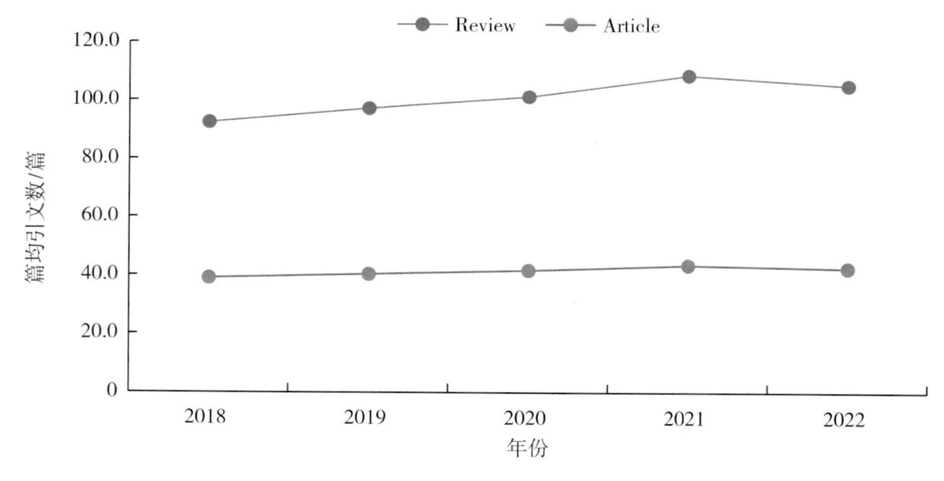

图17-5 2018—2022年Article和Review篇均引文数

表 17-16 2022 年各学科 Article 类论文篇均引文数

学科	篇均引文数/篇
测绘科学技术	63.00
天文学	57.50
环境科学	53.02
林学	52.41
水产学	51.61
地学	51.59
农学	47.92
化学	47.82
化工	46.52
生物学	46.43
管理学	46.41
水利	45.60
安全科学技术	44.27
力学	44.16
能源科学技术	43.15
土木建筑	43.12
材料科学	42.50
畜牧、兽医	42.28
矿山工程技术	42.28
预防医学与卫生学	42.14
食品	41.93
药物学	41.30
计算技术	41.15
交通运输	41.06
动力与电气	40.76
基础医学	39.88
中医学	39.32
其他	37.66
物理学	37.52
轻工、纺织	37.18
信息、系统科学	35.60
机械、仪表	35.10
核科学技术	34.88
航空航天	34.78
临床医学	34.57
冶金、金属学	34.57
电子、通信与自动控制	33.15
军事医学与特种医学	32.54
工程与技术基础学科	31.43
数学	31.12

表 17－17 2022 年各学科 Review 类论文篇均引文数

学科	篇均引文数/篇
材料科学	144.03
物理学	138.85
化学	136.63
化工	136.49
动力与电气	135.30
能源科学技术	133.09
天文学	131.27
地学	124.46
机械、仪表	124.29
水利	123.02
水产学	122.39
土木建筑	122.17
生物学	122.13
环境科学	120.39
力学	113.56
冶金、金属学	112.89
电子、通信与自动控制	112.55
农学	111.35
药物学	111.17
食品	110.13
安全科学技术	109.43
计算技术	105.40
航空航天	103.69
管理学	102.91
基础医学	102.52
林学	101.08
畜牧、兽医	100.08
矿山工程技术	96.42
交通运输	95.42
工程与技术基础学科	95.39
轻工、纺织	93.31
信息、系统科学	85.82
核科学技术	73.62
预防医学与卫生学	71.82
中医学	71.26
临床医学	67.73
数学	67.22
军事医学与特种医学	58.42
其他	54.71

17.2.5 以我为主的国际合作论文数稍有增加

国际合作是完成国际重大科技项目和计划必然要采取的方式，中国作为科技发展中国家，经过多年的努力，已取得国际瞩目的成就，但还需通过国际合作来提升国家的科学技术水平和科技的国际地位。而在合作研究中，最能反映一个国家研究实力和水平的还是以我为主的研究，经多年的努力，随着中国科技实力的增强、中国国际影响力的提高，以我为主，参与的国际合作研究项目增多，中国科技工作者已发表了相当数量的以我为主的合作论文。

2022年，中国产生的国际合作论文数（只统计Article、Review两类文献）为169 401篇，其中，以我为主的合作论文数是113 387篇，占全部合作论文的66.9%，比上一年上升3.2个百分点。国际合作论文数由上一年的147 487篇增加到169 401篇，增长14.9%；以我为主的论文数由100 189篇增加到113 387篇，增加13 198篇，增长13.2%。这些论文分布在中国大陆的31个省（自治区、直辖市），如表17－18所示。国际合作论文数多的地区仍是科技相对发达、科技人员较多、高等院校和科研机构较为集中的地区，超10 000篇的地区是北京、江苏和广东，开展合作论文数为41 196篇，占全国31个省（自治区、直辖市）合作论文总数（113 387篇）的36.33%. 临近香港的广东，具有便利的地区优势，与境外机构这3个省份的合作研究的机会也多，合作论文数达11 441篇。全国31个省（自治区、直辖市）都有以我为主的国际合作论文发表，即各地区都有自己特有的学科优势来吸引境外人士参与合作研究。

表17－18 2022年SCI以我为主的国际合作论文的地区分布

地区	论文数/篇
北京	16 592
江苏	13 163
广东	11 441
上海	8819
浙江	6463
湖北	6316
陕西	6292
山东	5543
四川	5332
湖南	3965
辽宁	3231
福建	2910
天津	2820
安徽	2696
河南	2592
重庆	2383
黑龙江	2305
吉林	1859

续表

地区	论文数/篇
云南	1215
甘肃	1171
江西	1135
河北	1056
广西	1040
山西	918
贵州	673
新疆	448
海南	415
内蒙古	288
宁夏	178
青海	103
西藏	25

2022年，从以我为主的国际合作论文的学科分布看，SCIE论文数多的学科国际合作论文数也多，国际合作论文数排在前10位的学科名称与上一年相比没有变化，只是位次稍有变化。生物学，化学，电子、通信与自动控制，材料科学，计算技术和环境科学居前6位，前6个学科的以我为主的国际合作论文数总计达54 964篇，占国际合作论文总数（113 387篇）的48.5%。发表1000篇以上的学科由上一年的19个升到21个，如表17-19和图17-6所示。

表17-19 2022年SCIE以我为主的国际合作论文的学科分布

学科	论文数/篇
生物学	10 993
化学	10 508
电子、通信与自动控制	8814
材料科学	8369
计算技术	8234
环境科学	8046
地学	7921
临床医学	7325
物理学	5928
能源科学技术	4517
化工	3178
数学	3164
基础医学	3158
预防医学与卫生学	3005
土木建筑	2593
食品	2494
药物学	2145

续表

学科	论文数/篇
农学	2113
力学	1386
机械、仪表	1308
天文学	1088
交通运输	859
管理学	647
信息、系统科学	633
工程与技术基础学科	599
水利	564
畜牧、兽医	546
林学	429
军事医学与特种医学	395
水产学	303
核科学技术	282
冶金、金属学	271
动力与电气	251
中医学	240
轻工、纺织	239
其他	232
航空航天	225
矿山工程技术	220
安全科学技术	164
测绘科学技术	1

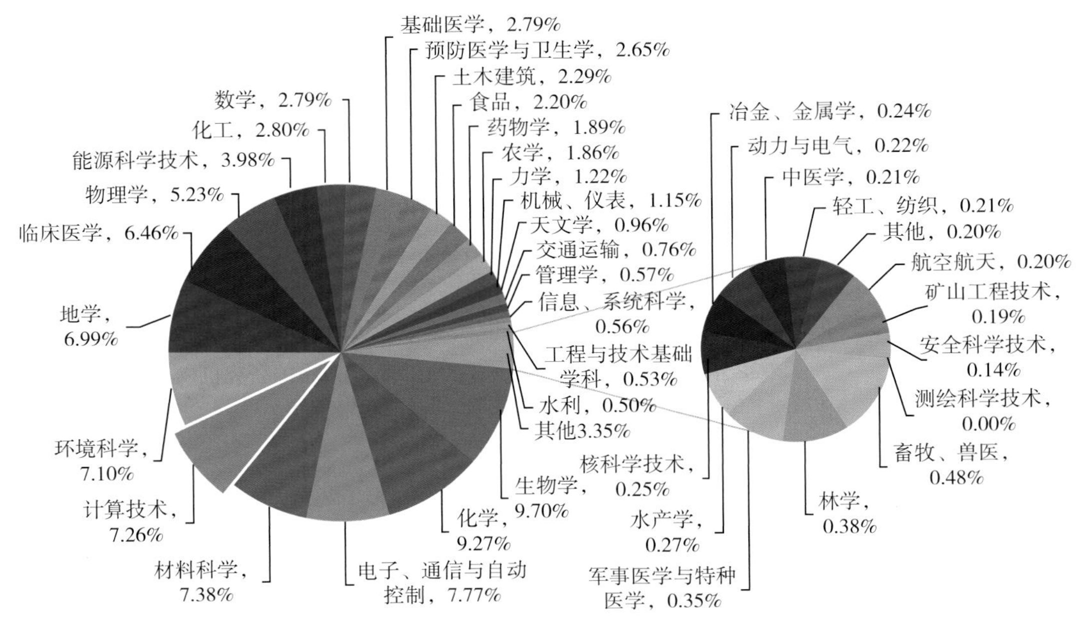

图 17-6　2022 年 SCIE 以我为主的国际合作论文的学科分布

2022年，共发表以我为主国际合作论文113 387篇，比上一年增加13 198篇，发表论文的单位共1785家，其中，高等院校1214家（仅为校园本部，不含附属机构），共发表99 434篇，占全部的87.7%；研究机构324家，共发表10 587篇，占全部的9.3%；医疗机构226家，共发表1467篇，占全部论文的1.3%，另外，还有24个公司及其他等部门也发表了以我为主的国际合作论文1899篇。.

以我为主发表论文的高等院校国际合作论文99 434篇，比2021年的80 629篇增加18 805篇，占比为87.7%，发表1000篇以上的高等院校由上一年的12家增加到16家，如表17-20所示。除1000篇高等院校外，大于500篇的高等院校数保持上一年的56家。

表17-20　2022年以我为主国际合作论文数大于1000篇的高等院校

高等院校名称	论文数/篇
浙江大学	2028
上海交通大学	1595
清华大学	1481
中山大学	1420
西安交通大学	1417
哈尔滨工业大学	1317
北京大学	1289
中南大学	1281
东南大学	1225
天津大学	1200
中国地质大学	1148
华中科技大学	1121
电子科技大学	1117
山东大学	1060
同济大学	1037
深圳大学	1004

以我为主国际合作研究产生论文的研究机构共324家，共计发表国际合作论文10 587篇，比上一年的9364增加1223篇，占比为9.3%，论文数达100篇的研究机构为19家，比上一年的20家减少1家，达到100篇的都是中国科学院所属机构。中国科学院大学发文数为301篇，位居第一（表17-21）。

表17-21　2022年以我为主国际合作论文数100篇及以上的研究机构

研究机构名称	论文数/篇
中国科学院大学	301
中国科学院深圳先进技术研究院	253
中国科学院地理科学与资源研究所	240
中国科学院地质与地球物理研究所	207
中国科学院合肥物质科学研究院	152
中国科学院生态环境研究中心	149

续表

研究机构名称	论文数/篇
中国科学院物理研究所	141
中国科学院高能物理研究所	141
中国林业科学研究院	132
中国科学院空天信息创新研究院	132
中国科学院北京纳米能源与系统研究所	131
中国科学院大气物理研究所	116
中国科学院广州地球化学研究所	115
中国科学院动物研究所	114
中国科学院西北生态环境资源研究院	114
中国科学院新疆生态与地理研究所	111
中国科学院宁波材料技术与工程研究所	106
中国科学院青藏高原研究所	101
中国科学院长春应用化学研究所	100

发表以我为主国际合作论文的医疗机构共 226 家，共发表国际合作论文 1467 篇，占比为 1.3%，论文数由上一年的 9455 篇减少到 1467 篇，减少 7988 篇，论文数大于 50 篇的医疗机构由 55 家减少至 2 家，如表 17－22 所示。北京协和医院发表数由上一年的 193 篇减少到 124 篇，减少 69 篇，居医院第一。

表 17－22　2022 年以我为主国际合作论文数高于 50 篇的医疗机构

医院名称	论文数/篇
北京协和医院	124
解放军总医院	93

17.2.6　中国中医药论文的学术水平普遍高于其他医药论文

中国是文明而古老的国家，中国医药学已有悠久的历史，李时珍的《本草纲目》也在世上流传近 500 年，在世界具有很大的影响。目前，中国中医药学的研究和临床实践的产出在国际上处于何种地位？为了了解中国中医药学的研究产出情况，并与国内其他类医学情况做一比较，现仅以 2022 年 SCIE 中收录的第一作者为中国大陆学者的文献为依据，进行简要统计和分析，包括地区分布、单位分布、发表期刊分布、被引情况、国际合作产出等。

2022 年，中国大陆作者共发表中医药论文 3388 篇，分布于中国大陆的 31 个省份，由于科研水平、经济实力、人才队伍等的不平衡，各省份所发表的论文数量有较大的差距，但每个省份都有发表。发表 100 篇及以上的省份有 10 个，发表数总计为 2332 篇，占中国大陆中医药论文数的 68.8%，发表数少的地区都是正在发展的地区（表 17－23）。

表 17－23 2022 年中医药论文的地区分布

地区	论文数/篇	占比
北京	433	12.8%
江苏	320	9.4%
广东	318	9.4%
四川	266	7.9%
浙江	250	7.4%
上海	244	7.2%
山东	153	4.5%
湖北	121	3.6%
河北	120	3.5%
安徽	107	3.2%
湖南	89	2.6%
天津	88	2.6%
辽宁	88	2.6%
吉林	84	2.5%
黑龙江	79	2.3%
福建	73	2.2%
陕西	73	2.2%
江西	70	2.1%
重庆	68	2.0%
河南	58	1.7%
云南	54	1.6%
贵州	44	1.3%
甘肃	37	1.1%
广西	31	0.9%
新疆	28	0.8%
海南	25	0.7%
内蒙古	22	0.6%
山西	19	0.6%
宁夏	15	0.4%
青海	11	0.3%

2022 年发表中医药论文的中国大陆机构共 604 家，共发表论文 3388 篇。其中，高等院校 417 家（仅为校园），共发表 2662 篇，占比为 78.6%；研究机构 29 家，共发表 169 篇，占比为 5.0%，医疗机构近 158 家，共发表 509 篇，占比为 15.0%。发表 20 篇及以上的高等院校 27 家，发表 5 篇及以上的研究机构 5 家，发表 10 篇及以上的医疗机构 2 家，如表 17－24 至表 17－26 所示。从事中医药研究的中医科学院仅发表论文 62 篇，占全部论文的 1.8%。

表 17-24　中医药论文 20 篇及以上的高等院校

大学名称	论文数/篇
北京中医药大学	137
成都中医药大学	135
广州中医药大学	102
南京中医药大学	80
上海中医药大学	76
浙江中医药大学	72
天津中医药大学	60
山东中医药大学	53
中国药科大学	49
安徽中医药大学	38
黑龙江中医药大学	36
沈阳药科大学	32
湖南中医药大学	32
河南中医药大学	31
长春中医药大学	31
江西中医药大学	29
暨南大学	24
湖北中医药大学	24
南方医科大学	23
成都中医药大学附属医院	23
河北中医学院	23
上海中医药大学附属龙华医院	22
广东药科大学	22
上海中医药大学附属曙光医院	21
陕西中医药大学	21
北京中医药大学东直门医院	20
江苏省中医院	20

表 17-25　中医药论文 5 篇及以上的研究机构

研究机构名称	论文数/篇
中国中医科学院	62
中国医学科学院药用植物研究所	14
山东省医学科学院	7
中国医学科学院药物研究所	5
中国科学院大学	5

表 17-26　中医药论文 10 篇及以上的医疗机构

医疗机构名称	论文数/篇
中国中医科学院广安门医院	22
沧州市中心医院	18

2022 年，中国大陆医药文献数为 153 594 篇（按 Article、Review 文献计共 136 157 篇），中医药文献数为 3456 篇（按 Article、Review 文献计共 3388 篇）。

17.3 结语

17.3.1 提高中国特色医药学论文的国际学术地位

中国是文明而古老的国家，中国医药学已有悠久的历史，李时珍的《本草纲目》也在世上流传近 500 年，在世界具有很大的影响。目前，中国中医药学的研究和临床实践的产出在国际上还不是特别多，被引指标还不是很高，国际影响还有待提升。国家现在正加大对中医药事业发展的支持，一定会提振中国中医药在世界的地位。

17.3.2 要更多更好的论文发表在祖国的期刊中，提高中国期刊的世界影响

在国家各方面的大力支持下，中国编辑出版的科技期刊已有较好的发展，世界影响力也不断变大，2022 年，已有 14 种科技期刊的影响因子排在学科首位，比上一年增加 2 种，科学指标的提升需要好的论文支持，应大力鼓励科技人员将论文发表在祖国创办的科技期刊中。

17.3.3 鼓励企业与高校、科研院所开展合作研究，发表高质量科研论文

多年来，中国发表论文的主体基本是高校，科研院所和一些医疗机构，公司部门的发文量较少。应着力鼓励企业参与基础研究，提升企业原始创新能力。基础研究是企业提升技术源头供给能力、培育形成竞争优势的战略选择，要大力支持企业成立实验室和高水平研究院，鼓励企业承担国家级、省级和市级重大科技项目，面向企业需求，在政府层面探索与行业龙头企业设立基础研究联合基金或计划，引导有条件、有能力的企业开展基础研究、加大基础研究投入。面向企业开放基础研究计划，鼓励企业与高校、科研院所开展合作研究。

17.3.4 要增加中国论文的被引数，还应多发表评论性文献

2022 年，中国作者发表的 SCI 论文中，评论性论文有 38 017 篇，总被引 215 227 次，篇均被引 5.66 次；一般论文有 619 053 篇，总被引数 2 009 876 次，篇均被引 3.25 次。评论性论文是各行业专家撰写的为广大学科人员通常采用的论文，深得学科人员的关注，会得到较多的引用。

17.3.5 持久稳定地进行基础研究，在提高科学产出的质量上下力气

与2021年相比，2022年中国发表的国际论文数的增长率降低，增长放缓。这是正常情况，我们一定要在增加数量的同时，在提高质量和国际影响力上下功夫。

基础科学是创新的基础，只有基础打好了，创新才有动力和来源。但基础研究工作要取得成效不可能一蹴而就，需长久稳定的工作。SCI收录论文就是基础科学研究成果的表现。我们的论文的影响力提高了，论文的质量提高了，表示基础科学研究水平也提高了。在国家加大基础研发经费投入的环境下，我们应在国际上发表更有影响力和学术水平更高的科技论文，这也是提高中国国际威望的一个方式。

注：本书数据主要采集自可进行国际比较，并能进行学术指标评估的Clarivate Analytics出产的2022年SCIE和JCR数据。以上文字和图表是笔者根据这些系统提供的数据加工整理产生的，以上各章节中所描述的论文仅指文献类型中的Article和Review。

参考文献

[1] 中国科学技术信息研究所.2020年度中国科技论文统计与分析：年度研究报告［M］.北京：科学技术文献出版社，2022.
[2] 中国已与160个国家建立科技合作关系［N］.科技日报，2019－01－27.
[3] 2011—2017年中国基础科学研究经费投入［N］.科普时报，2019－03－08.
[4] 中国高质量科研对世界总体贡献居全球第二位［N］.科学网，2016－01－15.
[5] 中国科技人力资源总量突破8000万［N］.科技日报，2016－04－21.
[6] 2022自然指数排行榜：中国高质量科研产出呈现两位数增长［N］.科技日报，2016－04－21.
[7] “中国天眼”将对全球科技界开放［N］.科普时报，2021－01－18.
[8] 朱大明.参考文献的主要作用与学术论文的创新性评审［J］.编辑学报，2014（2）：91－92.
[9] Thomson Scientific 2021.ISI Web of Knowledge：web of Science［DB/OL］.［2024－05－06］.http：//portal.isiknowledge.com/web of science.
[10] Thomson Scientific 2021.ISI Web of Knowledge. journal citation reports 2021.［DB/OL］.［2024－05－06］. http：//portal.isiknowledge.com/journal citation reports.
[11] 2021年度国际十大科技新闻“中国天眼”FAST正式对全球科学界开放［N］.科普时报，2022－01－06.
[12] 中国基础科学研究环境有待进一步优化［N］.科普时报，2022－03－04.
[13] 中华人民共和国2021年国民经济和社会发展统计公报：十、科学技术和教育［N］.人民日报，2022－03－01.

附　录

附录 1　2022 年 SCI 收录的中国科技期刊（共 236 种）

Acta Biochimica et Biophysica Sinica	Biochar
Acta Chimica Sinica	Bio-Design and Manufacturing
Acta Geologica Sinica-English Edition	Biomedical and Environmental Sciences
Acta Mathematica Scientia	Bone Research
Acta Mathematica Sinica-English Series	Building Simulation
Acta Mathematicae Applicatae Sinica-English Series	Cancer Biology & Medicine
Acta Mechanica Sinica	Cancer Communications
Acta Mechanica Solida Sinica	Carbon Energy
Acta Metallurgica Sinica	Cell Research
Acta Metallurgica Sinica-English Letters	Cellular & Molecular Immunology
Acta Oceanologica Sinica	Chemical Journal of Chinese Universities-Chinese
Acta Petrologica Sinica	Chemical Research in Chinese Universities
Acta Pharmaceutica Sinica B	China CDC Weekly
Acta Pharmacologica Sinica	China Communications
Acta Physica Sinica	China Foundry
Acta Physico-Chimica Sinica	China Ocean Engineering
Acta Polymerica Sinica	China Petroleum Processing & Petrochemical Technology
Advanced Photonics	Chinese Annals of Mathematics Series B
Advances in Atmospheric Sciences	Chinese Chemical Letters
Advances in Climate Change Research	Chinese Geographical Science
Advances in Manufacturing	Chinese Journal of Aeronautics
Algebra Colloquium	Chinese Journal of Analytical Chemistry
Animal Nutrition	Chinese Journal of Cancer Research
Applied Geophysics	Chinese Journal of Catalysis
Applied Mathematics and Mechanics-English Edition	Chinese Journal of Chemical Engineering
Applied Mathematics-A Journal of Chinese Universities Series B	Chinese Journal of Chemical Physics
Asia Pacific Journal of Clinical Nutrition	Chinese Journal of Chemistry
Asian Herpetological Research	Chinese Journal of Electronics
Asian Journal of andrology	Chinese Journal of Geophysics-Chinese Edition
Asian Journal of Pharmaceutical Sciences	Chinese Journal of Inorganic Chemistry
Avian Research	Chinese Journal of Integrative Medicine
Bioactive Materials	Chinese Journal of Mechanical Engineering
	Chinese Journal of Natural Medicines
	Chinese Journal of Organic Chemistry

续

Chinese Journal of Polymer Science
Chinese Journal of Structural Chemistry
Chinese Medical Journal
Chinese Optics Letters
Chinese Physics B
Chinese Physics C
Chinese Physics Letters
Communications in Mathematics and Statistics
Communications in Theoretical Physics
Computational Visual Media
Crop Journal
Csee Journal of Power and Energy Systems
Current Medical Science
Current Zoology
Defence Technology
Digital Communications and Networks
Earthquake Engineering and Engineering Vibration
Ecological Processes
Ecosystem Health and Sustainability
Electrochemical Energy Reviews
Energy & Environmental Materials
Engineering
Environmental Science and Ecotechnology
Eye and Vision
Food Quality and Safety
Food Science and Human Wellness
Forest Ecosystems
Friction
Frontiers in Energy
Frontiers of Chemical Science and Engineering
Frontiers of Computer Science
Frontiers of Earth Science
Frontiers of Environmental Science & Engineering
Frontiers of Information Technology & Electronic Engineering
Frontiers of Materials Science
Frontiers of Mechanical Engineering
Frontiers of Medicine
Frontiers of Physics
Frontiers of Structural and Civil Engineering
Fungal Diversity
Gastroenterology Report
Genes & Diseases
Genomics Proteomics & Bioinformatics
Geoscience Frontiers
Geo-Spatial Information Science
Green Energy & Environment
Hepatobiliary & Pancreatic Diseases International
High Power Laser Science and Engineering
High Voltage
Horticultural Plant Journal
Horticulture Research
Ieee-Caa Journal of Automatica Sinica
Infectious Diseases of Poverty
Infomat
Insect Science
Integrative Zoology
International Journal of Digital Earth
International Journal of Disaster Risk Science
International Journal of Extreme Manufacturing
International Journal of Minerals Metallurgy and Materials
International Journal of Mining Science and Technology
International Journal of Oral Science
International Journal of Sediment Research
International Soil and Water Conservation Research
Journal of Advanced Ceramics
Journal of Animal Science and Biotechnology
Journal of Arid Land
Journal of Bionic Engineering
Journal of Central South University
Journal of Computational Mathematics
Journal of Computer Science and Technology
Journal of Earth Science
Journal of Energy Chemistry
Journal of Environmental Sciences
Journal of Forestry Research
Journal of Genetics and Genomics
Journal of Geographical Sciences
Journal of Geriatric Cardiology
Journal of Hydrodynamics

续

Journal of Infrared and Millimeter Waves
Journal of Innovative Optical Health Sciences
Journal of Inorganic Materials
Journal of Integrative Agriculture
Journal of Integrative Medicine-Jim
Journal of Integrative Plant Biology
Journal of Iron and Steel Research International
Journal of Magnesium and Alloys
Journal of Materials Science & Technology
Journal of Materiomics
Journal of Meteorological Research
Journal of Modern Power Systems and Clean Energy
Journal of Molecular Cell Biology
Journal of Mountain Science
Journal of Ocean Engineering and Science
Journal of Ocean University of China
Journal of Oceanology and Limnology
Journal of Palaeogeography-English
Journal of Pharmaceutical Analysis
Journal of Plant Ecology
Journal of Rare Earths
Journal of Rock Mechanics and Geotechnical Engineering
Journal of Sport and Health Science
Journal of Systematics and Evolution
Journal of Systems Engineering and Electronics
Journal of Systems Science & Complexity
Journal of Systems Science and Systems Engineering
Journal of Thermal Science
Journal of Traditional Chinese Medicine
Journal of Tropical Meteorology
Journal of Wuhan University of Technology-Materials Science Edition
Journal of Zhejiang University-Science A
Journal of Zhejiang University-Science B
Light-Science & Applications
Marine Life Science & Technology
Matter and Radiation at Extremes
Microsystems & Nanoengineering
Military Medical Research
Molecular Plant
Nano Research
Nano-Micro Letters
National Science Review
Neural Regeneration Research
Neuroscience Bulletin
New Carbon Materials
Npj Computational Materials
Npj Flexible Electronics
Nuclear Science and Techniques
Numerical Mathematics-Theory Methods and Applications
Opto-Electronic Advances
Particuology
Pedosphere
Petroleum Exploration and Development
Petroleum Science
Photonic Sensors
Photonics Research
Phytopathology Research
Plant Diversity
Plant Phenomics
Plasma Science & Technology
Progress in Biochemistry and Biophysics
Progress in Chemistry
Progress in Natural Science-Materials International
Protein & Cell
Rare Metal Materials and Engineering
Rare Metals
Regenerative Biomaterials
Research
Research in Astronomy and Astrophysics
Rice Science
Science Bulletin
Science China-Chemistry
Science China-Earth Sciences
Science China-Information Sciences
Science China-Life Sciences
Science China-Materials
Science China-Mathematics

续

Science China-Physics Mechanics & Astronomy	Translational Neurodegeneration
Science China-Technological Sciences	Tsinghua Science and Technology
Signal Transduction and Targeted Therapy	Underground Space
Spectroscopy and Spectral Analysis	Virologica Sinica
Stroke and Vascular Neurology	World Journal of Emergency Medicine
Synthetic and Systems Biotechnology	World Journal of Pediatrics
Transactions of Nonferrous Metals Society of China	Zoological Research

附录 2　2022 年 Medline 收录的中国科技期刊（共 185 种）

aBIOTECH	Chinese Journal of Integrative Medicine
Acta Biochimica et Biophysica Sinica	Chinese Journal of Natural Medicines
Acta Mathematica Scientia = Shuxue Wuli Xuebao	Chinese Journal of Ophthalmology (Zhonghua Yanke Zazhi)
Acta Mathematicae Applicatae Sinica (English Series)	Chinese Journal of Traumatology = Zhonghua Chuangshang Zazhi
Acta Mechanica Sinica = Lixue Xuebao	Chinese Medical Journal
Acta Pharmacologica Sinica	Chinese Medical Sciences Journal
Advances in Atmospheric Sciences	Chinese Neurosurgical Journal
Animal Models and Experimental Medicine	Chronic Diseases and Translational Medicine
Animal Nutrition (Zhongguo Xumu Shouyi Xuehui)	Communications in Nonlinear Science & Numerical Simulation
Asian Journal of Andrology	Computational Visual Media
Asian Journal of Pharmaceutical Sciences	Current Medical Science
Beijing Daxue Xuebao. Yixueban = Journal of Peking University. Health Sciences	Current Zoology
Bio-design and Manufacturing	Cyborg and Bionic Systems (Washington, D.C.)
Biomaterials Translational	Engineering (Beijing, China)
Biomedical and Environmental Sciences : BES	Environmental Science and Ecotechnology
Bone Research	Fayixue Zazhi
Building Simulation	Forensic Sciences Research
Cancer Biology & Medicine	Frontiers of Chemical Science and Engineering
Cardiology Discovery	Frontiers of Computer Science
Cell Research	Frontiers of Earth Science
Cellular & Molecular Immunology	Frontiers of Environmental Science & Engineering
Chemical Research in Chinese Universities	Frontiers of Materials Science
China CDC Weekly	Frontiers of Medicine
China Population and Development Studies	Frontiers of Optoelectronics
Chinese chemical letters = Zhongguo Huaxue Kuaibao	Genomics, Proteomics & Bioinformatics
Chinese Geographical Science	Geoscience Frontiers
Chinese Herbal Medicines	Global Health Journal (Amsterdam, Netherlands)
Chinese Journal of Cancer Research	Health Data Science
Chinese Journal of Chemical Engineering	Horticulture Research
Chinese Journal of Chemistry	

续

Huaxi Kouqiang Yixue Zazhi = West China Journal of Stomatology
Huanjing Kexue= Journal of Environment Science
Infectious Diseases & Immunity
Infectious Diseases of Poverty
Infectious Microbes & Diseases
Insect Science
Intelligent Medicine
International Journal of Coal Science & Technology
International Journal of Dermatology and Venereology
International Journal of Nursing Sciences
International Journal of Ophthalmology
International Journal of Oral Science
Journal of Analysis and Testing
Journal of Animal Science and Biotechnology
Journal of Biomedical Research
Journal of Bionic Engineering
Journal of Bio-X Research
Journal of Central South University
Journal of Computer Science and Technology
Journal of Environmental Sciences (China)
Journal of Forestry Research
Journal of Genetics and Genomics = Yichuan Xuebao
Journal of Geriatric Cardiology : JGC
Journal of Integrative Medicine
Journal of Integrative Plant Biology
Journal of Intensive Medicine
Journal of Interventional Medicine
Journal of Materials Science & Technology
Journal of Molecular Cell Biology
Journal of Mountain Science
Journal of Ocean University of China : JOUC
Journal of Otology
Journal of Pancreatology
Journal of Pharmaceutical Analysis
Journal of Shanghai Jiaotong University (Science)
Journal of Sport and Health Science
Journal of Systems Science and Complexity
Journal of Systems Science and Systems Engineering
Journal of Traditional Chinese Medicine
Journal of Zhejiang University-Science B
Landscape Architecture Frontiers
Light, Science & Applications
Linchuang Er Bi Yan Hou Tou Jing Waike Zazhi = Journal of Clinical Otorhinolaryngology, Head, and Neck Surgery
Liver Research
Magnetic Resonance Letters
Marine Life Science & Technology
Maternal-fetal Medicine (Wolters Kluwer Health, Inc.)
Medical Review (Berlin, Germany)
Microsystems & Nanoengineering
Military Medical Research
Molecular Plant
Nanfang Yike Daxue Xuebao = Journal of Southern Medical University
Nano Research
National Science Review
Neural Regeneration Research
Neuroscience Bulletin
Optoelectronics Letters
Pediatric Investigation
Phytopathology Research
Plant Diversity
Precision Clinical Medicine
Protein & Cell
Quantitative Biology (Beijing, China)
Rare Metals
Rheumatology & Autoimmunity
Science Bulletin
Science China Materials
Science China Chemistry
Science China Earth Sciences
Science China Life Sciences
Science China Physics, Mechanics & Astronomy
Science China Technological Sciences
Sepu = Chinese Journal of Chromatography
Shanghai Kouqiang Yixue = Shanghai Journal of Stomatology
Shengli Xuebao = Acta physiologica Sinica
Shengwu Gongcheng Xuebao = Chinese Journal of Biotechnology

续

Shengwu Yixue Gongchengxue Zazhi = Journal of Biomedical Engineering
Sichuan Daxue Xuebao. Yixue Ban = Journal of Sichuan University. Medical Science Edition
Signal Transduction and Targeted Therapy
Stroke and Vascular Neurology
Virologica Sinica
Visual Computing for Industry, Biomedicine, and Art
Weisheng Yanjiu = Journal of Hygiene Research
World Journal of Emergency Medicine
World Journal of Gastroenterology
World Journal of Otorhinolaryngology – Head and Neck Surgery
World Journal of Pediatric Surgery
Xibao Yu Fenzi Mianyixue Zazhi = Chinese Journal of Cellular and Molecular Immunology
Yi Chuan = Hereditas
Yingyong Shengtai Xue bao = The Journal of Applied Ecology
Zhejiang Daxue Xuebao. Yixueban = Journal of Zhejiang University. Medical Sciences
Zhenci yanjiu = Acupuncture Research
Zhongnan Daxue Xuebao. Yixueban = Journal of Central South University. Medical Sciences
Zhongguo Dangdai erke Zazhi = Chinese Journal of Contemporary Pediatrics
Zhongguo Feiai Zazhi = Chinese Journal of Lung Cancer
Zhongguo Gushang = China Journal of Orthopaedics and Traumatology
Zhongguo Shiyan Xueyexue Zazhi
Zhongguo Xiufu Chongjian Waike Zazhi = Chinese Journal of Reparative and Reconstructive Surgery
Zhongguo Xuexi Chongbing Fangzhi Zazhi = Chinese Journal of Schistosomiasis Control
Zhongguo Yiliao Qixie Zazhi = Chinese Journal of Medical Instrumentation
Zhongguo Yixue Kexue Yuanxuebao = Acta Academiae Medicinae Sinicae
Zhongguo Yingyong Shenglixue Zazhi = Chinese Journal of Applied Physiology
Zhongguo Zhenjiu = Chinese Acupuncture & Moxibustion
Zhongguo Zhongyao Zazhi = China Journal of Chinese Materia Medica
Zhonghua Binglixue Zazhi = Chinese Journal of Pathology
Zhonghua Er Bi Yan Hou Tou Jing Waike Zazhi = Chinese Journal of Otorhinolaryngology Head and Neck Surgery
Zhonghua Erke Zazhi = Chinese Journal of Pediatrics
Zhonghua Fuchanke Zazhi
Zhonghua Ganzangbing Zazhi = Chinese Journal of Hepatology
Zhonghua Jiehe He Huxi Zazhi = Chinese Journal of Tuberculosis and Respiratory Diseases
Zhonghua Kouqiang Yixue Zazhi = Chinese Journal of Stomatology
Zhonghua Laodong Weisheng Zhiyebing Zazhi = Chinese Journal of Industrial Hygiene and Occupational Diseases
Zhonghua Liuxingbingxue Zazhi
Zhonghua Neike Zazhi
Zhonghua Shaoshang Zazhi = Chinese Journal of Burns
Zhonghua Waike Zazhi = Chinese Journal of Surgery
Zhonghua Weichang Waike Zazhi = Chinese Journal of Gastrointestinal Surgery
Zhonghua Weizhongbing Jijiu Yixue
Zhonghua Xinxueguanbing Zazhi
Zhonghua Xueyexue Zazhi
Zhonghua Yishi Zazhi (Beijing, China : 1980)
Zhonghua Yixue Yichuanxue Zazhi = Chinese Journal of Medical Genetics
Zhonghua Yixue Zazhi
Zhonghua Yufang Yixue Zazhi = Chinese Journal of Preventive Medicine
Zhonghua Zhongliu Zazhi = Chinese Journal of Oncology
Zoological Research

附录 3　2022 年 EI 收录的中国科技期刊（共 292 种）

Acta Acustica	Data Science and Engineering
Acta Aeronautica et Astronautica Sinica	Energetic Materials Frontiers
Acta Armamentarii	Energy and Built Environment
Acta Automatica Sinica	Energy Geoscience
Acta Electronica Sinica	Friction
Acta Energiae Solaris Sinica	Journal of Electronic Science and Technology
Acta Geochimica	Geodesy and Geodynamics
Acta Geodaetica et Cartographica Sinica	Global Energy Interconnection
Acta Geographica Sinica	Green Chemical Engineering
Acta Geologica Sinica	Green Energy and Environment
Acta Materiae Compositae Sinica	High-Confidence Computing
Acta Mechanica Sinica	Information Processing in Agriculture
Acta Mechanica Solida Sinica	International Journal of Mining Science and Technology
Acta Metallurgica Sinica	International Journal of Transportation Science and Technology
Acta Metallurgica Sinica (English Letters)	Journal of Advanced Ceramics
Acta Optica Sinica	Bridge Construction
Acta Petrolei Sinica	Building Simulation
Acta Petrolei Sinica (Petroleum Processing Section)	Carbon Resources Conversion
Acta Petrologica Sinica	Chemical Industry and Engineering Progress
Acta Photonica Sinica	Chemical Journal of Chinese Universities
Acta Physica Sinica	China Civil Engineering Journal
Acta Scientiarum Naturalium Universitatis Pekinensis	China Environmental Science
Advanced Engineering Science	China Journal of Highway and Transport
Advanced Fiber Materials	China Mechanical Engineering
Advanced Industrial and Engineering Polymer Research	China Ocean Engineering
Advances in Manufacturing	China Railway Science
Advances in Mechanics	China Surface Engineering
Advances in Water Science	Chinese Journal of Aeronautics
Applied Mathematics and Mechanics (English Edition)	Chinese Journal of Analysis Laboratory
Atomic Energy Science and Technology	Chinese Journal of Analytical Chemistry
Automation of Electric Power Systems	Chinese Journal of Catalysis
Automotive Engineering	Chinese Journal of Chemical Engineering
Automotive Innovation	Chinese Journal of Computers
Big Data Mining and Analytics	Chinese Journal of Electronics
Bio-Design and Manufacturing	Chinese Journal of Energetic Materials
Blockchain: Research and Applications	Chinese Journal of Engineering
CCF Transactions on High Performance Computing	Chinese Journal of Explosives and Propellants
Coal Science and Technology (Peking)	Chinese Journal of Geophysics (Acta Geophysica Sinica)
Computational Visual Media	

续

Chinese Journal of Geotechnical Engineering
Chinese Journal of Lasers
Chinese Journal of Luminescence
Chinese Journal of Materials Research
Chinese Journal of Mechanical Engineering (English Edition)
Chinese Journal of Nonferrous Metals
Chinese Journal of Polymer Science (English Edition)
Chinese Journal of Rare Metals
Chinese Journal of Rock Mechanics and Engineering
Chinese Journal of Scientific Instrument
Chinese Journal of Theoretical and Applied Mechanics
Chinese Optics
Chinese Optics Letters
Chinese Physics B
Chinese Science Bulletin
CIESC Journal
Coal Geology and Exploration
Journal of Chinese Mass Spectrometry Society
Journal of Magnesium and Alloys
Computer Integrated Manufacturing Systems, CIMS
Computer Research and Development
Control and Decision
Control Theory and Applications
Control Theory and Technology
CPSS Transactions on Power Electronics and Applications
CSEE Journal of Power and Energy Systems
Journal of Modern Power Systems and Clean Energy
Defence Technology
Earth Science Journal of China University of Geosciences
Earth Science Frontiers
Earthquake Engineering and Engineering Vibration
Electric Machines and Control
Electric Power Automation Equipment
Engineering Mechanics
Environmental Science
Experimental and Computational Multiphase Flow
Explosion and Shock Waves
Fine Chemicals
Food Science
Journal of Northwestern Polytechnical University
Frontiers of Chemical Science and Engineering
Frontiers of Computer Science
Frontiers of Environmental Science and Engineering
Frontiers of Information Technology & Electronic Engineering
Frontiers of Optoelectronics
Frontiers of Structural and Civil Engineering
Geodesy and Geodynamics
Geomatics and Information Science of Wuhan University
Geotectonica et Metallogenia
Journal of Radars
Journal of Safety Science and Resilience
High Technology Letters
High Voltage Engineering
Journal of Shanghai Jiaotong University
Infrared and Laser Engineering
International Journal of Intelligent Computing and Cybernetics
International Journal of Lightweight Materials and Manufacture
International Journal of Minerals, Metallurgy and Materials
Journal of Social Computing
Journal of the China Coal Society
Journal of Aerospace Power
Journal of Analysis and Testing
Journal of Astronautics
Journal of Basic Science and Engineering
Journal of Beijing Institute of Technology (English Edition)
Journal of Beijing University of Aeronautics and Astronautics

续

Journal of Beijing University of Posts and Telecommunications
Journal of Biomedical Engineering
Journal of Bionic Engineering
Journal of Bioresources and Bioproducts
Journal of Building Materials
Journal of Building Structures
Journal of Central South University (English Edition)
Journal of Central South University (Science and Technology)
Journal of Chemical Engineering of Chinese Universities
Journal of China Universities of Posts and Telecommunications
Journal of China University of Mining and Technology
Journal of China University of Petroleum (Edition of Natural Science)
Journal of Chinese Inertial Technology
Journal of Chinese Institute of Food Science and Technology
Journal of Traffic and Transportation Engineering (English Edition)
Journal of Communications and Information Networks
Journal of Computer Science and Technology
Journal of ComputerAided Design and Computer Graphics
Journal of Electronics and Information Technology
Journal of Energy Chemistry
Journal of Engineering Thermophysics
Journal of Environmental Sciences (China)
Journal of Food Science and Technology (China)
Journal of Fuel Chemistry and Technology
Journal of Geo-Information Science
Journal of Harbin Engineering University
Journal of Harbin Institute of Technology
Journal of Huazhong University of Science and Technology (Natural Science Edition)
Journal of Hunan University Natural Sciences
Journal of Hydraulic Engineering
Journal of Hydrodynamics
Journal of Infrared and Millimeter Waves
Journal of Inorganic Materials
Journal of Iron and Steel Research International
Journal of Jilin University (Engineering and Technology Edition)
Journal of Lake Sciences
Materials Science for Energy Technologies
Journal of Materials Engineering
Journal of Materials Science and Technology
Journal of Mechanical Engineering
Journal of Mining and Safety Engineering
Matter and Radiation at Extremes
Journal of National University of Defense Technology
Journal of Northeastern University
Nano Materials Science
Journal of Propulsion Technology
Nanotechnology and Precision Engineering
Journal of Railway Engineering Society
Journal of Railway Science and Engineering
Journal of Rare Earths
Journal of Remote Sensing
Journal of Semiconductors
Opto-Electronic Advances
Journal of Shanghai Jiaotong University (Science)
Journal of Ship Mechanics
Journal of Software
Journal of South China University of Technology (Natural Science)
Journal of Southeast University (English Edition)
Journal of Southeast University (Natural Science Edition)
Journal of Southwest Jiaotong University
Journal of Systems Engineering and Electronics
Journal of Systems Science and Complexity
Journal of Systems Science and Systems Engineering
Journal of Textile Research
Petroleum
Journal of the China Railway Society
Journal of the Chinese Ceramic Society
Journal of the Chinese Rare Earth Society

续

Journal of the Operations Research Society of China
Journal of the University of Electronic Science and Technology of China
Journal of Thermal Science
Journal of Tianjin University Science and Technology
Journal of Tongji University
Journal of Traffic and Transportation Engineering
Petroleum Research
Journal of Transportation Systems Engineering and Information Technology
Journal of Tsinghua University (Science and Technology)
Journal of Vibration and Shock
Journal of Vibration Engineering
Journal of Vibration, Measurement and Diagnosis
Journal of Xi'an Jiaotong University
Journal of Xidian University
Journal of Zhejiang University (Engineering Science)
Journal of Zhejiang University: Science A (Applied Physics & Engineering)
Journal on Communications
Journal Wuhan University of Technology, Materials Science Edition
Light: Science & Applications
Machine Intelligence Research
Machine Intelligence Research
Materials Review
Petroleum Science
PhotoniX
Nano Research
Nano-Micro Letters
Progress in Natural Science: Materials International
Natural Gas Industry
New Carbon Materials
Nuclear Power Engineering
Oil and Gas Geology
Oil Geophysical Prospecting
Optics and Precision Engineering
Rock and Soil Mechanics
Optoelectronics Letters
Particuology
Pattern Recognition and Artificial Intelligence
Satellite Navigation
Petroleum Exploration and Development
Photonic Sensors
Underground Space (China)
Plasma Science and Technology
Polymeric Materials Science and Engineering
Power System Protection and Control
Power System Technology
Proceedings of the Chinese Society of Electrical Engineering
Rare Metal Materials and Engineering
Rare Metals
Robot
Virtual Reality and Intelligent Hardware
Science Bulletin
Science China Chemistry
Science China Earth Sciences
Science China Information Sciences
Science China Materials
Science China Technological Sciences
Science China: Physics, Mechanics and Astronomy
Scientia Silvae Sinicae
Scientia Sinica Technologica
Seismology and Geology
Ship Building of China
Spectroscopy and Spectral Analysis
Surface Technology
System Engineering Theory and Practice
Systems Engineering and Electronics
Transaction of Beijing Institute of Technology
Transactions of China Electrotechnical Society
Transactions of CSICE = Chinese Society for Internal Combustion Engines
Transactions of Nanjing University of Aeronautics and Astronautics
Transactions of Nonferrous Metals Society of China (English Edition)
Transactions of the China Welding Institution

续

Transactions of the Chinese Society for Agricultural Machinery	Tsinghua Science and Technology
Transactions of the Chinese Society of Agricultural Engineering	Tungsten
	Water-Energy Nexus
	Waste Disposal and Sustainable Energy
Transactions of Tianjin University	Water Resources Protection
Tribology	Water Science and Engineering

附录 4 2022 年中国内地第一作者在 *Nature*、*Science* 和 *Cell* 上发表的论文（共 206 篇）

题目	第一作者	所属机构	来源期刊	被引次数 / 次
The Chinese pine genome and methylome unveil key features of conifer evolution	Niu Shihui	北京林业大学	Cell	60
Limb development genes underlie variation in human fingerprint patterns	Li Jinxi	复旦大学	Cell	12
Efficient treatment and pre-exposure prophylaxis in rhesus macaques by an HIV fusion-inhibitory lipopeptide	Xue Jing	中国医学科学院医学实验动物研究所	Cell	16
Large-scale multiplexed mosaic CRISPR perturbation in the whole organism	Liu Bo	上海科技大学	Cell	5
Receptor binding and complex structures of human ACE2 to spike RBD from omicron and delta SARS-CoV-2	Han Pengcheng	中国科学院微生物研究所	Cell	184
Melanopsin retinal ganglion cells mediate light-promoted brain development	Hu Jiaxi	中国科学技术大学	Cell	5
Virome characterization of game animals in China reveals a spectrum of emerging pathogens	He Wanting	南京农业大学	Cell	50
Structure of a TOC-TIC supercomplex spanning two chloroplast envelope membranes	Jin Zeyu	西湖大学	Cell	7
Structural and functional characterizations of infectivity and immune evasion of SARS-CoV-2 Omicron	Cui Zhen	中国科学院生物物理研究所	Cell	155
TFPI is a colonic crypt receptor for TcdB from hypervirulent clade 2 C. difficile	Luo Jianhua	西湖大学	Cell	9
Calcium transients on the ER surface trigger liquid-liquid phase separation of FIP200 to specify autophagosome initiation sites	Zheng Qiaoxia	中国科学院生物物理研究所	Cell	12

续

题目	第一作者	所属机构	来源期刊	被引次数/次
A mechanism for SARS-CoV-2 RNA capping and its inhibition by nucleotide analog inhibitors	Yan Liming	清华大学	Cell	6
Extracellular pH sensing by plant cell-surface peptide-receptor complexes	Liu Li	南方科技大学	Cell	12
The evolution and diversification of oakleaf butterflies	Wang Shuting	北京大学	Cell	3
Spatiotemporal transcriptomic atlas of mouse organogenesis using DNA nanoball-patterned arrays	Chen Ao	深圳华大基因	Cell	106
Molecular recognition of morphine and fentanyl by the human mu-opioid receptor	Zhuang Youwen	中国科学院上海药物研究所	Cell	12
A plant immune protein enables broad antitumor response by rescuing microRNA deficiency	Qi Ye	北京大学	Cell	10
Local hyperthermia therapy induces of white fat and treats	Li Yu	华东师范大学	Cell	42
A volatile from the skin microbiota of flavivirus-infected hosts promotes mosquito attractiveness	Zhang Hong	清华大学	Cell	15
The gut-to-brain axis for toxin-induced defensive responses	Xie Zhiyong	北京生命科学研究所	Cell	5
Circular RNAs: Characterization, cellular roles, and applications	Liu Chuxiao	中国科学院上海生命科学研究院	Cell	79
Circular RNA vaccines against SARS-CoV-2 and emerging variants	Qu Liang	北京大学	Cell	104
The integrated genomics of crop domestication and breeding	Huang Xuehui	上海师范大学	Cell	19
Incomplete lineage sorting and phenotypic evolution in marsupials	Feng, Shaohong	深圳华大基因	Cell	8
Comprehensive maturity of nuclear pore complexes regulates zygotic genome activation	Shen Weimin	清华大学	Cell	1
Protective prototype-Beta and Delta-Omicron chimeric RBD-dimer vaccines against SARS-CoV-2	Xu Kun	中国科学院北京生命科学研究院	Cell	31
Bone marrow hematopoiesis drives multiple sclerosis progression	Shi Kaibin	天津医科大学总医院	Cell	9

续

题目	第一作者	所属机构	来源期刊	被引次数 / 次
Broad neutralization of SARS–CoV–2 variants by an inhalable bispecific single–domain antibody	Li Cheng	复旦大学上海市第五人民医院	Cell	40
HGT is widespread in insects and contributes to male courtship in lepidopterans	Li Yang	浙江大学	Cell	16
Inactivation of a wheat protein kinase gene confers broad–spectrum resistance to rust fungi	Wang Ning	西北农林科技大学	Cell	29
Structural basis of human ACE2 higher binding affinity to currently circulating Omicron SARS–CoV–2 sub–variants BA.2 and BA.1.1	Li Linjie	中国科学院微生物研究所	Cell	32
Memory B cell repertoire from triple vaccinees against diverse SARS–CoV–2 variants	Wang Kang	中国科学院生物物理研究所	Nature	84
Structural insights into dsRNA processing by Drosophila Dicer–2–Logs–PD	Su Shichen	复旦大学	Nature	11
A long–duration gamma–ray burst with a peculiar origin	Yang Jun	南京大学	Nature	15
Free–space dissemination of time and frequency with 10^{-19} instability over 113 km	Shen Qi	中国科学技术大学	Nature	4
A fast radio burst source at a complex magnetized site in a barred galaxy	Xu H.	北京大学	Nature	27
Hormone– and antibody–mediated activation of the thyrotropin receptor	Duan Jia	中国科学院上海药物研究所	Nature	11
A male germ–cell–specific ribosome controls male fertility	Li Huiling	南京医科大学	Nature	6
An early transition to magnetic supercriticality in star formation	Ching Taochung	中国科学院国家天文台	Nature	11
Streptococcal pyrogenic exotoxin B cleaves GSDMA and triggers pyroptosis	Deng Wanyan	中国科学院上海巴斯德研究所	Nature	76
Atomic imaging of zeolite–confined single molecules by electron microscopy	Shen Boyuan	清华大学	Nature	15
Patterned cPCDH expression regulates the fine organization of the neocortex	Lv Xiaohui	清华大学	Nature	1
Structure of the NuA4 acetyltransferase complex bound to the nucleosome	Qu Keke	清华大学	Nature	6

续

题目	第一作者	所属机构	来源期刊	被引次数 / 次
Warm pool ocean heat content regulates ocean-continent moisture transport	Jian Zhimin	同济大学	Nature	10
Measurement of $^{19}F(p, gamma)^{20}Ne$ reaction suggests CNO breakout in first stars	Zhang Liyong	北京师范大学	Nature	7
Primate gastrulation and early organogenesis at single-cell resolution	Zhai Jinglei	中国科学院动物研究所	Nature	5
Vertical MoS_2 transistors with sub-1-nm gate lengths	Wu Fan	清华大学	Nature	98
Scaling of the strange-metal scattering in unconventional superconductors	Yuan Jie	中国科学院物理研究所	Nature	24
Saccorhytus is an early ecdysozoan and not the earliest deuterostome	Liu Yunhuan	长安大学	Nature	1
A plant-derived natural photosynthetic system for improving cell anabolism	Chen Pengfei	浙江大学医学院附属邵逸夫医院	Nature	8
Coherent surface plasmon polariton amplification via free-electron pumping	Zhang Dongdong	中国科学院上海光学精密机械研究所	Nature	4
Structural basis of inhibition of the human SGLT2-MAP17 glucose transporter	Niu Yange	北京大学	Nature	22
Wetland emission and atmospheric sink changes explain methane growth in 2020	Peng Shushi	北京大学	Nature	11
Omicron escapes the majority of existing SARS-CoV-2 neutralizing antibodies	Cao Yunlong	北京大学	Nature	213
BA.2.12.1, BA.4 and BA.5 escape antibodies elicited by Omicron infection	Cao Yunlong	北京大学	Nature	407
Olfactory sensory experience regulates gliomagenesis via neuronal IGF1	Chen Pengxiang	浙江大学医学院附属第二医院	Nature	17
Layered subsurface in Utopia Basin of Mars revealed by Zhurong rover radar	Li Chao	中国科学院地质与地球物理研究所	Nature	15
A membrane-based seawater electrolyser for hydrogen generation	Xie Heping	深圳大学	Nature	27
Strain-retardant coherent perovskite phase stabilized Ni-rich cathode	Wang Liguang	浙江大学	Nature	30
Maternal inheritance of glucose intolerance via oocyte TET3 insufficiency	Chen Bin	浙江大学医学院附属妇产科医院	Nature	16

续

题目	第一作者	所属机构	来源期刊	被引次数／次
Continuous air purification by aqueous interface filtration and absorption	Zhang Yunmao	厦门大学	Nature	15
Structure deformation and curvature sensing of PIEZO1 in lipid membranes	Yang Xuzhong	清华大学	Nature	32
Intrinsically unidirectional chemically fuelled rotary molecular motors	Mo K	中山大学	Nature	20
Rolling back human pluripotent stem cells to an eight-cell embryo-like stage	Mazid M Ab	中国科学院广州生物医药与健康研究院	Nature	29
Ocean currents show global intensification of weak tropical cyclones	Wang Guihua	复旦大学	Nature	3
Vela pulsar wind nebula X-rays are polarized to near the synchrotron limit	Xi Fei	广西大学	Nature	3
Structural insights into auxin recognition and efflux by Arabidopsis PIN1	Yang Zhisen	安徽省立医院	Nature	10
A repeating fast radio burst associated with a persistent radio source	Niu C H	中国科学院国家天文台	Nature	40
Anatomically distinct fibroblast subsets determine skin autoimmune patterns	Xu Zijian	北京生命科学研究所	Nature	34
Digital quantum simulation of Floquet symmetry-protected topological phases	Zhang Xu	浙江大学	Nature	8
Non-viral, specifically targeted CAR-T cells achieve high safety and efficacy in B-NHL	Zhang Jiqin	华东师范大学	Nature	28
Fast-charging aluminium-chalcogen batteries resistant to dendritic shorting	Pang Quanquan	北京大学	Nature	20
Towards the biogeography of prokaryotic genes	Coelho L P	复旦大学	Nature	26
A 0.6 Mpc H I structure associated with Stephan's Quintet	Xu C K	中国科学院国家天文台	Nature	3
Structures and mechanisms of the Arabidopsis auxin transporter PIN3	Su Nannan	浙江大学医学院附属第四医院	Nature	11
Ordered and tunable Majorana-zero-mode lattice in naturally strained LiFeAs	Li Meng	中国科学院物理研究所	Nature	11

续

题目	第一作者	所属机构	来源期刊	被引次数/次
NLRs guard metabolism to coordinate pattern– and effector–triggered immunity	Zhai Keran	中国科学院分子植物科学卓越创新中心	Nature	36
Pulsed hydraulic–pressure–responsive self–cleaning membrane	Zhao Yang	南京大学	Nature	18
Plant receptor–like protein activation by a microbial glycoside hydrolase	Sun Yue	清华大学	Nature	15
Delayed use of bioenergy crops might threaten climate and food security	Xu Siqing	复旦大学	Nature	12
Innovative ochre processing and tool use in China 40 000 years ago	Wang Fagang	河北省水利与考古研究院	Nature	11
Gut bacteria alleviate smoking–related NASH by degrading gut nicotine	Chen Bo	北京大学	Nature	14
Coherent interfaces govern direct transformation from graphite to diamond	Luo Kun	燕山大学	Nature	19
Hypocrystalline ceramic aerogels for thermal insulation at extreme conditions	Guo Jingran	哈尔滨工业大学	Nature	48
High–density switchable skyrmion–like polar nanodomains integrated on silicon	Han Lu	南京大学	Nature	31
Inhibition of ASGR1 decreases lipid levels by promoting cholesterol excretion	Wang Juqiong	武汉大学	Nature	14
Enantiomer–dependent immunological response to chiral nanoparticles	Xu Liguang	江南大学	Nature	118
Structure of the Ebola virus polymerase complex	Yuan Bin	中国科学院微生物研究所	Nature	3
Reconstructed covalent organic frameworks	Zhang Weiwei	华东理工大学	Nature	73
Charge–density–wave–driven electronic nematicity in a kagome superconductor	Nie Linpeng	中国科学技术大学	Nature	79
Microcomb–driven silicon photonic systems	Shu Haowen	北京大学	Nature	35
Heterodimensional superlattice with in–plane anomalous Hall effect	Zhou Jiadong	北京理工大学	Nature	19
Mitochondrial base editor induces substantial nuclear off–target mutations	Lei Zhixin	北京大学	Nature	29

续

题目	第一作者	所属机构	来源期刊	被引次数 / 次
Observation of chiral and slow plasmons in twisted bilayer graphene	Huang Tianye	南京大学	Nature	18
Early Solar System instability triggered by dispersal of the gaseous disk	Liu Beibei	浙江大学	Nature	20
The oldest gnathostome teeth	Andreev P S.	曲靖师范学院	Nature	3
Low-dose metformin targets the lysosomal AMPK pathway through PEN2	Ma Teng	厦门大学	Nature	89
Structure of human chromatin-remodelling PBAF complex bound to a nucleosome	Yuan Junjie	清华大学	Nature	14
All-perovskite tandem solar cells with improved grain surface passivation	Lin Renxing	南京大学	Nature	297
Molecular basis of receptor binding and antibody neutralization of Omicron	Hong Qin	中国科学院分子细胞科学卓越创新中心	Nature	54
Free-standing homochiral 2D monolayers by exfoliation of molecular crystals	Dong Jinqiao	上海交通大学	Nature	32
Uniform nucleation and epitaxy of bilayer molybdenum disulfide on sapphire	Liu Lei	南京大学	Nature	80
The oldest complete jawed vertebrates from the early Silurian of China	Zhu You' an	中国科学院古脊椎动物与古人类研究所	Nature	6
ABO genotype alters the gut microbiota by regulating GalNAc levels in pigs	Yang Hui	江西农业大学	Nature	29
Structural basis of tethered agonism of the adhesion GPCRs ADGRD1 and ADGRF1	Qu Xiangli	中国科学院上海药物研究所	Nature	28
Spatiotemporal imaging of charge transfer in photocatalyst particles	Chen Ruotian	中国科学院大连化学物理研究所	Nature	45
Spiny chondrichthyan from the lower Silurian of South China	Andreev P S	曲靖师范学院	Nature	2
Probing CP symmetry and weak phases with entangled double-strange baryons	Ablikim M	中国科学院高能物理研究所	Nature	12
Chemical reprogramming of human somatic cells to pluripotent stem cells	Guan Jingyang	北京大学	Nature	52

续

题目	第一作者	所属机构	来源期刊	被引次数/次
Recognition of cyclic dinucleotides and folates by human SLC19A1	Zhang Qixiang	中国科学院生物物理研究所	Nature	5
Galeaspid anatomy and the origin of vertebrate paired appendages	Gai Zhikun	中国科学院古脊椎动物与古人类研究所	Nature	2
Tunable quantum criticalities in an isospin extended Hubbard model simulator	Li Qiao	南京大学	Nature	6
Tethered peptide activation mechanism of the adhesion GPCRs ADGRG2 and ADGRG4	Xiao Peng	山东大学第二医院	Nature	26
Emergent charge order in pressurized kagome superconductor CsV_3Sb_5	Zheng Lixuan	中国科学技术大学	Nature	8
THP9 enhances seed protein content and nitrogen-use efficiency in maize	Huang Yongcai	中国科学院分子植物科学卓越创新中心	Nature	12
Femtosecond laser writing of lithium niobate ferroelectric nanodomains	Xu Xiaoyi	南京大学	Nature	18
Cell transcriptomic atlas of the non-human primate Macaca fascicularis	Han Lei	深圳华大基因	Nature	28
An integrated imaging sensor for aberration-corrected 3D photography	Wu Jiamin	清华大学	Nature	9
A signalling pathway for transcriptional regulation of sleep amount in mice	Zhou Rui	中国农业大学	Nature	3
HRG-9 homologues regulate haem trafficking from haem-enriched compartments	Sun Fengxiu	浙江大学	Nature	7
Structural basis for the tethered peptide activation of adhesion GPCRs	Ping Yuqi	山东大学	Nature	22
Liver tumour immune microenvironment subtypes and neutrophil heterogeneity	Xue Ruidong	北京大学第一医院	Nature	30
Close relatives of MERS-CoV in bats use ACE2 as their functional receptors	Xiong Qing	武汉大学	Nature	12
Perovskite solar cells based on screen-printed thin films	Chen Changshun	南京工业大学	Nature	14
Uniting tensile ductility with ultrahigh strength via composition undulation	Li Heng	吉林大学	Nature	42

续

题目	第一作者	所属机构	来源期刊	被引次数/次
Enantioselective [2+2]-cycloadditions with triplet photoenzymes	Sun Ningning	华中科技大学	Nature	11
Synthesis of a monolayer fullerene network	Hou Lingxiang	中国科学院化学研究所	Nature	63
Separating water isotopologues using diffusion-regulatory porous materials	Su Yan	华南理工大学	Nature	34
USP14-regulated allostery of the human proteasome by time-resolved cryo-EM	Zhang Shuwen	北京大学	Nature	15
Architecture of the chloroplast PSI-NDH supercomplex in Hordeum vulgare	Shen Liangliang	中国科学院植物研究所	Nature	17
A backbone-centred energy function of neural networks for protein design	Huang Bin	中国科学技术大学	Nature	16
Signatures of a strange metal in a bosonic system	Yang Chao	电子科技大学	Nature	14
Genome-edited powdery mildew resistance in wheat without growth penalties	Li Shengnan	中国科学院微生物研究所	Nature	89
Evidence for the association of triatomic molecules in ultracold $(NaK)^{23}Na\ ^{40}K + ^{40}K$ mixtures	Yang Huan	中国科学技术大学	Nature	11
Superionic iron alloys and their seismic velocities in Earth's inner core	He Yu	中国科学院地球化学研究所	Nature	19
A genetic module at one locus in rice protects chloroplasts to enhance thermotolerance	Zhang Hai	中国科学院分子植物科学卓越创新中心	Science	36
Pituitary hormone alpha-MSH promotes tumor-induced myelopoiesis and immunosuppression	Xu Yueli	中国科学技术大学	Science	7
Locking volatile organic molecules by subnanometer inorganic nanowire-based organogels	Zhang Simin	清华大学	Science	25
Structure of the cytoplasmic ring of the Xenopus laevis nuclear pore complex	Zhu Xuechen	西湖大学	Science	6
Climate change drives rapid decadal acidification in the Arctic Ocean from 1994 to 2020	Qi Di	集美大学	Science	7
The mechanism of acentrosomal spindle assembly in human oocytes	Wu Tianyu	复旦大学附属儿科医院	Science	2

续

题目	第一作者	所属机构	来源期刊	被引次数 / 次
Ferroelectric crystals with giant electro-optic property enabling ultracompact Q-switches	Liu Xin	西安交通大学	Science	22
Second sound attenuation near quantum criticality	Li Xi	中国科学技术大学	Science	6
Chronic oiling in global oceans	Dong Yanzhu	南京大学	Science	32
Transporting holes stably under iodide invasion in efficient perovskite solar cells	Wang Tao	上海交通大学	Science	21
Sound induces analgesia through corticothalamic circuits	Zhou Wenjie	安徽省立医院	Science	17
Grassland soil carbon sequestration: current understanding, challenges, and solutions	Bai Yongfei	中国科学院植物研究所	Science	61
Structurally integrated 3D carbon tube grid-based high-performance filter capacitor	Han Fangming	中国科学院合肥物质科学研究院	Science	18
3D nanoprinting of semiconductor quantum dots by photoexcitation-induced chemical bonding	Liu Shaofeng	清华大学	Science	22
Modular access to substituted cyclohexanes with kinetic stereocontrol	Li Yangyang	武汉大学	Science	9
Multiscale engineered artificial tooth enamel	Zhao Hewei	北京航空航天大学	Science	68
A sustainable mouse karyotype created by programmed chromosome fusion	Wang Libin	中国科学院动物研究所	Science	4
Chiral emission from resonant metasurfaces	Zhang Xudong	哈尔滨工业大学	Science	38
Ultrastructure reveals ancestral vertebrate pharyngeal skeleton in yunnanozoans	Tian Qingyi	南京大学	Science	6
Sexual selection promotes giraffoid head-neck evolution and ecological adaptation	Wang Shiqi	中国科学院古脊椎动物与古人类研究所	Science	6
Scalable processing for realizing 21.7%-efficient all-perovskite tandem solar modules	Xiao Ke	南京大学	Science	60
Structural basis for strychnine activation of human bitter taste receptor TAS2R46	Xu Weixiu	上海科技大学	Science	8
High figure-of-merit and power generation in high-entropy GeTe-based thermoelectrics	Jiang Binbin	南方科技大学	Science	86
Geometry of sequence working memory in macaque prefrontal cortex	Xie Yang	中国科学院自动化研究所	Science	13

续

题目	第一作者	所属机构	来源期刊	被引次数/次
Structures of Tetrahymena's respiratory chain reveal the diversity of eukaryotic core metabolism	Zhou Long	浙江大学医学院附属邵逸夫医院	Science	13
NIN-like protein 7 transcription factor is a plant nitrate sensor	Liu Kun-Hsiang	西北农林科技大学	Science	17
TIR-catalyzed ADP-ribosylation reactions produce signaling molecules for plant immunity	Jia Aolin	清华大学	Science	39
Self-assembled monolayers direct a LiF-rich interphase toward long-life lithium metal batteries	Liu Yujing	浙江工业大学	Science	174
The biodiversity and ecosystem service contributions and trade-offs of forest restoration approaches	Hua Fangyuan	北京大学	Science	85
In situ imaging of the sorption-induced subcell topological flexibility of a rigid zeolite framework	Xiong Hao	清华大学	Science	25
Identification and receptor mechanism of TIR-catalyzed small molecules in plant immunity	Huang Shijia	清华大学	Science	37
Land-use emissions embodied in international trade	Hong Chaopeng	清华大学	Science	23
Multispecies forest plantations outyield monocultures across a broad range of conditions	Feng Yuhao	北京大学	Science	44
Food wanting is mediated by transient activation of dopaminergic signaling in the honey bee brain	Huang Jingnan	福建农林大学	Science	10
Inactive (PbI_2) (2) RbCl stabilizes perovskite films for efficient solar cells	Zhao Yang	中国科学院半导体研究所	Science	229
Tracking the sliding of grain boundaries at the atomic scale	Wang Lihua	北京工业大学	Science	62
RALF peptide signaling controls the polytubey block in Arabidopsis	Zhong Sheng	北京大学	Science	26
LLPS of FXR1 drives spermiogenesis by activating translation of stored mRNAs	Kang Junyan	中国科学院分子细胞科学卓越创新中心	Science	13
Flexible thermoelectrics based on ductile semiconductors	Yang Qingyu	中国科学院上海硅酸盐研究所	Science	42
Z-DNA binding protein 1 promotes heatstroke-induced cell death	Yuan Fangfang	中南大学湘雅三医院	Science	16
Three-dimensional direct lithography of stable perovskite nanocrystals in glass	Sun Ke	浙江大学	Science	99

续

题目	第一作者	所属机构	来源期刊	被引次数/次
Bronze and Iron Age population movements underlie Xinjiang population history	Kumar Vikas	中国科学院古脊椎动物与古人类研究所	Science	10
Cryo-EM structure of the human IgM B cell receptor	Su Qiang	西湖大学	Science	11
Frequency-dependent polarization of repeating fast radio bursts implications for their origin	Feng Yi	中国科学院国家天文台	Science	26
Visualizing Eigen/Zundel cations and their interconversion in monolayer water on metal surfaces	Tian Ye	北京大学	Science	15
Giant electric field-induced strain in lead-free piezoceramics	Geng Huangfu	上海交通大学	Science	12
Cryo-EM structures of two human B cell receptor isotypes	Ma Xinyu	哈尔滨工业大学	Science	13
Mineralization generates megapascal contractile stresses in collagen fibrils	Ping Hang	武汉理工大学	Science	23
Thermalization dynamics of a gauge theory on a quantum simulator	Zhou Zhaoyu	中国科学技术大学	Science	31
A new biologic paleoaltimetry indicating Late Miocene rapid uplift of northern Tibet Plateau	Miao Yunfa	中国科学院西北生态环境资源研究院	Science	11
Deracemization through photochemical E/Z isomerization of enamines	Huang Mouxin	清华大学	Science	29
Ambient-pressure synthesis of ethylene glycol catalyzed by C_{60}-buffered Cu/SiO_2	Zheng Jianwei	厦门大学	Science	46
Discrimination of xylene isomers in a stacked coordination polymer	Li Liangying	浙江大学	Science	24
Plastic deformation in silicon nitride ceramics via bond switching at coherent interfaces	Zhang Jie	清华大学	Science	11
Structures of the Omicron spike trimer with ACE2 and an anti-Omicron antibody	Yin Wanchao	中国科学院上海药物研究所	Science	107
Inhibiting creep in nanograined alloys with stable grain boundary networks	Zhang B B	中国科学院金属研究所	Science	1
Physical mixing of a catalyst and a hydrophobic polymer promotes CO hydrogenation through dehydration	Fang Wei	浙江大学	Science	29

续

题目	第一作者	所属机构	来源期刊	被引次数 / 次
Highly enriched BEND3 prevents the premature activation of bivalent genes during differentiation	Zhang Jing	中国科学院生物物理研究所	Science	16
A transcriptional regulator that boosts grain yields and shortens the growth duration of rice	Wei Shaobo	中国农业科学院作物科学研究所	Science	40
Convergent selection of a WD40 protein that enhances grain yield in maize and rice	Chen Wenkang	中国农业大学	Science	43
Simultaneous electrical and thermal rectification in a monolayer lateral heterojunction	Zhang Yufeng	清华大学	Science	10
High thermoelectric performance realized through manipulating layered phonon–electron decoupling	Su Lizhong	北京航空航天大学	Science	95
Covalent organic framework–based porous ionomers for high–performance fuel cells	Zhang Qingnuan	北京理工大学	Science	36
Structure–based discovery of nonhallucinogenic psychedelic analogs	Cao Dongmei	中国科学院分子细胞科学卓越创新中心	Science	44
A bacterial phospholipid phosphatase inhibits host pyroptosis by hijacking ubiquitin	Chai Qiyao	中国科学院微生物研究所	Science	19
Quantum critical points and the sign problem	Mondaini R.	北京计算科学研究中心	Science	18
Constructing heterojunctions by surface sulfidation for efficient inverted perovskite solar cells	Li Xiaodong	华东师范大学	Science	252
Monitoring of cell–cell communication and contact history in mammals	Zhang Shaohua	中国科学院分子细胞科学卓越创新中心	Science	5
Creation of an ultracold gas of triatomic molecules from an atom–diatomic molecule mixture	Yang Huan	中国科学技术大学	Science	3
Phosphoenolpyruvate reallocation links nitrogen fixation rates to root nodule energy state	Ke Xiaolong	河南大学	Science	4
Structures of+1 nucleosome–bound PIC–Mediator complex	Chen Xizi	复旦大学附属肿瘤医院	Science	5

附录 5　2022 年 SCIE 收录中国论文数居前 100 位的期刊

排名	期刊名称	收录中国论文数/篇
1	Sustainability	5636
2	Chemical Engineering Journal	5199
3	Frontiers in Oncology	4802
4	Environmental Science and Pollution Research	4436
5	Science of the Total Environment	4379
6	Applied Sciences-Basel	4179
7	Remote Sensing	3947
8	Frontiers in Immunology	3703
9	International Journal of Environmental Research and Public Health	3693
10	Frontiers in Pharmacology	3566
11	Acs Applied Materials & Interfaces	3517
12	Journal of Alloys and Compounds	3498
13	Frontiers in Plant Science	3328
14	International Journal of Molecular Sciences	3267
15	Materials	3210
16	Scientific Reports	3199
17	Frontiers in Microbiology	2926
18	Sensors	2913
19	Energies	2804
20	Computational Intelligence and Neuroscience	2565
21	Ceramics International	2562
22	Journal of Cleaner Production	2547
23	Chemosphere	2504
24	Molecules	2487
25	Frontiers in Genetics	2483
26	Frontiers in Public Health	2413
27	Ieee Access	2398
28	Mathematical Problems in Engineering	2382
29	Applied Surface Science	2267
30	Fuel	2223
31	Construction and Building Materials	2204
32	Psychiatria Danubina	2158
33	Ieee Transactions On Geoscience and Remote Sensing	2155
34	Optics Express	2148
35	Journal of Hazardous Materials	2145
36	Medicine	2107
37	Wireless Communications & Mobile Computing	2101
38	Nature Communications	2052
39	Energy	2029
40	Frontiers in Cardiovascular Medicine	1963

续

排名	期刊名称	收录中国论文数/篇
41	Angewandte Chemie-International Edition	1944
42	Separation and Purification Technology	1914
43	Frontiers in Endocrinology	1911
44	Journal of Colloid and Interface Science	1903
45	PLoS One	1846
46	Food Chemistry	1837
47	Advanced Functional Materials	1812
48	Electronics	1746
49	Frontiers in Nutrition	1734
50	International Journal of Biological Macromolecules	1730
51	Frontiers in Medicine	1725
52	Acs Omega	1716
53	Ocean Engineering	1681
54	Frontiers in Environmental Science	1675
55	Evidence-Based Complementary and Alternative Medicine	1660
56	Foods	1658
57	Nanomaterials	1657
58	Mobile Information Systems	1645
59	International Journal of Hydrogen Energy	1630
60	Energy Reports	1606
61	Colloids and Surfaces A-Physicochemical and Engineering Aspects	1583
62	International Journal of Advanced Manufacturing Technology	1571
63	Mathematics	1568
64	Rsc Advances	1555
65	Nano Research	1546
66	Water	1536
67	Journal of Materials Chemistry A	1519
68	Ieee Geoscience and Remote Sensing Letters	1483
69	Polymers	1472
70	New Journal of Chemistry	1460
71	Applied Intelligence	1456
72	Small	1452
73	Frontiers in Earth Science	1440
74	Frontiers in Neurology	1400
75	Frontiers in Bioengineering and Biotechnology	1365
76	Computational and Mathematical Methods in Medicine	1352
77	Chemical Communications	1343
78	Ieee Sensors Journal	1338
79	Sensors and Actuators B-Chemical	1318
80	Frontiers in Surgery	1310

续

排名	期刊名称	收录中国论文数/篇
81	Materials Science and Engineering A-Structural Materials Properties Microstructure and Processing	1308
82	Advanced Materials	1303
83	Analytical Chemistry	1282
84	Materials Letters	1275
85	Annals of Translational Medicine	1273
86	Ieee Transactions on Instrumentation and Measurement	1243
87	Frontiers In Energy Research	1237
88	Ieee Transactions on Intelligent Transportation Systems	1228
89	Journal of Materials Research and Technology-JMR&T	1213
90	Micromachines	1204
91	Journal of Environmental Management	1178
92	Journal of Environmental Chemical Engineering	1166
93	Physical Review B	1161
93	Bioresource Technology	1161
95	Agronomy-Basel	1153
96	Processes	1152
97	World Journal of Clinical Cases	1146
98	Security and Communication Networks	1145
99	Frontiers in Cell and Developmental Biology	1137
100	Journal of Agricultural and Food Chemistry	1126

注：含非第一作者的所有文献。

附录 6　2022 年 EI 收录的中国论文数居前 100 位的期刊

期刊名称	论文数/篇
Chinese Physics Letters	13 903
Chemical Engineering Journal	4665
Science of the Total Environment	3998
Remote Sensing	3901
Journal of Alloys and Compounds	3168
Materials	3055
ACS Applied Materials and Interfaces	2905
Sensors	2903
Energies	2754
Computational Intelligence and Neuroscience	2624
Ceramics International	2495
Journal of Cleaner Production	2326
Mathematical Problems in Engineering	2314
Fuel	2267
IEEE Access	2188

续

期刊名称	论文数/篇
Wireless Communications and Mobile Computing	2182
Applied Surface Science	2164
Optics Express	2092
Monthly Notices of the Royal Astronomical Society	1982
Chemosphere	1926
Construction and Building Materials	1899
Energy	1875
Food Chemistry	1792
Dianli Xitong Baohu Yu Kongzhi/Power System Protection and Control	1718
Separation and Purification Technology	1717
Journal of Hazardous Materials	1714
Mobile Information Systems	1706
Angewandte Chemie – International Edition	1643
Thermal Science	1638
Energy Reports	1628
Colloids and Surfaces A: Physicochemical and Engineering Aspects	1606
International Journal of Hydrogen Energy	1575
Ocean Engineering	1555
RSC Advances	1541
Journal of Colloid and Interface Science	1515
Water (Switzerland)	1510
Computational and Mathematical Methods in Medicine	1496
Chemical Communications	1469
Polymers	1405
New Journal of Chemistry	1395
Advanced Functional Materials	1375
Frontiers in Bioengineering and Biotechnology	1366
Journal of Materials Chemistry A	1327
Frontiers in Energy Research	1294
IEEE Sensors Journal	1228
Advanced Materials	1222
IEEE Transactions on Instrumentation and Measurement	1222
Huagong Jinzhan/Chemical Industry and Engineering Progress	1211
IEEE Transactions on Geoscience and Remote Sensing	1210
International Journal of Advanced Manufacturing Technology	1206
Sensors and Actuators B: Chemical	1167
Materials Letters	1159
Small	1152
Chinese Physics B	1139
Journal of Environmental Chemical Engineering	1137

续

期刊名称	论文数/篇
Journal of Railway Science and Engineering	1135
Security and Communication Networks	1135
Scientific Programming	1099
Physical Review B	1085
Oxidative Medicine and Cellular Longevity	1083
Micromachines	1080
Analytical Chemistry	1079
Shipin Kexue/Food Science	1075
Physical Chemistry Chemical Physics	1021
Journal of Building Engineering	1018
Journal of Agricultural and Food Chemistry	1007
Environmental Pollution	1004
Materials Today Communications	1003
Journal of Energy Storage	1002
Bioresource Technology	990
Nano Research	982
Journal of Healthcare Engineering	966
Journal of Materials Chemistry C	956
Wuli Xuebao/Acta Physica Sinica	926
ACS Applied Nano Materials	917
Neurocomputing	901
Advanced Science	899
Optics Letters	887
Measurement: Journal of the International Measurement Confederation	883
Information Sciences	876
Forests	869
Applied Optics	862
Applied Thermal Engineering	861
Physics of Fluids	855
Cailiao Daobao/Materials Reports	854
Materials Science and Engineering A	853
Applied Physics Letters	852
Industrial Crops and Products	848
Taiyangneng Xuebao/Acta Energiae Solaris Sinica	844
Applied Intelligence	836
Expert Systems with Applications	834
Progress in Natural Science	833
Ecological Indicators	831
IEEE Internet of Things Journal	831
Industrial and Engineering Chemistry Research	829

续

期刊名称	论文数/篇
Applied Catalysis B: Environmental	827
Inorganic Chemistry	824
Zhendong yu Chongji/Journal of Vibration and Shock	824
Knowledge-Based Systems	823
IEEE Geoscience and Remote Sensing Letters	822

附录 7　2022 年影响因子居前 100 位的中国科技期刊

排名	期刊名称	核心影响因子
1	管理世界	13.251
2	中国石油勘探	6.444
3	石油勘探与开发	6.308
4	地理学报	5.951
5	自然资源学报	5.214
6	电力系统保护与控制	5.170
7	电力系统自动化	5.052
8	煤炭学报	4.547
9	中国循环杂志	4.495
10	智慧电力	4.473
11	天然气工业	4.461
12	城市规划学刊	4.373
13	石油与天然气地质	4.342
14	石油学报	4.339
15	资源科学	4.336
16	中国电机工程学报	4.228
17	水资源保护	4.152
18	中国人口资源与环境	4.120
19	电网技术	4.110
20	经济地理	4.077
21	地理科学进展	4.071
22	岩石力学与工程学报	4.047
23	地理研究	3.983
24	中华糖尿病杂志	3.931
25	地理科学	3.926
26	石油实验地质	3.772
27	环境科学	3.759
28	Chinese Journal of Catalysis	3.73
29	中国土地科学	3.704
30	电力科学与技术学报	3.702
31	电工技术学报	3.648
32	工程地质学报	3.605

续

排名	期刊名称	核心影响因子
33	土壤学报	3.579
34	肿瘤综合治疗电子杂志	3.546
35	生态学报	3.505
36	电力自动化设备	3.465
37	高电压技术	3.418
38	中国科学院院刊	3.394
39	中国工程科学	3.387
40	Molecular Plant	3.347
41	中国中药杂志	3.231
42	应用气象学报	3.203
43	水科学进展	3.169
44	农业机械学报	3.166
45	煤炭科学技术	3.156
46	环境科学研究	3.110
47	中华消化外科杂志	3.104
48	地球科学	3.086
48	南开管理评论	3.086
50	中草药	3.067
51	水利学报	3.063
52	应用生态学报	3.055
53	中华妇产科杂志	3.052
54	气候变化研究进展	3.042
55	中华流行病学杂志	3.032
56	中国实用外科杂志	3.016
57	湖泊科学	3.003
58	植物营养与肥料学报	2.974
59	中华内科杂志	2.902
60	中国实验方剂学杂志	2.883
61	高原气象	2.87
62	中国电力	2.856
63	中国实用妇科与产科杂志	2.808
64	中华肿瘤杂志	2.794
65	电网与清洁能源	2.787
66	科学学研究	2.775
67	自动化学报	2.765
68	中国矿业大学学报	2.744
69	遥感学报	2.741
69	新疆石油地质	2.741
71	采矿与岩层控制工程学报	2.735
72	中国公路学报	2.721

续

排名	期刊名称	核心影响因子
73	测绘学报	2.713
74	中医杂志	2.707
75	中华结核和呼吸杂志	2.705
76	中国癌症杂志	2.702
77	中华内分泌代谢杂志	2.694
78	草地学报	2.690
79	全球能源互联网	2.674
80	仪器仪表学报	2.661
81	地质学报	2.652
82	中国地质	2.646
83	气象学报	2.632
84	植物生态学报	2.627
85	岩石学报	2.621
86	计算机学报	2.620
87	Horticultural Plant Journal	2.618
88	大庆石油地质与开发	2.610
89	电测与仪表	2.548
90	食品科学	2.527
91	中国肿瘤	2.523
92	采矿与安全工程学报	2.498
93	科学学与科学技术管理	2.493
94	科研管理	2.490
95	地质力学学报	2.484
96	石油钻探技术	2.482
97	中国生态农业学报中英文版	2.473
98	中国激光	2.455
99	作物学报	2.447
100	中国草地学报	2.444

附录 8 2022 年总被引频次居前 100 位的中国科技期刊

排名	期刊名称	核心总被引频次 / 次
1	生态学报	30106
2	中国电机工程学报	25694
3	农业工程学报	20288
4	食品科学	19746
5	管理世界	18868
6	电力系统自动化	17403
7	中华中医药杂志	16521
8	中国中药杂志	15944
9	电网技术	15268

续

排名	期刊名称	核心总被引频次 / 次
10	中草药	15133
11	环境科学	14897
12	岩石力学与工程学报	14860
13	应用生态学报	14666
14	煤炭学报	14210
15	地理学报	13674
16	食品工业科技	13569
17	中国实验方剂学杂志	12973
18	岩石学报	12858
19	电工技术学报	12759
20	岩土力学	12700
21	中国农业科学	12538
22	地球物理学报	11536
23	科学技术与工程	11184
24	农业机械学报	10937
25	电力系统保护与控制	10582
26	机械工程学报	10452
27	高电压技术	10059
28	中医杂志	9985
29	中华医学杂志	9546
30	经济地理	9284
31	岩土工程学报	9275
32	中国环境科学	8978
33	振动与冲击	8974
34	中国农学通报	8949
35	中华中医药学刊	8778
36	地质学报	8765
37	地理研究	8676
38	生态学杂志	8588
39	科学通报	8277
40	食品与发酵工业	8266
41	自然资源学报	8136
42	中国全科医学	8083
43	中华护理杂志	7753
44	环境科学学报	7680
45	计算机工程与应用	7651
46	中国人口资源与环境	7630
47	护理学杂志	7393
48	地理科学	7280
49	植物营养与肥料学报	7197

续

排名	期刊名称	核心总被引频次 / 次
50	地学前缘	7156
51	动物营养学报	7147
52	地球科学	7084
53	石油勘探与开发	7063
54	煤炭科学技术	6964
55	中国组织工程研究	6896
56	江苏农业科学	6862
57	材料导报	6782
58	石油学报	6778
59	电力自动化设备	6741
60	资源科学	6737
61	现代预防医学	6720
62	天然气工业	6619
63	护理研究	6590
64	水土保持学报	6577
65	中国医药导报	6523
66	地理科学进展	6516
67	食品研究与开发	6510
68	物理学报	6495
69	中成药	6476
70	作物学报	6462
71	生态环境学报	6342
72	中华流行病学杂志	6316
73	农业环境科学学报	6260
74	中国科学 地球科学	6206
75	中华医院感染学杂志	6196
76	光学学报	6194
77	辽宁中医杂志	6141
78	世界中医药	6088
79	中国针灸	6007
80	Journal of Materials Science & Technology	5999
81	中华现代护理杂志	5975
82	工程力学	5964
83	中国药房	5870
84	食品安全质量检测学报	5754
85	现代中西医结合杂志	5633
86	仪器仪表学报	5630
87	中国中医基础医学杂志	5600
88	中药材	5585
89	中国激光	5563

续

排名	期刊名称	核心总被引频次 / 次
90	土壤学报	5531
91	草业学报	5526
92	科学学研究	5525
93	化工进展	5520
94	航空学报	5500
95	激光与光电子学进展	5446
96	山东医药	5436
97	环境科学研究	5428
98	水利学报	5379
99	辽宁中医药大学学报	5351
100	实用医学杂志	5342

附　表

附表 1　2022 年国际科技论文总数居世界前列的国家（地区）

国家（地区）	2022 年收录的科技论文数/篇			2022 年收录的科技论文总数/篇	占科技论文总数比例	排名
	SCI	EI	CPCI-S			
世界科技论文总数	2 548 688	460 899	164 214	3 173 801	100.0%	
中国大陆	681 884	435 547	30 398	114 7829	29.65%	1
美国	377 982	182 985	36 248	597 215	15.43%	2
印度	115 343	82 773	11 005	209 121	5.40%	3
英国	83 468	72 890	6648	163 006	4.21%	4
德国	87 354	66 643	7477	161 474	4.17%	5
日本	79 846	51 211	4612	135 669	3.50%	6
意大利	74 490	40 238	5857	120 585	3.11%	7
韩国	61 099	38 413	2376	101 888	2.63%	8
法国	49 932	39 926	4188	94 046	2.43%	9
加拿大	53 088	36 058	3919	93 065	2.40%	10
澳大利亚	50 756	35 443	2023	88 222	2.28%	11
西班牙	50 639	32 042	3384	86 065	2.22%	12
伊朗	45 633	27 006	0	72 639	1.88%	13
巴西	48 689	19 887	1901	70 477	1.82%	14
俄罗斯	31 564	27 736	1782	61 082	1.58%	15
土耳其	40 012	19 095	1286	60 393	1.56%	16
荷兰	28 431	19 288	2095	49 814	1.29%	17
波兰	27 955	18 144	1071	47 170	1.22%	18
沙特阿拉伯	18 772	20 815	0	39 587	1.02%	19
瑞士	19 536	15 065	1430	36 031	0.93%	20
巴基斯坦	18 063	13 298	0	31 361	0.81%	21
瑞典	16 505	13 147	1071	30 723	0.79%	22
埃及	15 724	12 566	0	28 290	0.73%	23
比利时	14 092	10 331	1030	25 453	0.66%	24
葡萄牙	14 354	8850	1727	24 931	0.64%	25
马来西亚	12 039	11 405	1016	24 460	0.63%	26
墨西哥	15 126	8512	0	23 638	0.61%	27
丹麦	12 847	9177	880	22 904	0.59%	28
奥地利	11 752	8864	1138	21 754	0.56%	29
以色列	12 186	7627	727	20 540	0.53%	30

注：2022 年中国台湾地区三大系统收录论文总数为 28 418 篇，占三大系统收录科技论文总数的 0.9%；中国香港特区三大系统收录论文总数为 15 069 篇，占比为 0.5%；中国澳门特区三大系统收录论文总数为 2341 篇，占比为 0.1%。

附表 2　2022 年 SCI 收录主要国家（地区）发表科技论文情况

国家（地区）	2018—2022 年排名					2022 年发表的科技论文总数 / 篇	占收录科技论文总数比例
	2018	2019	2020	2021	2022		
世界科技论文总数						2 548 688	100.0%
中国大陆	2	2	2	1	1	681 884	26.8%
美国	1	1	1	2	2	377 982	14.8%
印度	9	9	7	6	3	115 343	4.5%
德国	4	4	4	4	4	87 354	3.4%
英国	3	3	3	3	5	83 468	3.3%
日本	5	5	6	7	6	79 846	3.1%
意大利	7	7	5	5	7	74 490	2.9%
韩国	12	12	12	12	8	61 099	2.4%
加拿大	8	8	9	9	9	53 088	2.1%
澳大利亚	10	10	10	10	10	50 756	2.0%
西班牙	11	11	11	11	11	50 639	2.0%
法国	6	6	8	8	12	49 932	2.0%
巴西	13	13	13	13	13	48 689	1.9%
伊朗	17	17	15	16	14	45 633	1.8%
土耳其	18	18	18	18	15	40 012	1.6%
俄罗斯	15	15	16	15	16	31 564	1.2%
荷兰	14	14	14	14	17	28 431	1.1%
波兰	19	19	19	19	18	27 955	1.1%
瑞士	16	16	17	17	19	19 536	0.8%
沙特阿拉伯	26	26	22	21	20	18 772	0.7%
巴基斯坦			28	26	21	18 063	0.7%
瑞典	20	20	20	20	22	16 505	0.6%
埃及			26	24	23	15 724	0.6%
墨西哥	25	25	27	28	24	15 126	0.6%
葡萄牙	24	24	25	27	25	14 354	0.6%
比利时	21	21	21	22	26	14 092	0.6%
丹麦	22	22	23	23	27	12 847	0.5%
以色列					28	12 186	0.5%
马来西亚				29	29	12 039	0.5%
奥地利	23	23	24	25	30	11 752	0.5%

注：2022 年中国台湾地区 SCI 收录论文数为 26 695 篇，占 SCI 收录世界科技论文总数的 1%；中国香港特区 SCI 收录论文数为 11 350 篇，占比为 0.4%；中国澳门特区 SCI 收录论文数为 1533 篇，占比为 0.1%。

附表 3　2022 年 CPCI-S 收录主要国家（地区）发表科技论文情况

国家（地区）	2018—2022 年排名					2022 年发表的科技论文总数 / 篇	占收录科技论文总数比例
	2018	2019	2020	2021	2022		
世界科技论文总数						164 214	100.0%
美国	1	1	1	1	1	36 248	22.1%
中国大陆	2	2	2	2	2	30 398	18.5%
印度	6	7	3	3	3	11 005	6.7%
德国	4	3	4	4	4	7477	4.6%
英国	3	4	5	5	5	6648	4.0%
意大利	7	6	8	7	6	5857	3.6%
日本	5	5	7	6	7	4612	2.8%
法国	8	8	10	8	8	4188	2.6%
加拿大	10	9	9	9	9	3919	2.4%
西班牙	11	11	11	12	10	3384	2.1%
韩国	13	12	14	11	11	2376	1.4%
荷兰	15	15	16	15	12	2095	1.3%
澳大利亚	14	13	13	14	13	2023	1.2%
巴西	17	16	15	16	14	1901	1.2%
俄罗斯	9	10	6	10	15	1782	1.1%
葡萄牙	24	22	23	19	16	1727	1.1%
瑞士	18	18	17	17	17	1430	0.9%
土耳其	20	20	19	24	18	1286	0.8%
奥地利	26	25	26	22	19	1138	0.7%
波兰	16	17	18	23	20	1071	0.7%
瑞典	21	19	20	18	21	1071	0.7%
比利时	22	21	22	20	22	1030	0.6%
马来西亚	19	26	21	25	23	1016	0.6%
摩洛哥					24	1010	0.6%
希腊	29	30	30	27	25	969	0.6%
丹麦	25	24	27	26	26	880	0.5%
罗马尼亚	27	27	25	29	27	754	0.5%
捷克					28	735	0.4%
新加坡	28	28	29	21	29	732	0.4%
以色列				30	30	727	0.4%

注：2022 年 CPCI-S 收录中国台湾地区论文 951 篇，占 CPCI-S 收录世界科技论文总数的 0.6%；中国香港特区论文 1174 篇，占 0.7%；中国澳门特区论文 105 篇，占 0.1%。

附表 4　2022 年 EI 收录主要国家（地区）科技论文情况

国家（地区）	2018—2022 年排名					2022 年收录的科技论文总数 / 篇	占收录科技论文总数比例
	2018	2019	2020	2021	2022		
世界科技论文总数						1 176 518	100.0%
中国	1	1	1	1	1	435 547	37.0%
美国	2	2	2	2	2	182 985	15.6%
印度	4	3	3	3	3	82 773	7.0%
英国	5	5	5	5	4	72 890	6.2%
德国	3	4	4	4	5	66 643	5.7%
日本	6	6	6	6	6	51 211	4.4%
意大利	9	10	9	9	7	40 238	3.4%
法国	7	7	7	8	8	39 926	3.4%
韩国	8	8	8	7	9	38 413	3.3%
加拿大	10	9	10	10	10	36 058	3.1%
澳大利亚	14	11	12	11	11	35 443	3.0%
西班牙	11	14	13	13	12	32 042	2.7%
俄罗斯	13	12	11	14	13	27 736	2.4%
伊朗	12	13	14	12	14	27 006	2.3%
沙特阿拉伯	22	21	19	16	15	20 815	1.8%
巴西	15	15	15	15	16	19 887	1.7%
荷兰	17	18	17	19	17	19 288	1.6%
土耳其	18	17	18	18	18	19 095	1.6%
波兰	16	16	16	17	19	18 144	1.5%
瑞士	19	19	20	20	20	15 065	1.3%
巴基斯坦	0	0	0	21	21	13 298	1.1%
瑞典	20	20	21	22	22	13 147	1.1%
埃及	29	24	24	23	23	12 566	1.1%
马来西亚	24	25	25	25	24	11 405	1.0%
新加坡	21	22	22	24	25	10 412	0.9%
比利时	23	23	23	26	26	10 331	0.9%
丹麦	26	29	28	29	27	9177	0.8%

注：2022 年 EI 收录中国台湾地区论文 17 086 篇，占 EI 收录世界科技论文数总数的 3.8%；中国香港特区论文 15 518 篇，占 2.4%；中国澳门特区论文 954 篇，占 0.2%。

附表 5 2022 年 SCI、EI 和 CPCI-S 收录的中国科技论文学科分布情况

学科	SCI		EI		CPCI-S		论文总数 / 篇	排名
	论文数 / 篇	比例	论文数 / 篇	比例	论文数 / 篇	比例		
数学	14 646	2.15%	8628	1.98%	12	0.04%	23 286	16
力学	6600	0.97%	9164	2.10%	7	0.02%	15 771	21
信息、系统科学	2351	0.34%	1056	0.24%	118	0.39%	3525	31
物理学	40 360	5.92%	24 647	5.66%	1258	4.14%	66 265	8
化学	72 737	10.67%	19 158	4.40%	15	0.05%	91 910	2
天文学	2916	0.43%	2550	0.59%	22	0.07%	5488	27
地学	30 878	4.53%	37 586	8.63%	970	3.19%	69 434	6
生物学	68 529	10.05%	66 932	15.37%	97	0.32%	135 558	1
预防医学与卫生学	17 350	2.54%	0	0	80	0.26%	17 430	20
基础医学	28 201	4.14%	588	0.14%	832	2.74%	29 621	13
药物学	19 500	2.86%	0	0	71	0.23%	19 571	18
临床医学	80 714	11.84%	0	0	2655	8.73%	83 369	3
中医学	3456	0.51%	0	0	0	0	3456	32
军事医学与特种医学	4373	0.64%	0	0	6	0.02%	4379	28
农学	10 271	1.51%	498	0.11%	54	0.18%	10 823	24
林学	1855	0.27%	0	0	0	0	1855	38
畜牧、兽医	3633	0.53%	0	0	0	0	3633	30
水产学	2688	0.39%	0	0	0	0	2688	34
测绘科学技术	2	0.00%	6146	1.41%	0	0	6148	26
材料科学	53 777	7.89%	29 239	6.71%	221	0.73%	83 237	4
工程与技术基础学科	3863	0.57%	9733	2.23%	385	1.27%	13 981	22
矿山工程技术	1553	0.23%	1867	0.43%	11	0.04%	3431	33
能源科学技术	23 065	3.38%	24 418	5.61%	1503	4.94%	48 986	10
冶金、金属学	2375	0.35%	21 200	4.87%	0	0	23 575	14
机械、仪表	8993	1.32%	13 893	3.19%	536	1.76%	23 422	15
动力与电气	1188	0.17%	31 236	7.17%	193	0.63%	32 617	12
核科学技术	1964	0.29%	453	0.1%	95	0.31%	2512	37
电子、通信与自动控制	42 610	6.25%	31 967	7.34%	8524	28.04%	83 101	5
计算技术	31 250	4.58%	23 619	5.42%	12 199	40.13%	67 068	7
化工	20 509	3.01%	560	0.13%	36	0.12%	21 105	17
轻工、纺织	1987	0.29%	697	0.16%	0	0	2684	35
食品	18 592	2.73%	73	0.02%	3	0.01%	18 668	19
土木建筑	11 730	1.72%	35 165	8.07%	285	0.94%	47 180	11
水利	2634	0.39%	3	0.00%	5	0.02%	2642	36
交通运输	2468	0.36%	9672	2.22%	100	0.33%	12 240	23
航空航天	2206	0.32%	4310	0.99%	11	0.04%	6527	25
安全科学技术	497	0.07%	374	0.09%	0	0	871	40
环境科学	36 616	5.37%	17 459	4.01%	4	0.01%	54 079	9
管理学	1674	0.25%	2472	0.57%	82	0.27%	4228	29

续表

学科	SCI		EI		CPCI-S		论文总数/篇	排名
	论文数/篇	比例	论文数/篇	比例	论文数/篇	比例		
其他	1273	0.19%	184	0.04%	8	0.03%	1465	39
合计	681 884	100.00%	435 547	100.00%	30 398	100.00%	1 147 829	

附表6 2022年SCI、EI和CPCI-S收录的中国科技论文地区分布情况

地区	SCI		EI		CPCIS		论文总数/篇	排名
	论文数/篇	比例	论文数/篇	比例	论文数/篇	比例		
北京	91 634	13.44%	63 984	14.69%	7067	23.25%	162 685	1
天津	18 464	2.71%	13 745	3.16%	976	3.21%	33 185	12
河北	10 947	1.61%	6996	1.61%	245	0.81%	18 188	19
山西	7658	1.12%	5460	1.25%	86	0.28%	13 204	22
内蒙古	3154	0.46%	1967	0.45%	123	0.40%	5244	27
辽宁	23 751	3.48%	17 063	3.92%	789	2.60%	41 603	11
吉林	13 616	2.00%	9380	2.15%	235	0.77%	23 231	18
黑龙江	16 560	2.43%	11 737	2.69%	647	2.13%	28 944	15
上海	49 638	7.28%	30 494	7.00%	3117	10.25%	83 249	3
江苏	68 814	10.09%	44 848	10.3%	2635	8.67%	116 297	2
浙江	37 966	5.57%	20 664	4.74%	1598	5.26%	60 228	8
安徽	18 791	2.76%	13 226	3.04%	871	2.87%	32 888	13
福建	14 738	2.16%	8535	1.96%	460	1.51%	23 733	17
江西	9332	1.37%	5314	1.22%	137	0.45%	14 783	21
山东	38 056	5.58%	22 390	5.14%	1150	3.78%	61 596	6
河南	19 857	2.91%	12 285	2.82%	367	1.21%	32 509	14
湖北	36 174	5.31%	23 598	5.42%	1386	4.56%	61 158	7
湖南	25 056	3.67%	16 726	3.84%	795	2.62%	42 577	10
广东	51 413	7.54%	26 755	6.14%	2816	9.26%	80 984	4
广西	8238	1.21%	4687	1.08%	262	0.86%	13 187	23
海南	3066	0.45%	976	0.22%	71	0.23%	4113	28
重庆	15 637	2.29%	9738	2.24%	614	2.02%	25 989	16
四川	32 952	4.83%	19 787	4.54%	1712	5.63%	54 451	9
贵州	5713	0.84%	2540	0.58%	85	0.28%	8338	25
云南	7849	1.15%	4304	0.99%	180	0.59%	12 333	24
西藏	188	0.03%	56	0.01%	14	0.05%	258	31
陕西	36 135	5.30%	28 253	6.49%	1663	5.47%	66 051	5
甘肃	9349	1.37%	6151	1.41%	163	0.54%	15 663	20
青海	1023	0.15%	617	0.14%	18	0.06%	1658	30
宁夏	1619	0.24%	875	0.20%	52	0.17%	2546	29
新疆	4496	0.66%	2396	0.55%	64	0.21%	6956	26
合计	681 884	100.00%	435 547	100.00%	30 398	100.00%	1 147 829	

注：按中国为第一作者论文数统计。

附表 7　2022 年 SCI、EI 和 CPCI-S 收录的中国科技论文分学科地区分布情况　　单位：篇

学科	北京	天津	河北	山西	内蒙古	辽宁	吉林	黑龙江	上海	江苏	浙江
数学	2799	566	330	324	150	681	382	520	1642	2297	1293
力学	2818	481	173	146	55	648	197	560	1379	1690	809
信息、系统科学	404	97	68	38	23	168	40	77	233	388	170
物理学	9637	2162	1060	1111	258	1994	1884	1750	5085	6323	3279
化学	9758	3535	1086	1386	449	3662	2813	2046	6460	9784	4707
天文学	1521	77	52	40	2	100	64	31	448	638	99
地学	14 261	1517	817	486	311	2105	1497	1576	3591	6933	2455
生物学	16 314	3754	2126	1481	691	4165	3142	3269	9871	14 065	8381
预防医学与卫生学	2723	337	251	167	67	366	313	339	1241	1557	1354
基础医学	3482	648	584	285	104	752	521	544	3018	2567	2160
药物学	1973	437	355	164	86	776	438	376	1492	1981	1353
临床医学	12 262	1988	1795	679	393	2214	1236	886	8621	6809	6144
中医学	441	91	123	19	22	89	84	79	256	327	256
军事医学与特种医学	713	80	78	52	9	103	29	71	509	358	275
农学	1650	139	187	144	110	326	232	369	198	1469	526
林学	444	8	15	12	19	47	33	150	22	205	89
畜牧、兽医	367	13	78	52	88	43	132	164	75	398	103
水产学	73	28	28	5	3	94	32	68	257	248	250
测绘科学技术	972	148	86	48	24	172	131	117	422	576	266
材料科学	9795	2827	1212	1439	417	4223	1854	2612	6067	7944	3684
工程与技术基础学科	2397	317	268	173	83	468	234	324	931	1394	730
矿山工程技术	757	32	66	117	16	195	30	30	64	393	45
能源科学技术	7706	1612	869	656	256	1888	921	1405	3113	4951	2038
冶金、金属学	3142	746	516	476	114	1905	446	693	1547	1925	807
机械、仪表	2964	891	439	261	77	1291	525	971	1729	2469	1030
动力与电气	4731	1205	551	369	130	1189	667	955	2495	3504	1529
核科学技术	474	27	14	18	0	65	9	105	244	83	60
电子、通信与自动控制	12 689	2380	1422	814	259	3016	1590	2648	5854	8870	4137
计算技术	10 807	1628	1166	566	270	2495	1021	1350	4609	6003	3660
化工	2659	1054	251	291	52	991	436	536	1500	2440	1063
轻工、纺织	160	130	32	46	12	76	54	46	368	446	193
食品	1806	409	290	170	129	648	375	602	1151	2388	1467
土木建筑	5961	1425	690	422	213	1975	575	1577	3324	5674	1863
水利	342	133	27	19	16	94	38	66	171	364	123
交通运输	2234	280	155	84	45	477	280	334	990	1337	486
航空航天	1682	130	61	30	8	227	60	340	368	936	154
安全科学技术	156	22	8	7	1	40	18	23	63	85	29
环境科学	8766	1667	757	557	264	1591	828	1239	3334	5969	2859
管理学	555	147	86	35	13	206	50	65	372	405	199
其他	146 391	30 273	16 659	12 051	4820	38 171	21 186	26 594	75 887	106 580	55 879
合计	308 786	63 441	34 831	25 240	10 059	79 736	44 397	55 507	159 001	222 773	116 004

续表

学科	安徽	福建	江西	山东	河南	湖北	湖南	广东	广西	海南	重庆
数学	807	546	371	1350	990	1051	1112	1533	355	57	594
力学	436	161	108	624	303	761	683	740	99	16	373
信息、系统科学	112	74	40	245	123	187	152	223	37	6	114
物理学	2901	1306	839	3004	1791	3469	2553	4011	671	110	1366
化学	3097	2700	1534	5972	3108	4642	2992	6184	1194	331	1730
天文学	223	84	43	193	80	256	140	312	66	3	73
地学	1552	1094	688	4386	1437	5241	2301	3983	578	201	1034
生物学	3439	3098	1876	7913	4103	7137	4244	11 343	1788	929	3157
预防医学与卫生学	406	377	223	962	568	990	662	1515	210	75	512
基础医学	717	656	420	1555	847	1627	1105	3121	452	159	731
药物学	552	402	309	1272	582	973	701	1806	264	126	434
临床医学	1689	1920	1229	4122	2107	3748	2861	8380	926	377	2294
中医学	107	74	71	156	58	122	91	322	32	25	69
军事医学与特种医学	84	139	43	204	87	212	116	470	38	12	124
农学	225	203	173	551	420	503	275	597	151	114	180
林学	32	82	38	44	37	34	64	82	26	22	19
畜牧、兽医	85	38	65	192	161	160	135	282	71	32	67
水产学	25	122	24	391	77	165	72	470	30	63	35
测绘科学技术	153	134	67	300	245	462	249	371	56	15	157
材料科学	2435	1733	1231	4367	2411	4132	3517	5393	1071	172	1865
工程与技术基础学科	463	232	178	572	576	785	549	853	154	50	300
矿山工程技术	98	24	58	156	169	173	216	67	35	2	96
能源科学技术	1338	782	419	3317	1181	2966	1492	2746	538	109	1089
冶金、金属学	676	414	388	1150	630	1104	1352	1237	253	33	591
机械、仪表	711	346	275	995	502	1204	957	1086	210	20	742
动力与电气	1013	564	360	1587	859	1789	1123	1859	321	61	622
核科学技术	323	27	18	36	29	108	89	151	10	0	29
电子、通信与自动控制	2645	1351	766	3904	2102	4238	3043	5586	885	191	2005
计算技术	2386	1436	773	3046	2256	3394	2724	5213	786	193	1759
化工	505	502	262	1303	489	960	900	1251	251	62	418
轻工、纺织	63	74	32	138	88	142	56	139	27	7	44
食品	507	402	511	944	731	1008	481	1556	216	135	318
土木建筑	998	883	468	2208	1337	2934	2478	2780	592	86	1375
水利	59	49	30	134	131	168	51	148	28	4	59
交通运输	282	179	147	439	252	663	706	609	95	13	329
航空航天	86	47	31	141	94	259	341	227	22	5	57
安全科学技术	38	16	6	34	20	49	38	51	6	0	20
环境科学	1391	1346	607	3425	1366	3033	1743	3882	603	279	1070
管理学	201	87	47	181	122	220	169	281	29	12	104
其他	29 737	22 131	13 734	57 126	30 018	56 167	38 907	75 755	12 273	3945	24 018
合计	62 597	45 835	28 502	118 639	62 487	117 236	81 440	156 615	25 449	8052	49 973

续表

学科	四川	贵州	云南	西藏	陕西	甘肃	青海	宁夏	新疆	合计
数学	957	278	273	2	1291	451	46	62	176	23 286
力学	752	56	105	0	1348	180	10	19	41	15 771
信息、系统科学	174	21	29	0	207	50	2	11	12	3525
物理学	2983	356	486	3	4406	1000	65	101	301	66 265
化学	4090	872	999	16	4117	1574	149	296	627	91 910
天文学	120	64	404	3	134	96	8	4	110	5488
地学	3245	563	670	13	4533	1481	126	129	630	69 434
生物学	5835	1381	2178	70	6281	1908	345	319	955	135 558
预防医学与卫生学	903	161	165	3	604	182	29	54	114	17 430
基础医学	1393	259	334	2	936	292	39	109	202	29 621
药物学	1232	250	271	8	545	224	34	60	95	19 571
临床医学	5434	583	754	19	2396	805	82	195	421	83 369
中医学	275	44	56	0	73	38	11	15	30	3456
军事医学与特种医学	304	28	27	0	130	54	3	16	11	4379
农学	333	193	181	2	789	267	31	53	232	10 823
林学	63	27	67	0	91	38	0	7	38	1855
畜牧、兽医	270	30	46	14	142	188	33	39	70	3633
水产学	52	13	8	0	42	9	2	0	2	2688
测绘科学技术	301	32	61	1	395	120	12	13	42	6148
材料科学	3874	435	1009	8	5711	1215	105	158	321	83 237
工程与技术基础学科	572	71	129	3	933	157	20	21	44	13 981
矿山工程技术	110	58	94	1	249	34	5	2	39	3431
能源科学技术	2552	279	502	14	3170	504	35	169	369	48 986
冶金、金属学	893	143	328	2	1492	392	32	45	103	23 575
机械、仪表	1158	87	160	0	1883	351	14	19	55	23 422
动力与电气	1578	183	329	7	2359	424	34	76	144	32 617
核科学技术	281	5	3	0	219	78	1	0	6	2512
电子、通信与自动控制	4223	331	473	15	6568	589	60	115	332	83 101
计算技术	3185	324	587	7	4461	530	77	77	279	67 068
化工	995	133	239	0	1073	253	18	52	166	21 105
轻工、纺织	76	14	23	0	140	32	5	4	17	2684
食品	750	195	201	5	843	163	28	71	168	18 668
土木建筑	2151	249	280	2	3568	730	68	89	205	47 180
水利	114	18	13	3	162	39	5	7	27	2642
交通运输	697	37	101	2	757	176	6	17	31	12 240
航空航天	194	7	20	0	956	28	2	1	13	6527
安全科学技术	68	3	8	1	51	7	0	1	2	871
环境科学	1882	523	691	32	2699	946	109	113	508	54 079
管理学	295	22	22	0	238	40	7	5	13	4228
其他	50 258	7824	11 189	252	60 495	14 137	1544	2378	6440	1 052 819
合计	104 622	16 152	23 515	510	126 487	29 782	3202	4922	13 391	2 199 183

附表 8　2022 年 SCI、EI 和 CPCI-S 收录的中国科技论文分地区机构分布情况　　单位：篇

地区	高等院校	科研机构	企业	医疗机构	其他	合计
北京	106 230	43 253	2252	6116	4834	162 685
天津	30 711	1346	285	428	415	33 185
河北	15 335	882	343	1319	309	18 188
山西	11 930	680	89	363	142	13 204
内蒙古	4637	176	92	187	152	5244
辽宁	36 854	3636	195	586	332	41 603
吉林	20 183	2781	57	65	145	23 231
黑龙江	26 255	2370	47	131	141	28 944
上海	73 512	6912	662	818	1345	83 249
江苏	107 254	4679	834	2217	1313	116 297
浙江	51 418	3518	700	3351	1241	60 228
安徽	29 666	2375	126	372	349	32 888
福建	21 117	1894	134	376	212	23 733
江西	13 448	492	80	508	255	14 783
山东	53 667	3745	512	3004	668	61 596
河南	29 261	1327	262	1017	642	32 509
湖北	55 649	3121	502	1085	801	61 158
湖南	40 471	676	224	834	372	42 577
广东	68 389	6969	1196	1787	2643	80 984
广西	12 164	410	120	251	242	13 187
海南	3269	454	14	257	119	4113
重庆	24 150	661	136	596	446	25 989
四川	48 105	3858	474	1192	822	54 451
贵州	7302	592	99	206	139	8338
云南	10 100	1368	171	288	406	12 333
西藏	165	36	8	17	32	258
陕西	61 274	2717	409	1038	613	66 051
甘肃	12 304	2728	81	316	234	15 663
青海	1191	320	18	74	55	1658
宁夏	2283	77	84	55	47	2546
新疆	5222	1198	166	176	194	6956
合计	983 516	105 251	10 372	29 030	19 660	1 147 829

注：按中国为第一作者论文数统计。

附表 9　2022 年 SCI 收录论文数居前 50 位的中国高等院校

排名	高等院校	论文数/篇	排名	高等院校	论文数/篇
1	浙江大学	11 683	26	中国科学技术大学	4151
2	上海交通大学	11 044	27	电子科技大学	4135
3	四川大学	9697	28	南京大学	4130
4	中南大学	9341	29	东北大学	4112
5	华中科技大学	8463	30	北京航空航天大学	3957
6	中山大学	8400	31	中国地质大学	3955
7	北京大学	7836	32	中国矿业大学	3949
8	西安交通大学	7588	33	北京科技大学	3930
9	复旦大学	7334	34	中国石油大学	3832
10	山东大学	7109	35	江苏大学	3797
11	清华大学	6800	36	厦门大学	3328
12	哈尔滨工业大学	6779	37	江南大学	3304
13	吉林大学	6581	38	南京航空航天大学	3302
14	武汉大学	6315	39	中国农业大学	3259
15	天津大学	6153	40	兰州大学	3241
16	同济大学	5701	41	南京医科大学	3210
17	东南大学	5587	42	西北农林科技大学	3126
18	郑州大学	5076	43	南昌大学	3063
19	华南理工大学	5030	44	湖南大学	2975
20	首都医科大学	4808	45	深圳大学	2954
21	重庆大学	4616	46	武汉理工大学	2944
22	西北工业大学	4456	47	上海大学	2918
23	北京理工大学	4383	48	南京理工大学	2747
24	大连理工大学	4352	49	青岛大学	2741
25	苏州大学	4237	50	北京工业大学	2727

注：1. 仅统计 Article 和 Review 两种文献类型。
　　2. 高等院校论文数含其附属机构论文数。

附表 10　2022 年 SCI 收录论文数居前 50 位的中国研究机构

排名	研究机构	论文数/篇	排名	研究机构	论文数/篇
1	中国科学院地理科学与资源研究所	944	7	中国中医科学院	690
2	中国科学院合肥物质科学研究院	905	7	中国林业科学研究院	690
3	中国科学院空天信息创新研究院	871	9	中国科学院西北生态环境资源研究院	677
4	中国工程物理研究院	860	10	中国科学院化学研究所	650
5	中国医学科学院肿瘤研究所	779	11	中国科学院生态环境研究中心	634
6	中国水产科学研究院	736	12	中国科学院大连化学物理研究所	622

续表

排名	研究机构	论文数/篇	排名	研究机构	论文数/篇
13	中国科学院深圳先进技术研究院	611	32	中国科学院微电子研究所	366
14	中国科学院地质与地球物理研究所	591	33	中国科学院理化技术研究所	364
15	中国科学院长春应用化学研究所	566	34	北京市农林科学院	345
16	军事医学研究院	539	35	中国科学院广州地球化学研究所	343
17	中国科学院金属研究所	527	36	中国科学院水生生物研究所	336
18	中国科学院海西研究院	508	37	中国科学院武汉岩土力学研究所	330
19	中国科学院宁波材料技术与工程研究所	506	38	中国科学院自动化研究所	320
19	中国科学院海洋研究所	506	39	中国科学院动物研究所	314
21	中国科学院物理研究所	503	39	浙江省农业科学院	314
22	山东省医学科学院	465	41	中国科学院南海海洋研究所	303
23	中国科学院大气物理研究所	446	42	中国农业科学院北京畜牧兽医研究所	297
24	中国科学院过程工程研究所	439	43	中国科学院新疆生态与地理研究所	295
25	中国疾病预防控制中心	434	44	中国科学院南京土壤研究所	294
26	中国科学院高能物理研究所	432	45	中国环境科学研究院	291
27	广东省科学院	429	46	中国科学院力学研究所	287
28	中国科学院兰州化学物理研究所	416	47	广东省农业科学院	281
29	中国科学院半导体研究所	401	48	中国科学院上海光学精密机械研究所	280
30	中国科学院长春光学精密机械与物理研究所	387	49	江苏省农业科学院	270
31	中国科学院上海硅酸盐研究所	385	49	中国科学院上海药物研究所	270

注：仅统计 Article 和 Review 两种文献类型。

附表 11　2022 年 CPCI-S 收录科技论文数居前 50 位的中国高等院校

排名	高等院校	论文数/篇	排名	高等院校	论文数/篇
1	清华大学	1042	6	哈尔滨工业大学	575
2	上海交通大学	965	7	北京邮电大学	519
3	电子科技大学	897	8	复旦大学	511
4	浙江大学	739	9	中国科学技术大学	476
5	北京大学	662	10	东南大学	471

续表

排名	高等院校	论文数/篇	排名	高等院校	论文数/篇
11	北京航空航天大学	461	31	大连理工大学	196
12	中山大学	459	31	中国科学院大学	196
13	北京理工大学	452	33	上海大学	179
14	西安交通大学	416	33	武汉理工大学	179
15	天津大学	412	35	哈尔滨工程大学	169
16	华中科技大学	388	36	北京工业大学	166
17	西北工业大学	352	37	西南交通大学	163
18	国防科技大学	339	38	苏州大学	162
19	西安电子科技大学	327	39	华东师范大学	156
20	同济大学	312	40	重庆邮电大学	150
21	南京大学	302	40	厦门大学	150
22	山东大学	281	42	南京邮电大学	149
23	武汉大学	274	43	东北大学	140
23	北京交通大学	274	43	中南大学	140
25	四川大学	273	43	南方科技大学	140
26	华南理工大学	260	43	上海科技大学	140
27	南京理工大学	246	47	合肥工业大学	133
28	南京航空航天大学	237	48	天津理工大学	129
29	重庆大学	226	49	华北电力大学	124
30	深圳大学	215	50	中国地质大学	112

注：高等院校论文数含其附属机构论文数。

附表 12　2022 年 CPCI-S 收录科技论文数居前 50 位的中国研究机构

排名	研究机构	论文数/篇	排名	研究机构	论文数/篇
1	中国科学院信息工程研究所	247	10	中国科学院电工研究所	40
2	中国科学院自动化研究所	169	11	中国科学院声学研究所	34
3	中国科学院计算技术研究所	150	12	中国工程物理研究院	33
4	中国医学科学院肿瘤研究所	130	13	中国科学院合肥物质科学研究院	30
5	中国科学院深圳先进技术研究院	80	13	中国科学院数学与系统科学研究院	30
6	中国科学院空天信息创新研究院	78	15	中国科学院国家空间科学中心	28
7	中国科学院软件研究所	61	16	中国科学院微电子研究所	27
8	中国科学院沈阳自动化研究所	44	17	中国科学院西安光学精密机械研究所	24
8	中国科学院上海微系统与信息技术研究所	44	18	中国科学院国家天文台	19

续表

排名	研究机构	论文数/篇	排名	研究机构	论文数/篇
19	中国测绘科学研究院	18	35	中国科学院近代物理研究所	8
20	中国科学院计算机网络信息中心	16	35	中国科学院海洋研究所	8
21	中国农业科学院茶叶研究所	14	37	中国科学院上海技术物理研究所	7
21	中国计量科学研究院	14	37	西北核技术研究所	7
21	中国科学院半导体研究所	14	37	中国科学院广州能源研究所	7
24	军事医学研究院	13	37	中国科学院国家授时中心	7
24	南京电子技术研究所	13	37	中国医学科学院医学实验动物研究所	7
24	中国农业科学院北京畜牧兽医研究所	13	37	中国科学院上海高等研究院	7
27	中国科学院上海光学精密机械研究所	12	37	中国科学院宁波材料技术与工程研究所	7
28	中国铁道科学研究院	11	44	中国科学院重庆绿色智能技术研究院	6
28	中国科学院化学研究所	11	44	中国科学院心理研究所	6
28	山东省医学科学院	11	44	南方电网科学研究院	6
31	中国医学科学院血液学研究所	10	44	中国林业科学研究院	6
31	北京跟踪与通信技术研究所	10	44	中国科学院地理科学与资源研究所	6
31	中国科学院上海天文台	10	44	中国国防科技信息中心	6
34	中国地质调查局机关	9	50	中国科学院长春光学精密机械与物理研究所	5

附表13　2022年EI收录科技论文数居前50位的中国高等院校

排名	高等院校	论文数/篇	排名	高等院校	论文数/篇
1	浙江大学	7076	13	大连理工大学	4274
2	清华大学	6802	14	华南理工大学	4151
3	上海交通大学	6205	15	吉林大学	4132
4	西安交通大学	5916	16	山东大学	4078
5	天津大学	5758	17	同济大学	4065
6	中南大学	5445	18	武汉大学	3945
7	华中科技大学	5352	19	中国科学技术大学	3877
8	四川大学	4771	20	北京大学	3821
9	东南大学	4663	21	北京航空航天大学	3786
10	哈尔滨工业大学	4480	22	北京科技大学	3782
11	西北工业大学	4412	23	东北大学	3696
12	重庆大学	4283	24	中国矿业大学	3503

续表

排名	高等院校	论文数/篇	排名	高等院校	论文数/篇
25	中国石油大学	3386	38	西安电子科技大学	2636
26	电子科技大学	3379	39	上海大学	2485
27	南京大学	3314	40	郑州大学	2483
28	南京航空航天大学	3216	41	江南大学	2319
29	北京理工大学	3194	42	华北电力大学	2230
30	中国地质大学	2966	43	厦门大学	2229
31	西南交通大学	2875	44	北京交通大学	2216
32	湖南大学	2830	45	华东理工大学	2214
33	复旦大学	2755	46	深圳大学	2209
34	江苏大学	2745	47	苏州大学	2206
35	武汉理工大学	2743	48	河海大学	2193
36	南京理工大学	2727	49	国防科技大学	2191
37	北京工业大学	2649	50	中山大学	2154

注：高等院校论文数含其附属机构论文数。

附表 14 2022 年 EI 收录科技论文数居前 50 位的中国研究机构

排名	研究机构	论文数/篇	排名	研究机构	论文数/篇
1	中国科学院物理研究所	924	14	中国科学院兰州化学物理研究所	402
2	中国科学院合肥物质科学研究院	846	15	中国科学院深圳先进技术研究院	400
3	中国工程物理研究院	756	16	中国科学院上海硅酸盐研究所	378
4	中国科学院空天信息创新研究院	724	17	中国科学院自动化研究所	374
5	中国科学院长春应用化学研究所	564	18	中国科学院宁波材料技术与工程研究所	354
6	中国科学院地理科学与资源研究所	525	19	中国科学院理化技术研究所	345
7	中国科学院大连化学物理研究所	521	20	中国科学院地质与地球物理研究所	340
8	中国科学院化学研究所	505	21	中国科学院上海光学精密机械研究所	317
9	中国科学院金属研究所	497	22	中国科学院力学研究所	309
10	中国科学院半导体研究所	494	23	中国科学院微电子研究所	304
11	中国科学院生态环境研究中心	461	24	中国科学院西北生态环境资源研究院	294
12	中国科学院长春光学精密机械与物理研究所	423	25	中国科学院海西研究院	292
13	中国科学院过程工程研究所	409	26	中国科学院海洋研究所	276

续表

排名	研究机构	论文数/篇	排名	研究机构	论文数/篇
27	中国林业科学研究院	272	39	国家纳米科学中心	201
28	中国科学院武汉岩土力学研究所	267	40	中国科学院山西煤炭化学研究所	200
29	中国科学院高能物理研究所	259	41	中国科学院广州地球化学研究所	187
30	中国科学院近代物理研究所	248	42	中国科学院电工研究所	183
31	中国科学院上海应用物理研究所	245	42	中国科学院精密测量科学与技术创新研究院	183
32	中国科学院广州能源研究所	225	44	中国科学院北京纳米能源与系统研究所	181
33	中国科学院大气物理研究所	224	45	广东省科学院	180
34	中国科学院国家天文台	223	46	中国水利水电科学研究院	174
35	中国科学院上海微系统与信息技术研究所	218	47	中国科学院声学研究所	165
35	中国环境科学研究院	218	47	中国科学院南京地理与湖泊研究所	165
37	中国科学院上海技术物理研究所	208	49	中国科学院西安光学精密机械研究所	161
38	中国科学院工程热物理研究所	206	50	中国科学院上海高等研究院	152

注：高等院校论文数含其附属机构论文数。

附表15 1999—2022年SCIE收录的中国科技论文在国内外科技期刊上发表的比例

年份	论文总数/篇	在国内刊上发表		在非国内期刊上发表	
		论文数/篇	占比	论文数/篇	占比
1999	19 936	7647	38.4%	12 289	61.6%
2000	22 608	9208	40.7%	13 400	59.3%
2001	25 889	9580	37.0%	16 309	63.0%
2002	31 572	11 425	36.2%	20 147	63.8%
2003	38 092	12 441	32.7%	25 651	67.3%
2004	45 351	13 498	29.8%	31 853	70.2%
2005	62 849	16 669	26.5%	46 180	73.5%
2006	71 184	16 856	23.7%	54 328	76.3%
2007	79 669	18 410	23.1%	61 259	76.9%
2008	92 337	20 804	22.5%	71 533	77.5%
2009	108 806	22 229	20.4%	86 577	79.6%
2010	121 026	25 934	21.4%	95 092	78.6%
2011	136 445	22 988	16.8%	113 457	83.2%
2012	158 615	22 903	14.4%	135 712	85.6%
2013	204 061	23 271	11.4%	180 790	88.6%

续表

年份	论文总数/篇	在国内刊上发表		在非国内期刊上发表	
		论文数/篇	占比	论文数/篇	占比
2014	235 139	22 805	9.7%	212 334	90.3%
2015	265 469	22 324	8.4%	243 145	91.6%
2016	290 647	21 789	7.5%	268 858	92.5%
2017	323 878	21 331	6.6%	302 547	93.4%
2018	376 354	21 480	5.7%	354 874	94.3%
2019	450 215	22 568	5.0%	427 647	95.0%
2020	501 576	25 786	5.1%	475 790	94.9%
2021	557 238	30 682	5.5%	526 556	94.5%
2022	681 884	11 518	1.7%	670 366	98.3%

数据来源：SCIE 数据库和 JCR 期刊数据。

附表 16 1995—2022 年 EI 收录的中国科技论文在国内外科技期刊上发表的比例

年份	论文总数/篇	在国内期刊上发表		在非国内期刊上发表	
		论文数/篇	占比	论文数/篇	占比
1995	6791	3038	44.74%	3753	55.26%
1996	8035	4997	62.19%	3038	37.81%
1997	9834	5121	52.07%	4713	47.93%
1998	8220	4160	50.61%	4060	49.39%
1999	13 155	8324	63.28%	4831	36.72%
2000	13 991	8293	59.27%	5698	40.73%
2001	15 605	9055	58.03%	6550	41.97%
2002	19 268	12 810	66.48%	6458	33.52%
2003	26 857	13 528	50.37%	13 329	49.63%
2004	32 881	17 442	53.05%	15 439	46.95%
2005	60 301	35 262	58.48%	25 039	41.52%
2006	65 041	33 454	51.44%	31 587	48.56%
2007	75 568	40 656	53.80%	34 912	46.20%
2008	85 381	45 686	53.51%	39 695	46.49%
2009	98 115	46 415	47.31%	51 700	52.69%
2010	119 374	56 578	47.40%	62 796	52.60%
2011	116 343	54 602	46.93%	61 741	53.07%
2012	116 429	51 146	43.93%	65 283	56.07%
2013	163 688	49 912	30.49%	113 776	69.51%
2014	172 569	54 727	31.71%	117 842	68.29%
2015	217 313	62 532	28.78%	154 781	71.22%
2016	213 385	55 263	25.90%	158 122	74.10%
2017	214 226	47 545	22.19%	166 681	77.81%
2018	249 732	48 527	19.43%	201 205	80.57%
2019	271 240	53 574	19.75%	217 666	80.25%

续表

年份	论文总数/篇	在国内期刊上发表		在非国内期刊上发表	
		论文数/篇	占比	论文数/篇	占比
2020	340 715	101 392	29.76%	239 323	70.24%
2021	344 085	11 836	3.44%	332 249	96.56%
2022	435 547	18 329	4.21%	417 218	95.79%

附表17　2005—2022年Medline收录的中国科技论文在国内外科技期刊上发表的比例

年份	论文总数/篇	在国内期刊上发表		在非国内期刊上发表	
		论文数/篇	占比	论文数/篇	占比
2005	27 460	14 452	52.6%	13 008	47.4%
2006	31 118	13 546	43.5%	17 572	56.5%
2007	33 116	14 476	43.7%	18 640	56.3%
2008	41 460	15 400	37.1%	26 060	62.9%
2009	47 581	15 216	32.0%	32 365	68.0%
2010	56 194	15 468	27.5%	40 726	72.5%
2011	64 983	15 812	24.3%	49 171	75.7%
2012	77 427	16 292	21.0%	61 135	79.0%
2013	90 021	15 468	17.2%	74 553	82.8%
2014	104 444	15 022	14.4%	89 422	85.6%
2015	117 086	16 383	14.0%	100 703	86.0%
2016	128 163	12 847	10.0%	115 316	90.0%
2017	141 344	15 352	10.9%	125 992	89.1%
2018	188 471	15 603	8.3%	172 868	91.7%
2019	222 441	15 333	6.9%	207 108	93.1%
2020	267 778	17 529	6.5%	250 249	93.5%
2021	311 548	24 253	7.8%	287 295	92.2%
2022	441 609	18 006	4.1%	423 603	95.9%

数据来源：Medline 2005—2022。

附表18　2022年EI收录的中国台湾地区和中国香港特区的论文按学科分布情况　单位：篇

学科	中国台湾			中国香港		
	论文数/篇	占比	学科排名	论文数/篇	占比	学科排名
数学	14	1.81%	15	52	2.04%	16
力学	10	1.30%	18	38	1.49%	18
信息、系统科学	2	0.26%	22	5	0.20%	23
物理学	28	3.63%	11	130	5.11%	8
化学	23	2.98%	13	68	2.67%	14
天文学	10	1.30%	19	15	0.59%	20
地学	39	5.05%	6	225	8.84%	3
生物学	225	29.15%	1	437	17.17%	1
预防医学与卫生学	0	0	28	0	0	29
基础医学	5	0.65%	21	7	0.28%	22

续表

学科	中国台湾			中国香港		
	论文数/篇	占比	学科排名	论文数/篇	占比	学科排名
药物学	0	0	28	0	0	29
临床医学	0	0	28	0	0	29
中医学	0	0	28	0	0	29
军事医学与特种医学	0	0	28	0	0	29
农学	2	0.26%	23	2	0.08%	25
林学	0	0	28	0	0	29
畜牧、兽医	0	0	28	0	0	29
水产学	0	0	28	0	0	29
测绘科学技术	13	1.68%	16	47	1.85%	17
材料科学	32	4.15%	10	129	5.07%	9
工程与技术基础学科	38	4.92%	7	83	3.26%	12
矿山工程技术	1	0.13%	26	4	0.16%	24
能源科学技术	35	4.53%	8	137	5.38%	7
冶金、金属学	27	3.50%	12	114	4.48%	10
机械、仪表	22	2.85%	14	61	2.40%	15
动力与电气	34	4.40%	9	153	6.01%	5
核科学技术	0	0	28	1	0.04%	29
电子、通信与自动控制	47	6.09%	3	192	7.54%	4
计算技术	56	7.25%	2	147	5.78%	6
化工	1	0.13%	25	1	0.04%	28
轻工、纺织	2	0.26%	24	2	0.08%	27
食品	1	0.13%	28	0	0	29
土木建筑	44	5.70%	4	270	10.61%	2
水利	0	0	28	0	0	29
交通运输	9	1.17%	20	77	3.03%	13
航空航天	1	0.13%	27	15	0.59%	21
安全科学技术	0	0.00%	28	2	0.08%	26
环境科学	40	5.18%	5	106	4.17%	11
管理学	11	1.42%	17	25	0.98%	19
其他	0	0	28	0	0	29
合计	772	100.00%		2545	100.00%	

注：数据源 EI 收录第一作者为以上地区的论文。

附表 19　2012—2022 年 SCI 网络版收录的中国科技论文在 2022 年被引情况按学科分布

学科	未被引论文数/篇	被引论文数/篇	被引次数/次	总论文数/篇	平均被引次数/次	论文未被引率
数学	8186	8140	31 298	16 326	1.92	50.14%
力学	1707	5386	24 948	7093	3.52	24.07%
信息、系统科学	850	1697	11 763	2547	4.62	33.37%

续表

学科	未被引论文数/篇	被引论文数/篇	被引次数/次	总论文数/篇	平均被引次数/次	论文未被引率
物理学	45 051	312 559	4 878 414	357 610	13.64	12.60%
化学	39 725	532 291	15 695 524	572 016	27.44	6.94%
天文学	2396	24 852	486 263	27 248	17.85	8.79%
地学	17 622	152 992	2 729 018	170 614	16	10.33%
生物学	47 916	420 072	8 231 944	467 988	17.59	10.24%
预防医学与卫生学	12 753	57 106	933 483	69 859	13.36	18.26%
基础医学	38 157	195 687	3 328 886	233 844	14.24	16.32%
药物学	22 260	111 676	1 884 322	133 936	14.07	16.62%
临床医学	125 559	383 728	6 618 101	509 287	12.99	24.65%
中医学	2244	13 231	148 795	15 475	9.62	14.50%
军事医学与特种医学	3262	6471	70 087	9733	7.2	33.51%
农学	4625	49 494	840 524	54 119	15.53	8.55%
林学	926	9543	133 673	10 469	12.77	8.85%
畜牧、兽医	3080	16 978	189 194	20 058	9.43	15.36%
水产学	1639	15 214	220 595	16 853	13.09	9.73%
测绘科学技术	2	26	292	28	10.43	7.14%
材料科学	27 057	289 122	6 124 407	316 179	19.37	8.56%
工程与技术基础学科	5644	17 556	187 232	23 200	8.07	24.33%
矿山工程技术	840	6440	102 338	7280	14.06	11.54%
能源科学技术	7533	102 373	2 543 443	109 906	23.14	6.85%
冶金、金属学	2109	17 295	171 833	19 404	8.86	10.87%
机械、仪表	6336	50 175	679 605	56 511	12.03	11.21%
动力与电气	421	8917	190 553	9338	20.41	4.51%
核科学技术	2610	13 184	123 419	15 794	7.81	16.53%
电子、通信与自动控制	30 585	203 834	3 520 120	234 419	15.02	13.05%
计算技术	24 192	147 650	2 893 413	171 842	16.84	14.08%
化工	6832	89 387	2 228 060	96 219	23.16	7.10%
轻工、纺织	913	6296	71 839	7209	9.97	12.66%
食品	6887	48 347	893 517	55 234	16.18	12.47%
土木建筑	4876	50 132	896 933	55 008	16.31	8.86%
水利	2147	17 758	351 084	19 905	17.64	10.79%
交通运输	1273	11 459	228 661	12 732	17.96	10.00%
航空航天	1426	11 046	136 433	12 472	10.94	11.43%
安全科学技术	107	2281	52 379	2388	21.93	4.48%
环境科学	14 438	153 024	3 588 992	167 462	21.43	8.62%
管理学	944	11 169	248 340	12 113	20.5	7.79%
其他	24 213	141 940	2 214 184	166 153	13.33	14.57%

数据来源：SCIE 数据库。

附表 20　2012—2022 年 SCI 网络版收录的中国科技论文在 2022 年被引情况按地区分布

地区	未被引论文数/篇	被引论文数/篇	被引次数/次	总论文数/篇	平均被引次数/次	论文未被引率
北京	72 668	517 727	1 077 6886	590 395	18.25	12.31%
天津	12 762	99 068	1 955 740	111 830	17.49	11.41%
河北	9686	42 425	556 674	52 111	10.68	18.59%
山西	6336	34 520	501 859	40 856	12.28	15.51%
内蒙古	3015	11 678	129 737	14 693	8.83	20.52%
辽宁	16 574	123 453	2 223 714	140 027	15.88	11.84%
吉林	11 101	78 302	1 506 858	89 403	16.85	12.42%
黑龙江	11 104	87 847	1 614 488	98 951	16.32	11.22%
上海	39 642	278 522	5 668 251	318 164	17.82	12.46%
江苏	46 484	353 410	6 708 107	399 894	16.77	11.62%
浙江	28 582	176 662	3 285 571	205 244	16.01	13.93%
安徽	13 737	90 112	1 790 345	103 849	17.24	13.23%
福建	10 194	70 451	1 410 629	80 645	17.49	12.64%
江西	7258	39 181	599 680	46 439	12.91	15.63%
山东	27 086	180 287	3 009 338	207 373	14.51	13.06%
河南	15 743	80 576	1 217 534	96 319	12.64	16.34%
湖北	23 424	182 212	3 873 081	205 636	18.83	11.39%
湖南	16 666	118 947	2 278 673	135 613	16.80	12.29%
广东	37 705	232 598	4 549 030	270 303	16.83	13.95%
广西	5899	30 359	400 983	36 258	11.06	16.27%
海南	2277	9508	118 630	11 785	10.07	19.32%
重庆	11 179	75 891	1 347 676	87 070	15.48	12.84%
四川	25 903	148 700	2 408 375	174 603	13.79	14.84%
贵州	4295	17 721	201 513	22 016	9.15	19.51%
云南	5994	34 225	479 994	40 219	11.93	14.90%
西藏	167	457	4302	624	6.89	26.76%
陕西	25 524	176 832	3 070 020	202 356	15.17	12.61%
甘肃	6563	45 833	812 326	52 396	15.50	12.53%
青海	890	3408	35 431	4298	8.24	20.71%
宁夏	1250	4818	58 706	6068	9.67	20.60%
新疆	3678	17 521	234 714	21 199	11.07	17.35%

数据来源：SCIE 数据库。

附表 21 2012—2022 年 SCI 网络版收录的中国科技论文累计被引篇数居前 50 位的高等院校

排名	高等院校	被引数/篇	被引次数/次	排名	高等院校	被引数/篇	被引次数/次
1	浙江大学	59 365	1 273 164	26	北京理工大学	25 018	472 528
2	清华大学	55 225	1 418 312	27	北京科技大学	23 212	406 594
3	上海交通大学	45 137	863 662	28	东北大学	22 994	339 131
4	哈尔滨工业大学	44 381	852 727	29	中国石油大学	22 873	378 356
5	西安交通大学	40 091	710 843	30	中国地质大学	22 869	419 466
6	天津大学	39 930	771 974	31	四川大学华西医院	22 222	247 550
7	华中科技大学	39 449	898 104	32	中国矿业大学	21 536	325 726
8	北京大学	37 515	898 253	33	厦门大学	20 905	441 345
9	吉林大学	35 862	634 485	34	苏州大学	20 158	511 509
10	中南大学	35 249	667 447	35	中国农业大学	20 039	398 304
11	山东大学	34 542	585 061	36	湖南大学	20 015	577 265
12	四川大学	33 857	589 908	37	南京航空航天大学	19 879	285 897
13	中山大学	32 575	674 471	38	江苏大学	19 522	378 023
14	东南大学	31 757	577 374	39	江南大学	19 080	332 137
15	中国科学技术大学	31 267	834 692	40	西北农林科技大学	19 015	362 081
16	华南理工大学	30 358	715 585	41	华东理工大学	18 663	385 249
17	大连理工大学	30 322	568 355	42	兰州大学	18 415	349 421
18	武汉大学	30 191	655 426	43	南开大学	18 157	463 691
19	北京航空航天大学	28 514	497 682	44	上海大学	17 593	287 243
20	复旦大学	27 827	663 001	45	西安电子科技大学	17 410	243 558
21	南京大学	26 855	667 020	46	南京理工大学	17 149	301 300
22	西北工业大学	26 627	464 778	47	北京师范大学	16 637	329 586
23	重庆大学	26 255	475 037	48	西南大学	16 364	290 547
24	电子科技大学	26 091	442 774	49	郑州大学	16 322	275 901
25	同济大学	25 912	499 824	50	南京农业大学	16 107	318 180

数据来源：SCIE 数据库。

附表 22 2012—2022 年 SCI 网络版收录的中国科技论文累计被引篇数居前 50 位的研究机构

排名	研究机构	被引数/篇	被引次数/次
1	中国科学院合肥物质科学研究院	7765	127 151
2	中国科学院大学	7540	116 113
3	中国科学院化学研究所	7146	305 767
4	中国科学院长春应用化学研究所	7063	293 396
5	中国科学院大连化学物理研究所	6124	231 468
6	中国科学院地理科学与资源研究所	5911	131 194
7	中国科学院生态环境研究中心	5839	175 194
8	中国科学院空天信息创新研究院	5213	75 562
9	中国科学院物理研究所	4913	142 448
10	中国科学院金属研究所	4749	125 183
11	中国科学院地质与地球物理研究所	4572	77 968

续表

排名	研究机构	被引数/篇	被引次数/次
12	中国科学院海洋研究所	4443	68 097
13	中国科学院上海硅酸盐研究所	4241	145 723
14	中国科学院海西研究院	4230	136 341
15	中国科学院过程工程研究所	4078	104 293
16	中国林业科学研究院	4062	54 280
17	中国水产科学研究院	4051	45 792
18	中国科学院西北生态环境资源研究院	3922	58 177
19	中国科学院宁波材料技术与工程研究所	3831	121 374
20	中国科学院兰州化学物理研究所	3814	104 667
21	中国科学院大气物理研究所	3612	77 646
22	中国工程物理研究院	3589	41 203
23	中国科学院深圳先进技术研究院	3476	87 165
24	中国疾病预防控制中心	3271	113 062
25	中国科学院半导体研究所	3252	60 946
26	中国医学科学院北京协和医学院	3221	41 523
27	中国科学院高能物理研究所	3147	51 994
28	中国科学院理化技术研究所	3130	97 642
29	海军军医大学第一附属医院（上海长海医院）	3018	43 262
30	中国科学院广州地球化学研究所	3000	77 815
31	国家纳米科学中心	2976	155 832
32	中国科学院上海生命科学研究院	2884	122 468
33	中国科学院长春光学精密机械与物理研究所	2862	42 684
34	中国科学院动物研究所	2833	55 855
35	中国科学院上海有机化学研究所	2723	102 159
36	陆军军医大学第一附属医院（西南医院）	2711	53 231
37	中国科学院昆明植物研究所	2710	53 665
38	中国科学院上海光学精密机械研究所	2668	32 667
39	中国科学院南海海洋研究所	2636	41 284
40	中国科学院水生生物研究所	2579	42 575
41	中国科学院上海药物研究所	2444	68 145
42	中国科学院自动化研究所	2427	66 503
43	中国科学院南京土壤研究所	2423	70 502
44	中国科学院植物研究所	2312	55 753
45	中国科学院上海应用物理研究所	2198	31 429
46	中国科学院微生物研究所	2186	53 524
47	中国农业科学院植物保护研究所	2122	33 310
48	中国医学科学院药物研究所	2070	30 831
49	中国科学院上海微系统与信息技术研究所	2067	28 020
50	中国科学院数学与系统科学研究院	2062	27 862

数据来源：SCIE 数据库。

附表 23 2022 年 CSTPCD 收录的中国科技论文按学科分布

学科	论文数 / 篇	占比	排名
数学	3718	0.85%	27
力学	1927	0.44%	33
信息、系统科学	235	0.05%	39
物理学	4680	1.07%	25
化学	7455	1.70%	19
天文学	595	0.14%	37
地学	14 143	3.23%	7
生物学	9288	2.12%	16
预防医学与卫生学	13 131	3.00%	9
基础医学	10 371	2.37%	13
药物学	11 076	2.53%	12
临床医学	118 562	27.05%	1
中医学	21 968	5.01%	4
军事医学与特种医学	1648	0.38%	35
农学	21 961	5.01%	5
林学	3692	0.84%	28
畜牧、兽医	7872	1.80%	18
水产学	2214	0.51%	32
测绘科学技术	3053	0.70%	30
材料科学	7351	1.68%	20
工程与技术基础学科	4803	1.10%	24
矿山工程技术	6292	1.44%	21
能源科学技术	5344	1.22%	23
冶金、金属学	10 367	2.37%	14
机械、仪表	10 184	2.32%	15
动力与电气	4332	0.99%	26
核科学技术	1649	0.38%	34
电子、通信与自动控制	25 501	5.82%	3
计算技术	27 496	6.27%	2
化工	12 563	2.87%	10
轻工、纺织	2830	0.65%	31
食品	9104	2.08%	17
土木建筑	13 984	3.19%	8
水利	3341	0.76%	29
交通运输	12 373	2.82%	11
航空航天	5923	1.35%	22
安全科学技术	304	0.07%	38
环境科学	15 936	3.64%	6
管理学	878	0.20%	36
其他	192	0.04%	40
合计	438 336	100.00%	

附表 24　2022 年 CSTPCD 收录的中国科技论文按地区分布

地区	论文数/篇	占比	排名
北京	60 776	13.87%	1
天津	11 330	2.58%	15
河北	15 140	3.45%	11
山西	8887	2.03%	18
内蒙古	4734	1.08%	27
辽宁	14 870	3.39%	12
吉林	6205	1.42%	24
黑龙江	9039	2.06%	17
上海	26 791	6.11%	3
江苏	39 053	8.91%	2
浙江	16 423	3.75%	10
安徽	12 749	2.91%	13
福建	7955	1.81%	21
江西	6046	1.38%	26
山东	20 085	4.58%	8
河南	18 764	4.28%	9
湖北	21 588	4.92%	6
湖南	12 272	2.80%	14
广东	24 058	5.49%	5
广西	7903	1.80%	22
海南	3542	0.81%	28
重庆	9397	2.14%	16
四川	20 952	4.78%	7
贵州	6099	1.39%	25
云南	8215	1.87%	20
西藏	429	0.10%	31
陕西	24 646	5.62%	4
甘肃	8732	1.99%	19
青海	1978	0.45%	30
宁夏	2339	0.53%	29
新疆	7339	1.67%	23
合计	438 336	100.00%	

附表 25　2022 年 CSTPCD 收录的中国科技论文篇数分学科按地区分布　　单位：篇

学科	北京	天津	河北	山西	内蒙古	辽宁	吉林	黑龙江
数学	259	104	64	172	83	83	75	70
力学	321	71	46	59	21	99	9	43
信息、系统科学	26	2	8	3	8	17	5	9
物理学	835	112	88	150	36	111	189	56
化学	811	256	171	247	75	366	220	164
天文学	161	9	2	9	0	3	13	4
地学	2855	387	504	120	135	279	185	214
生物学	1173	215	156	179	187	221	162	229
预防医学与卫生学	2649	297	272	203	101	211	79	199
基础医学	1471	274	306	159	134	224	122	175
药物学	1811	255	538	114	104	370	120	137
临床医学	15 363	2288	6273	2048	997	3454	1219	1644
中医学	4200	736	799	288	149	598	423	814
军事医学与特种医学	319	38	60	17	9	53	6	8
农学	1836	161	743	696	474	638	494	701
林学	538	5	75	57	97	68	45	300
畜牧、兽医	756	61	315	136	353	117	312	325
水产学	43	69	18	9	7	127	25	32
测绘科学技术	332	73	31	19	13	99	19	20
材料科学	871	234	121	166	143	434	85	162
工程与技术基础学科	726	174	148	125	32	206	60	102
矿山工程技术	1042	33	177	468	205	378	34	55
能源科学技术	1364	307	141	32	20	179	26	263
冶金、金属学	1218	231	474	304	180	952	117	247
机械、仪表	1069	268	277	496	77	540	173	187
动力与电气	716	188	138	64	92	166	69	143
核科学技术	448	15	16	34	3	13	5	40
电子、通信与自动控制	3467	847	893	526	194	755	483	414
计算技术	3363	812	662	778	223	1150	470	599
化工	1599	569	296	379	103	682	210	297
轻工、纺织	168	93	37	19	21	59	18	53
食品	733	272	228	163	139	333	172	451
土木建筑	1857	432	274	140	99	444	85	259
水利	413	107	85	30	13	61	23	37
交通运输	1530	476	261	86	54	457	213	209
航空航天	1640	203	40	44	11	296	47	161
安全科学技术	57	10	9	6	4	7	3	4
环境科学	2543	615	387	324	134	544	179	194
管理学	139	27	6	10	4	65	11	17
其他	54	4	1	8	0	11	0	1
合计	60 776	11 330	15 140	8887	4734	14 870	6205	9039

续表

学科	上海	江苏	浙江	安徽	福建	江西	山东	河南
数学	173	277	156	131	115	94	118	132
力学	170	216	71	42	20	25	35	44
信息、系统科学	17	26	5	10	4	1	15	10
物理学	398	396	209	252	104	58	128	104
化学	460	597	286	200	204	112	400	321
天文学	49	75	7	23	2	4	16	5
地学	353	996	333	218	209	214	1092	425
生物学	541	664	413	207	299	145	421	249
预防医学与卫生学	1197	972	532	396	196	129	656	400
基础医学	832	783	380	299	195	121	490	490
药物学	712	1113	488	398	155	140	587	545
临床医学	8251	11 345	4905	5107	1938	976	5653	5960
中医学	1142	1305	633	609	262	433	1176	1085
军事医学与特种医学	224	133	48	59	30	7	76	52
农学	332	1572	788	368	690	389	980	1358
林学	18	248	186	38	231	82	62	101
畜牧、兽医	121	624	189	87	163	135	284	401
水产学	496	170	154	19	64	28	254	35
测绘科学技术	116	231	92	47	40	71	198	228
材料科学	481	578	249	195	143	171	361	325
工程与技术基础学科	426	406	215	147	71	86	184	145
矿山工程技术	67	362	30	237	48	153	295	467
能源科学技术	86	150	92	21	16	12	468	98
冶金、金属学	585	765	231	265	122	247	389	449
机械、仪表	566	1114	453	273	133	136	396	531
动力与电气	401	379	283	81	34	22	186	109
核科学技术	163	65	17	84	12	30	16	11
电子、通信与自动控制	1616	2693	916	686	471	299	840	744
计算技术	1767	3025	1052	774	438	493	1110	978
化工	784	1112	586	309	214	235	697	451
轻工、纺织	288	377	292	49	66	17	127	164
食品	336	772	367	144	263	152	400	642
土木建筑	1195	1463	670	254	336	187	492	470
水利	73	584	121	33	27	65	92	347
交通运输	1128	1008	341	145	222	179	472	303
航空航天	383	702	66	45	39	70	126	65
安全科学技术	9	12	10	2	5	4	11	5
环境科学	731	1644	505	450	354	300	747	494
管理学	83	77	40	39	16	24	31	17
其他	21	22	12	6	4	0	4	4
合计	26 791	39 053	16 423	12 749	7955	6046	20 085	18 764

续表

学科	湖北	湖南	广东	广西	海南	重庆	四川	贵州	云南
数学	165	100	185	90	22	150	170	78	56
力学	112	78	67	12	1	39	91	4	14
信息、系统科学	13	7	7	4	1	9	7	1	3
物理学	211	130	230	35	2	76	212	31	46
化学	348	221	466	137	29	94	284	145	173
天文学	22	17	28	9	0	10	15	19	38
地学	814	259	734	277	82	138	884	203	275
生物学	452	229	619	221	113	183	388	243	364
预防医学与卫生学	645	247	985	237	107	381	736	156	181
基础医学	433	280	724	165	93	340	444	192	284
药物学	493	274	575	168	132	257	511	217	177
临床医学	5629	2631	7194	2201	1563	2637	6668	1402	1734
中医学	739	886	1626	621	220	185	886	327	315
军事医学与特种医学	67	21	76	15	13	60	77	14	18
农学	931	623	838	595	466	325	607	764	1006
林学	62	127	151	205	133	24	87	107	321
畜牧、兽医	232	215	423	221	55	106	336	202	180
水产学	138	38	214	59	48	38	26	23	13
测绘科学技术	432	89	203	78	9	42	88	20	82
材料科学	373	229	387	92	19	154	319	65	121
工程与技术基础学科	239	150	206	53	13	73	172	42	54
矿山工程技术	201	289	83	58	2	196	130	135	187
能源科学技术	252	21	184	5	41	58	603	21	14
冶金、金属学	457	509	396	128	9	252	445	80	224
机械、仪表	509	235	323	144	10	292	515	92	87
动力与电气	202	102	193	52	8	72	98	21	68
核科学技术	63	57	102	4	2	22	235	3	2
电子、通信与自动控制	1566	844	1408	322	53	805	1172	190	450
计算技术	1273	709	1277	458	60	608	1202	331	506
化工	521	343	679	200	54	155	491	159	207
轻工、纺织	97	71	96	34	2	21	103	16	41
食品	490	236	531	222	60	185	516	311	197
土木建筑	880	555	992	295	22	420	461	108	170
水利	428	71	105	31	6	45	125	21	78
交通运输	1067	631	720	187	12	545	755	54	154
航空航天	90	213	70	11	2	22	370	17	22
安全科学技术	28	12	4	1	1	7	23	6	9
环境科学	848	483	905	252	73	354	665	270	335
管理学	57	36	46	3	4	14	31	7	9
其他	9	4	6	1	0	3	4	2	0
合计	21 588	12 272	24 058	7903	3542	9397	20 952	6099	8215

续表

学科	西藏	陕西	甘肃	青海	宁夏	新疆	不详	合计
数学	1	256	181	25	25	108	0	3718
力学	0	159	45	2	8	3	0	1927
信息、系统科学	0	8	3	0	0	6	0	235
物理学	2	321	101	4	11	42	0	4680
化学	3	357	138	35	42	93	0	7455
天文学	1	19	3	2	0	30	0	595
地学	32	790	477	205	64	390	0	14 143
生物学	46	330	264	88	77	210	0	9288
预防医学与卫生学	20	388	160	54	102	243	0	13 131
基础医学	9	441	211	51	77	172	0	10 371
药物学	9	281	148	43	33	171	0	11 076
临床医学	68	4451	2074	531	523	1835	0	118 562
中医学	24	701	442	79	57	208	0	21 968
军事医学与特种医学	3	99	25	3	3	15	0	1648
农学	45	1091	831	218	331	1070	0	21 961
林学	18	114	73	10	27	82	0	3692
畜牧、兽医	45	319	435	130	180	414	0	7872
水产学	4	16	17	9	4	17	0	2214
测绘科学技术	0	239	86	19	7	30	0	3053
材料科学	2	605	132	18	39	77	0	7351
工程与技术基础学科	1	401	103	4	14	25	0	4803
矿山工程技术	7	734	71	18	49	81	0	6292
能源科学技术	1	436	93	4	14	322	0	5344
冶金、金属学	1	775	192	22	36	65	0	10 367
机械、仪表	0	910	239	7	28	104	0	10 184
动力与电气	1	320	69	5	6	44	0	4332
核科学技术	1	125	55	1	0	5	0	1649
电子、通信与自动控制	16	1984	260	54	154	379	0	25 501
计算技术	8	2418	428	82	138	304	0	27 496
化工	2	774	186	61	62	146	0	12 563
轻工、纺织	1	441	11	6	4	38	0	2830
食品	9	283	138	56	93	210	0	9104
土木建筑	2	964	288	30	38	102	0	13 984
水利	9	174	63	17	14	43	0	3341
交通运输	5	816	273	22	9	39	0	12 373
航空航天	0	1095	62	1	2	8	0	5923
安全科学技术	0	35	13	5	1	1	0	304
环境科学	33	915	332	57	65	204	0	15 936
管理学	0	51	9	0	2	3	0	878
其他	0	10	1	0	0	0	0	192
合计	429	24 646	8732	1978	2339	7339	0	438 336

附表 26 2022 年 CSTPCD 收录的中国科技论文篇数分地区按机构分布

地区	论文数/篇					
	高等院校	科技机构	医疗机构	科技企业	其他	合计
北京	37 402	18 577	7183	4786	3779	71 727
天津	9321	743	805	1223	370	12 462
河北	8033	908	4196	998	543	14 678
山西	7617	435	471	459	128	9110
内蒙古	3441	344	355	449	206	4795
辽宁	11 870	1236	1208	759	438	15 511
吉林	5831	758	76	268	103	7036
黑龙江	7916	1035	89	240	99	9379
上海	23 472	3512	1091	1947	637	30 659
江苏	31 571	2824	4949	2088	802	42 234
浙江	11 812	1481	2287	1778	557	17 915
安徽	9140	613	2219	661	196	12 829
福建	6803	796	649	466	245	8959
江西	5288	504	337	314	175	6618
山东	14 426	1870	2269	1437	798	20 800
河南	12 195	1536	3273	1226	709	18 939
湖北	17 777	1935	2207	1331	449	23 699
湖南	10 709	774	1170	821	245	13 719
广东	16 818	2639	2767	2783	1091	26 098
广西	5829	863	711	408	301	8112
海南	1286	501	1454	134	147	3522
重庆	7718	1125	816	480	218	10 357
四川	14 346	2342	2963	1413	551	21 615
贵州	4637	642	305	365	230	6179
云南	6003	979	661	514	337	8494
西藏	229	66	46	31	43	415
陕西	20 199	2111	1528	1763	518	26 119
甘肃	6215	1256	771	429	328	8999
青海	1021	260	333	128	181	1923
宁夏	1608	232	110	275	79	2304
新疆	5303	846	533	552	297	7531
不详	0	0	0	0	0	0
总计	325 836	53 743	47 832	30 526	0	457 937

注：此处医院的数据不包括高等院校所属医院数据。

数据来源：CSTPCD。

附表 27　2022 年 CSTPCD 收录的中国科技论文篇数分学科按机构分布

学科	论文数/篇					
	高等院校	科技机构	医疗机构	科技企业	其他	合计
数学	3597	87	4	11	19	3718
力学	1648	212	1	53	13	1927
信息、系统科学	212	11	0	8	4	235
物理学	3751	825	5	79	20	4680
化学	5430	1145	18	461	401	7455
天文学	314	261	1	1	18	595
地学	6502	3633	1	1081	2926	14 143
生物学	6995	1757	144	111	281	9288
预防医学与卫生学	7326	2821	2228	112	644	13 131
基础医学	6868	1245	1952	108	198	10 371
药物学	6302	1143	2741	354	536	11 076
临床医学	70 354	3540	43 443	229	996	118 562
中医学	16 150	1349	4019	254	196	21 968
军事医学与特种医学	837	108	639	10	54	1648
农学	13 344	6737	24	593	1263	21 961
林学	2561	820	0	44	267	3692
畜牧、兽医	5692	1637	13	243	287	7872
水产学	1541	591	1	40	41	2214
测绘科学技术	1814	590	0	252	397	3053
材料科学	5694	871	9	689	88	7351
工程与技术基础学科	3645	723	8	348	79	4803
矿山工程技术	3165	829	10	2095	193	6292
能源科学技术	2301	1055	1	1887	100	5344
冶金、金属学	7097	1049	3	2111	107	10 367
机械、仪表	7665	1163	23	1114	219	10 184
动力与电气	2990	372	3	901	66	4332
核科学技术	724	626	6	221	72	1649
电子、通信与自动控制	17 514	3126	21	4282	558	25 501
计算技术	22 504	2195	121	2083	593	27 496
化工	8466	1543	52	2274	228	12 563
轻工、纺织	2163	239	4	348	76	2830
食品	7043	1093	13	671	284	9104
土木建筑	9861	1012	4	2848	259	13 984
水利	2098	501	0	506	236	3341
交通运输	7596	1488	6	2890	393	12 373
航空航天	3457	1688	2	522	254	5923
安全科学技术	210	24	1	26	43	304
环境科学	10 700	2404	17	1303	1512	15 936
管理学	807	60	1	7	3	878

续表

学科	论文数/篇					
	高等院校	科技机构	医疗机构	科技企业	其他	合计
其他	253	20	0	5	4	282
总计	339 471	55 572	55 749	32 127	15 969	498 888

注：此处医院的数据不包括高等院校所属医院数据。

数据来源：CSTPCD。

附表 28　2022 年 CSTPCD 收录各学科科技论文的引用文献情况

学科	论文数/篇	引文总数/篇	篇均引文数/篇
数学	3718	77 560	20.86
力学	1927	51 988	26.98
信息、系统科学	235	5794	24.66
物理学	4680	183 668	39.25
化学	7455	271 261	36.39
天文学	595	28 018	47.09
地学	14 143	605 763	42.83
生物学	9288	423 631	45.61
预防医学与卫生学	13 131	266 221	20.27
基础医学	10 371	294 662	28.41
药物学	11 076	278 196	25.12
临床医学	118 562	2 868 373	24.19
中医学	21 968	586 562	26.7
军事医学与特种医学	1648	34 469	20.92
农学	21 961	706 189	32.16
林学	3692	125 051	33.87
畜牧、兽医	7872	261 318	33.2
水产学	2214	83 923	37.91
测绘科学技术	3053	69 660	22.82
材料科学	7351	301 147	40.97
工程与技术基础学科	4803	144 254	30.03
矿山工程技术	6292	129 021	20.51
能源科学技术	5344	141 591	26.5
冶金、金属学	10 367	242 116	23.35
机械、仪表	10 184	196 350	19.28
动力与电气	4332	104 627	24.15
核科学技术	1649	32 587	19.76
电子、通信与自动控制	25 501	609 338	23.89
计算技术	27 496	667 108	24.26
化工	12 563	374 045	29.77
轻工、纺织	2830	60 958	21.54
食品	9104	303 411	33.33

续表

学科	论文数/篇	引文总数/篇	篇均引文数/篇
土木建筑	13 984	308 184	22.04
水利	3341	74 809	22.39
交通运输	12 373	230 273	18.61
航空航天	5923	146 854	24.79
安全科学技术	304	7469	24.57
环境科学	15 936	528 853	33.19
管理学	878	26 981	30.73
其他	192	4564	23.77

附表 29 2022 年 CSTPCD 收录科技论文数居前 50 位的高等院校

排名	高等院校	论文数/篇	排名	高等院校	论文数/篇
1	首都医科大学	6229	26	东南大学	1805
2	上海交通大学	5867	27	空军军医大学	1741
3	北京大学	5437	27	中国石油大学	1741
4	四川大学	4526	29	昆明理工大学	1728
5	复旦大学	4055	30	北京师范大学	1695
6	浙江大学	4003	31	南京航空航天大学	1689
7	武汉大学	3822	32	兰州大学	1688
8	华中科技大学	3436	33	山西医科大学	1679
9	中山大学	3181	34	西南交通大学	1672
10	郑州大学	3170	35	新疆医科大学	1661
11	北京中医药大学	3156	36	广州中医药大学	1655
12	南京医科大学	2943	37	贵州大学	1646
13	吉林大学	2868	38	中国矿业大学	1604
14	西安交通大学	2719	39	上海中医药大学	1577
15	南京大学	2704	40	厦门大学	1540
16	清华大学	2698	41	中国农业大学	1517
17	同济大学	2647	42	山东中医药大学	1508
18	中南大学	2636	43	太原理工大学	1504
19	山东大学	2336	44	大连理工大学	1483
20	天津大学	2131	45	南京中医药大学	1476
21	河海大学	2029	46	重庆大学	1465
22	华南理工大学	2003	47	华北电力大学	1463
23	安徽医科大学	1971	48	江南大学	1456
24	中国人民大学	1881	48	华东师范大学	1456
25	苏州大学	1875	50	西北农林科技大学	1434

附表 30　2022 年 CSTPCD 收录科技论文数居前 50 位的研究机构

排名	研究机构	论文数/篇	排名	研究机构	论文数/篇
1	中国中医科学院	2057	26	中国科学院声学研究所	227
2	中国疾病预防控制中心	867	27	湖北省农业科学院	216
3	中国地质科学院	603	28	中国科学院长春光学精密机械与物理研究所	213
4	中国林业科学研究院	530	29	中航工业北京航空材料研究院	209
5	中国食品药品检定研究院	506	30	上海社会科学院	204
6	中国科学院地理科学与资源研究所	466	31	中国科学院生态环境研究中心	200
7	中国医学科学院肿瘤研究所	459	32	中国科学院金属研究所	199
8	中国工程物理研究院	454	33	上海市农业科学院	198
9	中国水产科学研究院	452	33	广东省科学院	198
10	解放军军事科学院	406	35	贵州省农业科学院	196
11	广东省农业科学院	389	36	首都儿科研究所	194
12	中国社会科学院研究生院	387	37	北京市疾病预防控制中心	187
13	中国热带农业科学院	357	38	中国建筑科学研究院	179
14	中国科学院西北生态环境资源研究院	337	38	浙江省农业科学院	179
15	中国环境科学研究院	307	40	新疆农业科学院	174
16	江苏省农业科学院	288	40	北京矿冶研究总院	174
17	中国科学院空天信息创新研究院	275	42	中国科学院物理研究所	173
18	河南省农业科学院	266	43	中国科学院南海海洋研究所	170
19	中国水利水电科学研究院	263	43	黑龙江省农业科学院	170
20	福建省农业科学院	258	45	中国科学院海洋研究所	169
21	中国科学院合肥物质科学研究院	253	46	中国科学院地质与地球物理研究所	165
22	广西农业科学院	252	47	机械科学研究总院	163
23	云南省农业科学院	243	48	中国科学院大连化学物理研究所	160
24	北京市农林科学院	234	49	南京水利科学研究院	158
25	中国空气动力研究与发展中心	230	50	中国农业科学院农业资源与农业区划研究所	156

附表 31　2022 年 CSTPCD 收录科技论文数居前 50 位的医疗机构

排名	医疗机构	论文数/篇	排名	医疗机构	论文数/篇
1	解放军总医院	2018	5	江苏省人民医院	1043
2	四川大学华西医院	1555	6	武汉大学人民医院	964
3	郑州大学第一附属医院	1342	7	华中科技大学同济医学院附属同济医院	843
4	北京协和医院	1287	8	河南省人民医院	818

续表

排名	医疗机构	论文数/篇	排名	医疗机构	论文数/篇
9	北京大学第三医院	798	30	上海交通大学医学院附属第九人民医院	503
10	空军军医大学第一附属医院（西京医院）	788	31	广东省中医院	498
11	首都医科大学附属北京友谊医院	733	32	广西医科大学第一附属医院	490
12	新疆医科大学第一附属医院	698	32	首都医科大学附属北京朝阳医院	490
13	复旦大学附属中山医院	675	34	首都医科大学附属北京天坛医院	484
14	北京中医药大学东直门医院	670	34	重庆医科大学附属第一医院	484
15	南京鼓楼医院	651	36	首都医科大学附属北京同仁医院	483
16	首都医科大学宣武医院	649	36	中国人民解放军北部战区总医院	483
17	中国中医科学院广安门医院	615	38	首都医科大学附属北京儿童医院	469
18	上海交通大学医学院附属瑞金医院	613	39	苏州大学附属第一医院	468
19	北京大学第一医院	610	40	兰州大学第一医院	465
20	华中科技大学同济医学院附属协和医院	600	41	中国人民解放军东部战区总医院	457
21	西安交通大学医学院第一附属医院	593	42	哈尔滨医科大学附属第一医院	447
21	海军军医大学第一附属医院（上海长海医院）	593	43	安徽省立医院	443
23	北京大学人民医院	586	44	中国中医科学院西苑医院	438
24	江苏省中医院	579	45	天津中医药大学第一附属医院	432
25	中国医科大学附属盛京医院	576	46	上海中医药大学附属曙光医院	422
26	首都医科大学附属北京安贞医院	515	47	北京积水潭医院	419
27	上海市第六人民医院	514	48	西南医科大学附属医院	411
28	安徽医科大学第一附属医院	511	49	河北医科大学第二医院	405
29	青岛大学附属医院	504	50	武汉大学中南医院	404

附表 32　2022 年 CSTPCD 收录科技论文数居前 30 位的农林牧渔类高等院校

排名	高等院校	论文数/篇	排名	高等院校	论文数/篇
1	西北农林科技大学	1300	16	西南林业大学	676
2	中国农业大学	1274	17	云南农业大学	636
3	福建农林大学	940	18	湖南农业大学	634
4	南京农业大学	927	19	东北农业大学	550
5	甘肃农业大学	880	20	吉林农业大学	520
6	山西农业大学	870	21	四川农业大学	480
7	内蒙古农业大学	853	22	山东农业大学	406
8	北京林业大学	837	23	浙江农林大学	404
9	华南农业大学	827	24	江西农业大学	394
10	华中农业大学	826	25	安徽农业大学	378
11	东北林业大学	818	26	青岛农业大学	371
12	新疆农业大学	818	27	中南林业科技大学	359
13	南京林业大学	787	28	沈阳农业大学	350
14	河北农业大学	732	29	黑龙江八一农垦大学	276
15	河南农业大学	727	30	天津农学院	196

注：高等院校论文数含其附属机构论文数。

附表 33　2022 年 CSTPCD 收录科技论文数居前 30 位的师范类高等院校

排名	高等院校	论文数/篇	排名	高等院校	论文数/篇
1	北京师范大学	1545	16	浙江师范大学	320
2	华东师范大学	1329	17	广西师范大学	313
3	华中师范大学	702	18	江西师范大学	309
4	南京师范大学	669	19	安徽师范大学	288
5	陕西师范大学	646	20	重庆师范大学	283
6	湖南师范大学	629	21	天津师范大学	281
7	福建师范大学	613	22	山东师范大学	273
8	华南师范大学	526	23	四川师范大学	254
9	西北师范大学	523	24	河南师范大学	243
10	东北师范大学	402	25	江苏师范大学	238
11	上海师范大学	397	26	内蒙古师范大学	229
12	首都师范大学	372	27	新疆师范大学	215
13	贵州师范大学	370	28	辽宁师范大学	196
14	杭州师范大学	366	29	河北师范大学	191
15	云南师范大学	346	30	沈阳师范大学	187

注：高等院校论文数含其附属机构论文数。

附表 34　2022 年 CSTPCD 收录科技论文数居前 30 位的医药学类高等院校

排名	高等院校	论文数/篇	排名	高等院校	论文数/篇
1	北京中医药大学	2096	16	贵州医科大学	694
2	四川大学华西医院	1267	17	首都医科大学附属北京友谊医院	693
3	郑州大学第一附属医院	1256	18	天津中医药大学	664
4	山东中医药大学	1124	19	新疆医科大学第一附属医院	661
5	山西医科大学	980	20	广西中医药大学	629
6	武汉大学人民医院	931	21	首都医科大学宣武医院	611
7	河南中医药大学	859	22	辽宁中医药大学	590
8	黑龙江中医药大学	840	23	北京中医药大学东直门医院	574
9	南京医科大学第一附属医院	791	23	成都中医药大学	574
10	湖南中医药大学	780	25	甘肃中医药大学	567
11	陕西中医药大学	772	26	复旦大学附属中山医院	564
12	华中科技大学同济医学院附属同济医院	763	27	华中科技大学同济医学院附属协和医院	562
13	北京大学第三医院	717	28	西安交通大学第一附属医院	553
14	南京中医药大学	708	29	中国医科大学附属盛京医院	547
15	广州中医药大学	698	30	潍坊医学院	537

注：高等院校论文数含其附属机构论文数。

附表 35　2022 年 CSTPCD 收录中国科技论文数居前 50 位的城市

排名	城市	论文数/篇	排名	城市	论文数/篇
1	北京	75 679	20	太原	7007
2	上海	32 227	21	长春	6386
3	南京	24 580	22	乌鲁木齐	5569
4	西安	21 441	23	大连	5270
5	武汉	20 977	24	石家庄	5217
6	广州	17 750	25	南昌	5162
7	成都	16 604	26	福州	5058
8	天津	12 998	27	南宁	5020
9	郑州	12 141	28	贵阳	4950
10	杭州	12 012	29	深圳	4511
11	重庆	10 938	30	苏州	3965
12	长沙	10 716	31	咸阳	3271
13	兰州	8561	32	无锡	3096
14	沈阳	8131	33	呼和浩特	3055
15	哈尔滨	7934	34	海口	2820
16	合肥	7867	35	徐州	2761
17	昆明	7750	36	厦门	2663
18	青岛	7716	37	保定	2580
19	济南	7165	38	银川	2284

续表

排名	城市	论文数/篇	排名	城市	论文数/篇
39	宁波	2049	45	洛阳	1799
40	镇江	2032	46	唐山	1764
41	扬州	1979	47	常州	1586
42	西宁	1938	48	烟台	1572
43	桂林	1855	49	绵阳	1546
44	南通	1812	50	秦皇岛	1379

附表 36　2022 年 CSTPCD 收录中国科技论文数被引次数居前 50 位的高等院校

排名	高等院校	被引次数/次	排名	高等院校	被引次数/次
1	北京大学	40 475	26	郑州大学	14 445
2	上海交通大学	32 410	27	重庆大学	13 824
3	首都医科大学	30 769	28	北京师范大学	13 160
4	武汉大学	29 005	29	山东大学	13 107
5	浙江大学	28 174	30	东南大学	13 028
6	清华大学	27 247	31	河海大学	12 895
7	四川大学	24 633	32	西南交通大学	12 826
8	同济大学	23 113	33	南京农业大学	12 548
9	华中科技大学	21 975	34	西南大学	12 301
10	中南大学	21 609	35	南京中医药大学	11 851
11	中国地质大学	21 406	36	南京医科大学	11 622
12	中山大学	21 285	37	兰州大学	11 555
13	复旦大学	21 227	38	上海中医药大学	11 121
14	北京中医药大学	19 660	39	大连理工大学	10 858
15	南京大学	19 497	40	南京航空航天大学	10 648
16	中国矿业大学	19 161	41	安徽医科大学	10 630
17	西北农林科技大学	18 523	42	广州中医药大学	10 562
18	吉林大学	18 301	43	哈尔滨工业大学	10 457
19	中国石油大学	17 897	44	贵州大学	10 032
20	西安交通大学	17 529	45	北京科技大学	9885
21	华北电力大学	16 742	46	湖南大学	9875
22	中国农业大学	15 691	47	长安大学	9824
23	华南理工大学	15 391	48	西北工业大学	9563
24	中国人民大学	15 133	49	北京航空航天大学	9482
25	天津大学	15 021	50	北京林业大学	9273

注：高等院校论文被引频次数含其附属机构论文被引频次数。

附表 37　2022 年 CSTPCD 收录中国科技论文数被引次数居前 50 位的研究机构

排名	研究机构	被引次数/次	排名	研究机构	被引次数/次
1	中国中医科学院	15 781	25	福建省农业科学院	2205
2	中国科学院地理科学与资源研究所	15 316	27	中国工程物理研究院	2142
3	中国疾病预防控制中心	9159	28	中国社会科学院研究生院	2133
4	中国林业科学研究院	7142	29	云南省农业科学院	2089
5	中国水产科学研究院	5481	30	中国科学院长春光学精密机械与物理研究所	2084
6	中国科学院地质与地球物理研究所	5293	31	中国科学院新疆生态与地理研究所	2073
7	中国科学院西北生态环境资源研究院	4926	31	中国气象科学研究院	2073
8	中国科学院生态环境研究中心	4213	33	河南省农业科学院	2035
9	中国医学科学院肿瘤研究所	4120	34	中国科学院广州地球化学研究所	2032
10	中国环境科学研究院	3788	35	北京市农林科学院	1983
11	中国热带农业科学院	3382	36	中国科学院东北地理与农业生态研究所	1977
12	江苏省农业科学院	3216	37	中国科学院武汉岩土力学研究所	1976
13	中国水利水电科学研究院	3163	38	山西省农业科学院	1817
14	中国地质科学院矿产资源研究所	3050	39	中国地震局地质研究所	1786
15	中国农业科学院机关	2918	40	中国科学院沈阳应用生态研究所	1780
16	中国科学院南京土壤研究所	2879	41	南京水利科学研究院	1759
17	中国地质科学院	2738	42	广西农业科学院	1726
18	广东省农业科学院	2729	43	中国科学院植物研究所	1655
19	中国地质科学院地质研究所	2685	44	中国科学院地球化学研究所	1630
20	中国科学院南京地理与湖泊研究所	2645	45	中国科学院海洋研究所	1605
21	中国科学院空天信息创新研究院	2576	46	中国科学院水利部成都山地灾害与环境研究所	1565
22	中国农业科学院农业资源与农业区划研究所	2476	47	中国农业科学院作物科学研究所	1472
23	中国食品药品检定研究院	2286	48	中国地震局地球物理研究所	1457
24	中国科学院大气物理研究所	2234	49	中国地质科学院地质力学研究所	1446
25	山东省农业科学院	2205	50	甘肃省农业科学院	1426

附表 38　2022 年 CSTPCD 收录中国科技论文数被引次数居前 50 位的医疗机构

排名	医疗机构	被引次数/次	排名	医疗机构	被引次数/次
1	解放军总医院	11 878	26	广东省中医院	2742
2	四川大学华西医院	7847	27	西安交通大学医学院第一附属医院	2729
3	北京协和医院	7131	28	首都医科大学附属北京安贞医院	2724
4	郑州大学第一附属医院	5107	29	中国人民解放军东部战区总医院	2714
5	中国中医科学院广安门医院	4589	30	上海中医药大学附属曙光医院	2671
6	北京大学第三医院	4551	31	南方医院	2669
7	华中科技大学同济医学院附属同济医院	4288	32	上海交通大学医学院附属瑞金医院	2630
8	武汉大学人民医院	4267	33	复旦大学附属华山医院	2624
9	中国医科大学附属盛京医院	4058	34	哈尔滨医科大学附属第一医院	2619
10	北京大学第一医院	3970	35	新疆医科大学第一附属医院	2526
11	江苏省人民医院	3852	36	首都医科大学附属北京朝阳医院	2471
12	北京中医药大学东直门医院	3532	37	首都医科大学附属北京中医医院	2466
13	北京大学人民医院	3458	38	中国中医科学院西苑医院	2453
14	首都医科大学宣武医院	3368	39	首都医科大学附属北京同仁医院	2388
15	华中科技大学同济医学院附属协和医院	3243	40	中国医科大学附属第一医院	2371
16	河南省人民医院	3100	41	北京医院	2319
17	复旦大学附属中山医院	3086	42	中南大学湘雅医院	2312
18	空军军医大学第一附属医院（西京医院）	3008	43	安徽省立医院	2308
19	海军军医大学第一附属医院（上海长海医院）	2989	44	天津中医药大学第一附属医院	2270
20	安徽医科大学第一附属医院	2903	45	中日友好医院	2255
21	首都医科大学附属北京友谊医院	2892	46	上海中医药大学附属龙华医院	2240
22	重庆医科大学附属第一医院	2858	47	上海交通大学医学院附属第九人民医院	2223
23	南京鼓楼医院	2846	48	上海市第六人民医院	2188
24	中国医学科学院阜外心血管病医院	2826	49	首都医科大学附属北京儿童医院	2167
25	江苏省中医院	2774	50	青岛大学附属医院	2154

附表 39　2022 年 CSTPCD 收录的各类基金资助来源产出论文情况

序号	基金来源	论文数 / 篇	占比
1	国家自然科学基金委员会基金项目	106 229	30.56%
2	科学技术部基金项目	36 385	10.47%
3	国内大学、研究机构和公益组织资助基金项目	23 790	6.84%
4	江苏省基金项目	8671	2.49%
5	河北省基金项目	7325	2.11%
6	河南省基金项目	7108	2.04%
7	广东省基金项目	7041	2.03%
8	陕西省基金项目	6435	1.85%
9	上海市基金项目	6359	1.83%
10	北京市基金项目	6335	1.82%
11	教育部基金项目	5936	1.71%
12	四川省基金项目	5861	1.69%
13	山东省基金项目	5771	1.66%
14	浙江省基金项目	5372	1.55%
15	中国科学技术协会基金项目	4283	1.23%
16	湖南省基金项目	4245	1.22%
17	安徽省基金项目	3957	1.14%
18	湖北省基金项目	3678	1.06%
19	广西壮族自治区基金项目	3619	1.04%
20	辽宁省基金项目	3585	1.03%
21	山西省基金项目	3516	1.01%
22	重庆市基金项目	3243	0.93%
23	农业部基金项目	2919	0.84%
24	云南省基金项目	2907	0.84%
25	福建省基金项目	2682	0.77%
26	国内企业资助基金项目	2669	0.77%
27	贵州省基金项目	2599	0.75%
28	新疆维吾尔族自治区基金项目	2553	0.73%
29	甘肃省基金项目	2550	0.73%
30	黑龙江省基金项目	2333	0.67%
31	吉林省基金项目	2275	0.65%
32	天津市基金项目	2233	0.64%
33	江西省基金项目	2193	0.63%
34	海南省基金项目	2101	0.60%
35	国家社会科学基金基金项目	2068	0.59%
36	内蒙古自治区基金项目	1966	0.57%
37	中国科学院基金项目	1872	0.54%
38	人力资源和社会保障部基金项目	1574	0.45%
39	军队系统基金基金项目	1524	0.44%

续表

序号	基金来源	论文数/篇	占比
40	国家中医药管理局基金项目	1181	0.34%
41	宁夏回族自治区基金项目	1177	0.34%
42	青海省基金项目	1007	0.29%
43	国土资源部基金项目	684	0.20%
44	国家国防科技工业局基金项目	478	0.14%
45	其他部委基金项目	432	0.12%
46	工业和信息化部基金项目	359	0.10%
47	国内个人资助基金项目	327	0.09%
48	中国地震局基金项目	304	0.09%
49	中国工程院基金项目	301	0.09%
50	西藏自治区基金项目	292	0.08%
51	中国气象局基金项目	229	0.07%
52	海外公益组织、基金机构、学术机构、研究机构资助基金项目	220	0.06%
53	住房和城乡建设部基金项目	127	0.04%
54	水利部基金项目	83	0.02%
55	国家林业局基金项目	76	0.02%
56	海外个人资助基金项目	74	0.02%
57	交通运输部基金项目	66	0.02%
58	国家卫生计生委基金项目	61	0.02%
59	国家发展和改革委员会基金项目	57	0.02%
60	国家海洋局基金项目	42	0.01%
61	中国社会科学院基金项目	12	0.00%
62	海外公司和跨国公司资助基金项目	11	0.00%
63	环境保护部基金项目	6	0.00%
64	国家测绘局基金项目	3	0.00%
65	美国国家科学基金会基金项目	3	0.00%
66	其他基金资助项目	32 268	9.28%
	合计	347 642	100.00%

附表 40 2022 年 CSTPCD 收录的各类基金资助产出论文的机构分布

机构类型	基金论文数/篇	占比
高校	245 603	70.65%
医疗机构	35 824	10.30%
研究机构	40 262	11.58%
公司企业	16 311	4.69%
管理部门及其他	0	0
合计	347 642	100.00%

附表 41 2022 年 CSTPCD 收录的各类基金资助产出论文的学科分布

序号	学科	基金论文篇数	所占比例	学科排名
1	数学	3505	1.01%	28
2	力学	1714	0.49%	33
3	信息、系统科学	206	0.06%	39
4	物理学	4334	1.25%	23
5	化学	6463	1.86%	19
6	天文学	559	0.16%	37
7	地学	13 238	3.81%	7
8	生物	8813	2.54%	12
9	预防医学与卫生学	9334	2.68%	9
10	基础医学	8421	2.42%	13
11	药物学	8042	2.31%	15
12	临床医学	80 172	23.06%	1
13	中医学	19 910	5.73%	5
14	军事医学与特种医学	1039	0.30%	35
15	农学	21 009	6.04%	3
16	林学	3525	1.01%	27
17	畜牧兽医	7365	2.12%	18
18	水产学	2176	0.63%	32
19	测绘科学技术	2552	0.73%	30
20	材料科学	6442	1.85%	20
21	工程与技术基础学科	3911	1.13%	25
22	矿山工程技术	4595	1.32%	21
23	能源科学技术	4516	1.30%	22
24	冶金、金属学	7820	2.25%	16
25	机械、仪表	7779	2.24%	17
26	动力与电气	3608	1.04%	26
27	核科学技术	1058	0.30%	34
28	电子、通信与自动控制	20 435	5.88%	4
29	计算技术	22 789	6.56%	2
30	化工	9187	2.64%	11
31	轻工、纺织	2216	0.64%	31
32	食品	8168	2.35%	14
33	土木建筑	11 074	3.19%	8
34	水利	2962	0.85%	29
35	交通运输	9307	2.68%	10
36	航空航天	4210	1.21%	24
37	安全科学技术	277	0.08%	38
38	环境科学	13 977	4.02%	6
39	管理学	806	0.23%	36
40	其他	128	0.04%	40
	合计	347 642	100.00%	

附表 42 2022 年 CSTPCD 收录的各类基金资助产出论文的地区分布

序号	地区	基金论文数/篇	所占比例	排名
1	北京	45 465	13.08%	1
2	天津	9017	2.59%	15
3	河北	12 189	3.51%	11
4	山西	7043	2.03%	21
5	内蒙古	3978	1.14%	27
6	辽宁	11 802	3.39%	12
7	吉林	5195	1.49%	26
8	黑龙江	7609	2.19%	16
9	上海	20 204	5.81%	3
10	江苏	30 849	8.87%	2
11	浙江	12 607	3.63%	10
12	安徽	9974	2.87%	14
13	福建	6608	1.90%	22
14	江西	5310	1.53%	25
15	山东	15 069	4.33%	8
16	河南	14 554	4.19%	9
17	湖北	16 513	4.75%	6
18	湖南	10 509	3.02%	13
19	广东	19 149	5.51%	5
20	广西	7114	2.05%	19
21	海南	2917	0.84%	28
22	重庆	7580	2.18%	17
23	四川	15 911	4.58%	7
24	贵州	5395	1.55%	24
25	云南	7088	2.04%	20
26	西藏	355	0.10%	31
27	陕西	20 083	5.78%	4
28	甘肃	7522	2.16%	18
29	青海	1621	0.47%	30
30	宁夏	2030	0.58%	29
31	新疆	6382	1.84%	23

附表 43 2022 年 CSTPCD 收录的基金论文数居前 50 位的高等院校

排名	高等院校	基金论文数/篇	排名	高等院校	基金论文数/篇
1	北京中医药大学	1822	7	昆明理工大学	1483
2	上海交通大学	1768	8	中国石油大学	1477
3	浙江大学	1736	9	河海大学	1462
4	天津大学	1715	10	中南大学	1438
5	清华大学	1500	11	四川大学	1414
5	贵州大学	1500	12	同济大学	1377

续表

排名	高等院校	基金论文数/篇	排名	高等院校	基金论文数/篇
13	太原理工大学	1358	32	郑州大学	1062
14	中国矿业大学	1353	33	江南大学	1058
15	西南交通大学	1347	34	中山大学	1042
16	南京航空航天大学	1309	35	四川大学华西医院	1041
17	武汉大学	1300	36	山东中医药大学	1029
18	华南理工大学	1285	37	东北大学	1028
19	长安大学	1267	38	西北工业大学	1017
20	西安交通大学	1250	39	合肥工业大学	1016
21	西北农林科技大学	1247	40	扬州大学	1015
22	北京大学	1246	41	新疆大学	1014
23	华中科技大学	1215	42	吉林大学	1009
24	华北电力大学	1192	43	北京科技大学	989
25	中国农业大学	1162	44	北京工业大学	971
26	中国地质大学	1150	45	上海理工大学	949
27	大连理工大学	1140	46	中国海洋大学	914
28	武汉理工大学	1133	47	上海海洋大学	900
29	重庆大学	1127	48	福建农林大学	896
30	广西大学	1099	49	复旦大学	892
31	东南大学	1080	50	南京信息工程大学	874

附表 44　2022 年 CSTPCD 收录的基金论文数居前 50 位的研究机构

排名	研究机构	基金论文数/篇	排名	研究机构	基金论文数/篇
1	中国中医科学院	671	13	中国科学院地理科学与资源研究所	294
2	中国医学科学院北京协和医学院	634	14	中国环境科学研究院	282
3	中国疾病预防控制中心	621	15	中国工程物理研究院	278
4	中国地质科学院	561	16	中国电力科学研究院	270
5	中国林业科学研究院	505	17	江苏省农业科学院	261
6	中国水产科学研究院	433	18	中国石油勘探开发研究院	258
7	海军军医大学第一附属医院（上海长海医院）	382	19	河南省农业科学院	257
8	广东省农业科学院	367	20	中国水利水电科学研究院	250
9	中国科学院大学	359	20	福建省农业科学院	250
10	中国热带农业科学院	332	22	中国科学院空天信息创新研究院	243
11	中国食品药品检定研究院	331	23	广西农业科学院	237
12	中国科学院西北生态环境资源研究院	304	24	陆军军医大学第一附属医院（西南医院）	231

续表

排名	研究机构	基金论文数/篇	排名	研究机构	基金论文数/篇
25	中国空间技术研究院	224	38	中国科学院生态环境研究中心	179
26	解放军军事科学院	221	39	中国科学院金属研究所	177
27	云南省农业科学院	218	40	浙江省农业科学院	170
28	中国科学院合肥物质科学研究院	215	41	陆军军医大学第三附属医院（大坪医院）	169
29	北京市农林科学院	208	42	广东省科学院	168
30	湖北省农业科学院	201	42	新疆农业科学院	168
31	哈尔滨工业大学	199	44	中国科学院海洋研究所	162
32	中国石化石油勘探开发研究院	195	45	黑龙江省农业科学院	158
32	北京理工大学	195	46	中国科学院南海海洋研究所	156
34	贵州省农业科学院	192	47	中国科学院地质与地球物理研究所	155
35	中国科学院长春光学精密机械与物理研究所	188	48	中国科学院物理研究所	147
36	上海市农业科学院	185	49	南京水利科学研究院	142
37	中国科学院声学研究所	183	50	河北省农林科学院	141

附表 45　2022 年 CSTPCD 收录的论文按作者合著关系的学科分布

学科	单一作者		同机构合著		同省合著		省际合著		国际合著		总计
	论文数/篇	比例	论文数/篇	比例	论文数/篇	比例	论文数/篇	比例	论文数/篇	比例	
数学	440	11.83%	1903	51.18%	713	19.18%	564	15.17%	98	2.64%	3718
力学	53	2.75%	1022	53.04%	340	17.64%	459	23.82%	53	2.75%	1927
信息、系统科学	19	8.09%	131	55.74%	40	17.02%	42	17.87%	3	1.28%	235
物理学	154	3.29%	2081	44.47%	1251	26.73%	983	21.00%	211	4.51%	4680
化学	177	2.37%	4012	53.82%	1838	24.65%	1276	17.12%	152	2.04%	7455
天文学	26	4.37%	125	21.01%	199	33.45%	182	30.59%	63	10.59%	595
地学	456	3.22%	5421	38.33%	3090	21.85%	4828	34.14%	348	2.46%	14 143
生物学	162	1.74%	4419	47.58%	2396	25.8%	1929	20.77%	382	4.11%	9288
预防医学与卫生学	593	4.52%	7023	53.48%	3727	28.38%	1694	12.90%	94	0.72%	13 131
基础医学	223	2.15%	5528	53.30%	3037	29.28%	1470	14.17%	113	1.09%	10 371
药物学	198	1.79%	5977	53.96%	3239	29.24%	1562	14.1%	100	0.90%	11 076
临床医学	3089	2.61%	73 204	61.74%	31 243	26.35%	10 463	8.82%	563	0.47%	118 562
中医学	377	1.72%	10 166	46.28%	8368	38.09%	2955	13.45%	102	0.46%	21 968
军事医学与特种医学	32	1.94%	929	56.37%	420	25.49%	258	15.66%	9	0.55%	1648
农学	355	1.62%	10 718	48.80%	6482	29.52%	4142	18.86%	264	1.20%	21 961
林学	94	2.55%	1736	47.02%	1024	27.74%	784	21.24%	54	1.46%	3692
畜牧、兽医	129	1.64%	3820	48.53%	2285	29.03%	1560	19.82%	78	0.99%	7872

续表

学科	单一作者		同机构合著		同省合著		省际合著		国际合著		总计
	论文数/篇	比例	论文数/篇	比例	论文数/篇	比例	论文数/篇	比例	论文数/篇	比例	
水产学	25	1.13%	1038	46.88%	568	25.65%	555	25.07%	28	1.26%	2214
测绘科学技术	175	5.73%	1454	47.63%	526	17.23%	878	28.76%	20	0.66%	3053
材料科学	166	2.26%	2690	36.59%	2218	30.17%	1822	24.79%	455	6.19%	7351
工程与技术基础学科	169	3.52%	2373	49.41%	1114	23.19%	1028	21.40%	119	2.48%	4803
矿山工程技术	868	13.8%	2605	41.40%	959	15.24%	1814	28.83%	46	0.73%	6292
能源科学技术	340	6.36%	1771	33.14%	1002	18.75%	2171	40.63%	60	1.12%	5344
冶金、金属学	391	3.77%	4930	47.55%	2304	22.22%	2588	24.96%	154	1.49%	10 367
机械、仪表	426	4.18%	5599	54.98%	1950	19.15%	2133	20.94%	76	0.75%	10 184
动力与电气	101	2.33%	2158	49.82%	835	19.28%	1157	26.71%	81	1.87%	4332
核科学技术	40	2.43%	942	57.13%	231	14.01%	419	25.41%	17	1.03%	1649
电子、通信与自动控制	862	3.38%	13 117	51.44%	5128	20.11%	5937	23.28%	457	1.79%	25 501
计算技术	1641	5.97%	16 722	60.82%	4661	16.95%	4090	14.87%	382	1.39%	27 496
化工	709	5.64%	6353	50.57%	2929	23.31%	2330	18.55%	242	1.93%	12 563
轻工、纺织	406	14.35%	1351	47.74%	479	16.93%	569	20.11%	25	0.88%	2830
食品	190	2.09%	4999	54.91%	2272	24.96%	1594	17.51%	49	0.54%	9104
土木建筑	928	6.64%	6451	46.13%	2989	21.37%	3387	24.22%	229	1.64%	13 984
水利	106	3.17%	1318	39.45%	749	22.42%	1130	33.82%	38	1.14%	3341
交通运输	939	7.59%	5375	43.44%	2308	18.65%	3590	29.01%	161	1.30%	12 373
航空航天	142	2.40%	3222	54.40%	1074	18.13%	1421	23.99%	64	1.08%	5923
安全科学技术	15	4.93%	148	48.68%	59	19.41%	79	25.99%	3	0.99%	304
环境科学	677	4.25%	7616	47.79%	3878	24.33%	3549	22.27%	216	1.36%	15 936
管理学	64	7.29%	448	51.03%	137	15.60%	209	23.80%	20	2.28%	878
其他	110	57.29%	57	29.69%	13	6.77%	12	6.25%	0	0	192
总计	16 067	3.67%	230 952	52.69%	108 075	24.66%	77 613	17.71%	5629	1.28%	438 336

附表 46 2022 年 CSTPCD 收录的论文按作者合著关系的地区分布

地区	单一作者		同机构合著		同省合著		省际合著		国际合著		论文总数/篇
	论文数/篇	比例	论文数/篇	比例	论文数/篇	比例	论文数/篇	比例	论文数/篇	比例	
北京	2357	3.88%	30 348	49.93%	14 720	24.22%	12 291	20.22%	1060	1.74%	60 776
天津	410	3.62%	6076	53.63%	2227	19.66%	2458	21.69%	159	1.40%	11 330
河北	415	2.74%	8402	55.50%	3833	25.32%	2444	16.14%	46	0.30%	15 140
山西	481	5.41%	4603	51.79%	2145	24.14%	1560	17.55%	98	1.10%	8887
内蒙古	181	3.82%	2293	48.44%	1341	28.33%	892	18.84%	27	0.57%	4734
辽宁	566	3.81%	8393	56.44%	3011	20.25%	2716	18.26%	184	1.24%	14 870
吉林	155	2.50%	3453	55.65%	1461	23.55%	1047	16.87%	89	1.43%	6205
黑龙江	234	2.59%	5114	56.58%	1871	20.70%	1723	19.06%	97	1.07%	9039
上海	1259	4.70%	14 780	55.17%	6126	22.87%	4125	15.40%	501	1.87%	26 791

续表

地区	单一作者		同机构合著		同省合著		省际合著		国际合著		论文总数/篇
	论文数/篇	比例	论文数/篇	比例	论文数/篇	比例	论文数/篇	比例	论文数/篇	比例	
江苏	1210	3.10%	21 599	55.31%	9222	23.61%	6451	16.52%	571	1.46%	39 053
浙江	485	2.95%	8064	49.10%	4742	28.87%	2904	17.68%	228	1.39%	16 423
安徽	401	3.15%	7315	57.38%	2988	23.44%	1947	15.27%	98	0.77%	12 749
福建	475	5.97%	4102	51.57%	2069	26.01%	1195	15.02%	114	1.43%	7955
江西	183	3.03%	3288	54.38%	1224	20.24%	1307	21.62%	44	0.73%	6046
山东	650	3.24%	9091	45.26%	6556	32.64%	3555	17.70%	233	1.16%	20 085
河南	895	4.77%	9976	53.17%	4619	24.62%	3139	16.73%	135	0.72%	18 764
湖北	632	2.93%	11 992	55.55%	4735	21.93%	3912	18.12%	317	1.47%	21 588
湖南	338	2.75%	6209	50.59%	3148	25.65%	2390	19.48%	187	1.52%	12 272
广东	885	3.68%	11 881	49.38%	6769	28.14%	4023	16.72%	500	2.08%	24 058
广西	232	2.94%	4369	55.28%	2163	27.37%	1095	13.86%	44	0.56%	7903
海南	83	2.34%	2055	58.02%	782	22.08%	601	16.97%	21	0.59%	3542
重庆	445	4.74%	5273	56.11%	1842	19.60%	1730	18.41%	107	1.14%	9397
四川	637	3.04%	11 327	54.06%	5268	25.14%	3469	16.56%	251	1.20%	20 952
贵州	103	1.69%	3103	50.88%	1833	30.05%	1031	16.90%	29	0.48%	6099
云南	189	2.30%	4423	53.84%	2196	26.73%	1323	16.10%	84	1.02%	8215
西藏	17	3.96%	156	36.36%	58	13.52%	196	45.69%	2	0.47%	429
陕西	1626	6.60%	12 504	50.73%	5863	23.79%	4364	17.71%	289	1.17%	24 646
甘肃	219	2.51%	4523	51.80%	2470	28.29%	1445	16.55%	75	0.86%	8732
青海	86	4.35%	1023	51.72%	474	23.96%	389	19.67%	6	0.3%	1978
宁夏	59	2.52%	1226	52.42%	596	25.48%	452	19.32%	6	0.26%	2339
新疆	159	2.17%	3991	54.38%	1723	23.48%	1439	19.61%	27	0.37%	7339
总计	16 067	3.67%	230 952	52.69%	108 075	24.66%	77 613	17.71%	5629	1.28%	438 336

附表 47 2022 年 CSTPCD 统计被引次数居前 50 位的基金资助项目情况

排名	基金资助项目	被引次数	所占比例
1	国家自然科学基金委员会基金项目	787 818	37.40%
2	科学技术部基金项目	374 285	17.77%
3	国内大学、研究机构和公益组织资助基金项目	117 621	5.58%
4	国家社会科学基金项目	99 712	4.73%
5	教育部基金项目	52 183	2.48%
6	江苏省基金项目	37 160	1.76%
7	其他部委基金项目	36 671	1.74%
8	广东省基金项目	34 054	1.62%
9	北京市基金项目	33 104	1.57%
10	上海市基金项目	32 070	1.52%
11	中国科学技术协会基金项目	30 444	1.45%
12	农业部基金项目	27 917	1.33%

续表

排名	基金资助项目	被引次数	所占比例
13	浙江省基金项目	26 244	1.25%
14	河南省基金项目	25 594	1.21%
15	河北省基金项目	24 559	1.17%
16	四川省基金项目	24 383	1.16%
17	山东省基金项目	24 117	1.14%
18	陕西省基金项目	23 130	1.10%
19	湖南省基金项目	17 649	0.84%
20	湖北省基金项目	15 312	0.73%
21	国内企业资助基金项目	14 879	0.71%
22	辽宁省基金项目	14 442	0.69%
23	安徽省基金项目	14 165	0.67%
24	广西壮族自治区基金项目	14 163	0.67%
25	中国科学院基金项目	13 936	0.66%
26	重庆市基金项目	13 375	0.63%
27	贵州省基金项目	12 779	0.61%
28	福建省基金项目	12 316	0.58%
29	山西省基金项目	11 958	0.57%
30	国家中医药管理局基金项目	11 185	0.53%
31	国土资源部基金项目	11 179	0.53%
32	黑龙江省基金项目	10 703	0.51%
33	天津市基金项目	9729	0.46%
34	吉林省基金项目	9661	0.46%
35	云南省基金项目	9090	0.43%
36	江西省基金项目	8857	0.42%
37	军队系统基金项目	8789	0.42%
38	新疆维吾尔族自治区基金项目	8624	0.41%
39	甘肃省基金项目	8383	0.40%
40	海南省基金项目	7123	0.34%
41	人力资源和社会保障部基金项目	7055	0.33%
42	内蒙古自治区基金项目	6048	0.29%
43	国家林业局基金项目	4090	0.19%
44	宁夏回族自治区基金项目	4049	0.19%
45	青海省基金项目	3798	0.18%
46	中国工程院基金项目	3021	0.14%
47	国家卫生计生委基金项目	2677	0.13%
48	国家国防科技工业局基金项目	2595	0.12%
49	海外公益组织、基金机构、学术机构、研究机构资助基金项目	2200	0.10%
50	水利部基金项目	1828	0.09%

附表 48　2022 年 CSTPCD 统计被引的各类基金资助论文次数按学科分布情况

学科	被引次数	所占比例	排名
数学	7220	0.36%	40
力学	8802	0.44%	37
信息、系统科学	2013	0.10%	45
物理学	11 335	0.56%	34
化学	25 260	1.25%	25
天文学	1388	0.07%	47
地学	145 975	7.22%	4
生物学	72 153	3.57%	10
预防医学与卫生学	49 477	2.45%	12
基础医学	37 716	1.87%	18
药物学	32 571	1.61%	22
临床医学	316 559	15.67%	1
中医学	143 327	7.09%	5
军事医学与特种医学	5112	0.25%	41
农学	183 201	9.07%	3
林学	31 559	1.56%	23
畜牧、兽医	37 625	1.86%	19
水产学	14 245	0.70%	31
测绘科学技术	17 280	0.86%	30
材料科学	21 983	1.09%	26
工程与技术基础学科	12 425	0.61%	32
矿山工程技术	38 105	1.89%	17
能源科学技术	45 137	2.23%	15
冶金、金属学	37 375	1.85%	20
机械、仪表	40 083	1.98%	16
动力与电气	18 089	0.90%	29
核科学技术	2078	0.10%	44
电子、通信与自动控制	140 468	6.95%	6
计算技术	126 736	6.27%	7
化工	32 947	1.63%	21
轻工、纺织	8486	0.42%	38
食品	60 370	2.99%	11
土木建筑	72 779	3.60%	9
水利	21 222	1.05%	27
交通运输	48 898	2.42%	13
航空航天	20 828	1.03%	28
安全科学技术	1956	0.10%	46
环境科学	116 644	5.77%	8
管理学	8958	0.44%	36
其他	2386	0.12%	43
合计	2 020 771		

附表 49　2022 年 CSTPCD 统计被引的各类基金资助论文次数按地区分布情况

地区	被引次数	所占比例	排名
北京	434 707	18.75%	1
天津	62 104	2.68%	13
河北	57 455	2.48%	14
山西	34 122	1.47%	25
内蒙古	19 768	0.85%	27
辽宁	77 203	3.33%	10
吉林	39 164	1.69%	20
黑龙江	52 241	2.25%	16
上海	135 027	5.83%	3
江苏	204 134	8.81%	2
浙江	83 590	3.61%	9
安徽	51 695	2.23%	17
福建	43 416	1.87%	19
江西	34 765	1.50%	24
山东	95 311	4.11%	8
河南	76 435	3.30%	11
湖北	117 231	5.06%	6
湖南	74 728	3.22%	12
广东	127 847	5.52%	4
广西	35 406	1.53%	22
海南	12 919	0.56%	28
重庆	53 206	2.30%	15
四川	99 120	4.28%	7
贵州	30 243	1.30%	26
云南	35 989	1.55%	21
西藏	1971	0.09%	31
陕西	125 077	5.40%	5
甘肃	49 534	2.14%	18
青海	7868	0.34%	30
宁夏	10 338	0.45%	29
新疆	35 243	1.52%	23
合计	2 317 857		

附表 50　2022 年 CSTPCD 收录科技论文数居前 30 位的企业

排名	单位	论文数/篇
1	国家电网公司	2686
2	中国石油天然气集团公司	811
3	中国海洋石油总公司	751
4	中国石油化工集团公司	469
5	中国航空工业集团公司	238

续表

排名	单位	论文数/篇
6	中国船舶重工集团公司	222
7	矿冶科技集团有限公司	148
8	广东电网有限责任公司	145
9	中国建筑科学研究院	143
10	中国南方电网有限责任公司	108
11	中国电建集团华东勘测设计研究院有限公司	100
12	中煤科工集团重庆研究院有限公司	98
13	西安热工研究院有限公司	94
14	广州供电局有限公司	92
15	华东建筑设计研究院有限公司	81
16	中海油田服务股份有限公司	80
17	中车长春轨道客车股份有限公司	78
18	中国商用飞机有限责任公司	76
19	上海市政工程设计研究总院（集团）有限公司	73
20	长江勘测规划设计研究有限责任公司	72
21	中广核研究院有限公司	71
22	中国核电工程有限公司	68
23	中交第二航务工程局有限公司	67
23	中海油能源发展股份有限公司工程技术分公司	67
23	深圳供电局有限公司	67
26	国家能源集团	65
26	航空工业成都飞机工业（集团）有限责任公司	65
28	南京南瑞继保电气有限公司	62
29	合肥通用机械研究院有限公司	60
30	中国长江三峡集团公司	59

附表 51　2022 年 SCI 收录的中国数学领域科技论文数居前 20 位的单位

排名	单位	论文数/篇
1	中南大学	185
2	山东大学	172
3	复旦大学	157
4	哈尔滨工业大学	154
5	北京师范大学	145
6	清华大学	138
7	北京大学	136
8	中国科学技术大学	135
9	浙江师范大学	132
10	广州大学	129
11	上海大学	128
11	武汉大学	128

续表

排名	单位	论文数/篇
13	西安交通大学	124
14	中山大学	122
14	南开大学	122
16	西北工业大学	121
17	电子科技大学	119
18	中国矿业大学	118
18	北京理工大学	118
20	上海交通大学	116

注：1. 仅统计 Article 和 Review 两种文献类型。
2. 高等院校论文数含其附属机构论文数。

附表 52　2022 年 SCI 收录的中国物理领域科技论文数居前 20 位的单位

排名	单位	论文数/篇
1	西安交通大学	939
2	清华大学	900
3	浙江大学	840
4	哈尔滨工业大学	828
5	中国科学技术大学	822
6	上海交通大学	818
7	华中科技大学	810
8	天津大学	706
9	北京理工大学	637
10	北京大学	612
11	西北工业大学	600
12	北京航空航天大学	557
13	中南大学	532
14	大连理工大学	526
15	重庆大学	514
16	山东大学	513
17	南京大学	507
18	南京航空航天大学	485
19	吉林大学	481
19	电子科技大学	481

附表 53　2022 年 SCI 收录的中国化学领域科技论文数居前 20 位的单位

排名	单位	论文数/篇
1	四川大学	1019
2	浙江大学	982
3	吉林大学	965
4	天津大学	963

续表

排名	单位	论文数/篇
5	中国科学技术大学	836
6	清华大学	823
7	中南大学	813
8	华南理工大学	786
9	北京化工大学	777
10	山东大学	769
11	郑州大学	742
12	华东理工大学	732
13	哈尔滨工业大学	731
14	苏州大学	712
15	华中科技大学	710
16	大连理工大学	703
17	南开大学	701
18	西安交通大学	665
19	南京大学	661
20	中山大学	658

附表 54　2022 年 SCI 收录的中国天文领域科技论文数居前 20 位的单位

排名	单位	论文数/篇
1	中国科学院国家天文台	173
2	北京大学	137
3	中国科学院紫金山天文台	121
4	南京大学	116
5	中国科学技术大学	111
6	中国科学院高能物理研究所	108
7	中国科学院云南天文台	100
8	中山大学	90
9	北京师范大学	81
10	中国科学院上海天文台	75
11	山东大学	74
12	上海交通大学	68
13	清华大学	66
14	武汉大学	60
15	中国科学院国家空间科学中心	47
16	中国科学院新疆分院	46
17	中国科学院大学	45
17	云南大学	45
19	北京航空航天大学	43
20	兰州大学	42

附表 55 2022 年 SCI 收录的中国地学领域科技论文数居前 20 位的单位

排名	单位	论文数/篇
1	中国地质大学	1481
2	武汉大学	915
3	中国石油大学	611
4	中国海洋大学	584
5	南京信息工程大学	558
6	中山大学	550
7	中国矿业大学	519
8	中国科学院空天信息创新研究院	492
9	中国科学院地质与地球物理研究所	463
10	同济大学	454
11	浙江大学	444
12	河海大学	427
13	南京大学	415
14	西安电子科技大学	405
15	吉林大学	404
16	中南大学	389
17	成都理工大学	369
18	北京大学	362
19	国防科技大学	349
20	北京师范大学	341

附表 56 2022 年 SCI 收录的中国生物领域科技论文数居前 20 位的单位

排名	单位	论文数/篇
1	南京农业大学	933
2	西北农林科技大学	869
3	中国农业大学	840
4	浙江大学	828
5	华中农业大学	792
6	华南农业大学	620
7	四川农业大学	565
8	中山大学	531
9	山东大学	520
10	扬州大学	515
11	北京大学	497
12	江南大学	473
13	上海交通大学	472
14	北京林业大学	447
15	福建农林大学	443
16	南京林业大学	428
17	山东农业大学	424
18	西南大学	418

续表

排名	单位	论文数/篇
19	贵州大学	417
20	吉林大学	396

附表 57　2022 年 SCI 收录的中国医学领域科技论文数居前 20 位的单位

排名	单位	论文数/篇
1	四川大学华西医院	2780
2	北京协和医院	1168
3	华中科技大学同济医学院附属同济医院	1162
4	解放军总医院	1132
5	中南大学湘雅医院	1052
6	北京大学	995
7	郑州大学第一附属医院	978
8	中山大学	953
8	南京医科大学	953
10	山东大学	938
11	中南大学湘雅二医院	920
12	南方医科大学	903
13	复旦大学	859
14	华中科技大学同济医学院附属协和医院	853
15	福建医科大学	827
16	浙江大学医学院附属第一医院	822
17	浙江大学	799
18	江苏省人民医院	738
19	复旦大学附属中山医院	724
20	重庆医科大学附属第一医院	718

附表 58　2022 年 SCI 收录的中国农学领域科技论文数居前 20 位的单位

排名	单位	论文数/篇
1	西北农林科技大学	793
2	中国农业大学	755
3	南京农业大学	531
4	四川农业大学	431
5	华南农业大学	416
6	扬州大学	373
7	华中农业大学	372
8	山东农业大学	274
9	东北农业大学	273
10	南京林业大学	267
11	北京林业大学	266
12	中国水产科学研究院	254
13	浙江大学	234

续表

排名	单位	论文数/篇
14	中国海洋大学	213
15	西南大学	211
16	东北林业大学	209
17	沈阳农业大学	203
18	湖南农业大学	202
19	甘肃农业大学	200
20	中国林业科学研究院	199

附表 59 2022 年 SCI 收录的中国材料科学领域科技论文数居前 20 位的单位

排名	单位	论文数/篇
1	北京科技大学	1205
2	哈尔滨工业大学	1110
3	中南大学	1016
4	西北工业大学	915
5	东北大学	878
6	西安交通大学	832
7	四川大学	689
7	天津大学	689
9	上海交通大学	643
10	浙江大学	639
11	山东大学	627
12	武汉理工大学	623
13	华南理工大学	616
14	华中科技大学	600
15	重庆大学	591
16	吉林大学	590
17	北京理工大学	587
18	清华大学	539
19	大连理工大学	512
20	上海大学	493

附表 60 2022 年 SCI 收录的中国环境科学领域科技论文数居前 20 位的单位

排名	单位	论文数/篇
1	浙江大学	617
2	北京师范大学	508
3	河海大学	468
4	同济大学	467
5	中国矿业大学	466
6	中国地质大学	462
7	清华大学	423

续表

排名	单位	论文数/篇
8	中国海洋大学	404
9	武汉大学	375
10	北京大学	373
11	南京信息工程大学	362
12	山东大学	360
13	中山大学	351
14	西北农林科技大学	350
15	中国科学院生态环境研究中心	340
16	哈尔滨工业大学	339
17	天津大学	328
18	南京大学	322
19	中国科学院地理科学与资源研究所	319
20	中南大学	309

附表61 2022年SCI收录中国科技论文数居前50位的城市

排名	城市	论文数/篇	排名	城市	论文数/篇
1	北京	91 634	26	苏州	6173
2	上海	49 638	27	厦门	5486
3	南京	39 459	28	镇江	4871
4	武汉	32 782	29	南宁	4740
5	广州	32 228	30	贵阳	4696
6	西安	31 479	31	宁波	4332
7	成都	27 890	32	无锡	4330
8	杭州	25 104	33	徐州	4225
9	长沙	20 326	34	石家庄	4044
10	天津	18 464	35	咸阳	3646
11	青岛	15 742	36	乌鲁木齐	3045
12	重庆	15 637	37	扬州	2959
13	哈尔滨	14 693	38	温州	2828
14	合肥	13 524	39	海口	2617
15	长春	12 189	40	桂林	2532
16	济南	12 180	41	常州	2334
17	沈阳	11 902	42	保定	2326
18	郑州	11 651	43	烟台	2300
19	深圳	11 641	44	呼和浩特	2248
20	大连	9390	45	秦皇岛	1916
21	兰州	9084	46	南通	1872
22	福州	7738	47	新乡	1769
23	南昌	7207	48	绵阳	1745
24	昆明	7133	49	湘潭	1704
25	太原	6212	50	珠海	1625

附表 62　2022 年 EI 收录中国科技论文数居前 50 位的城市

排名	城市	论文数/篇	排名	城市	论文数/篇
1	北京	63 426	26	镇江	3590
2	上海	30 491	27	厦门	3571
3	南京	27 383	28	苏州	3493
4	西安	26 055	29	徐州	3048
5	武汉	21 843	30	无锡	2714
6	成都	16 853	31	宁波	2500
7	广州	15 894	32	南宁	2360
8	杭州	14 533	33	贵阳	2221
9	天津	13 744	34	石家庄	1969
10	长沙	13 568	35	秦皇岛	1898
11	哈尔滨	10 623	36	桂林	1806
12	青岛	10 123	37	吉林	1780
13	合肥	9832	38	保定	1727
14	重庆	9738	39	乌鲁木齐	1724
15	沈阳	7548	40	绵阳	1678
16	长春	7419	41	咸阳	1567
17	大连	7411	42	常州	1526
18	深圳	7331	43	湘潭	1507
19	济南	6845	44	呼和浩特	1338
20	郑州	6594	45	烟台	1312
21	兰州	6018	46	焦作	1224
22	太原	4706	47	扬州	1198
23	福州	4190	48	淄博	1020
24	昆明	4082	49	新乡	1014
25	南昌	4011	50	温州	998

附表 63　2022 年 CPCI-S 收录中国科技论文数居前 50 位的城市

排名	城市	论文数/篇	排名	城市	论文数/篇
1	北京	168	13	合肥	37
2	武汉	119	14	长沙	29
3	成都	96	15	南宁	27
4	南京	81	15	深圳	27
5	杭州	78	17	哈尔滨	23
6	西安	75	18	东莞	14
7	上海	73	18	郑州	14
8	沈阳	68	20	石家庄	13
9	广州	65	20	青岛	13
10	天津	51	22	大连	12
11	济南	47	23	兰州	11
12	重庆	44	23	贵阳	11

续表

排名	城市	论文数/篇	排名	城市	论文数/篇
25	长春	10	32	烟台	5
26	乌鲁木齐	9	32	焦作	5
26	保定	9	32	珠海	5
26	昆明	9	41	吉林	4
26	镇江	9	41	绵阳	4
30	福州	7	41	苏州	4
31	银川	6	41	阜新	4
32	南昌	5	41	鞍山	4
32	呼和浩特	5	46	佳木斯	3
32	太原	5	46	宁波	3
32	新乡	5	46	宜昌	3
32	无锡	5	46	廊坊	3
32	泉州	5	46	徐州	3